Practical Barrel Plating Technology Foundation

实用滚镀技术基础

侯 进 编著

化学工业出版社

·北京·

内容简介

滚镀是小零件电镀的主要加工方式。本书全面介绍了滚镀技术的基本知识，包括滚镀的概念、特征、分类、优缺点以及滚镀的溶液、工艺条件等；滚镀的基础理论，包括滚镀的电流密度、混合周期及结构缺陷等；典型滚镀技术的应用——钕铁硼零件的滚镀。在肯定滚镀优越性的同时，提出传统滚镀存在的问题，并主要从槽外控制角度采取措施解决或改善问题，以利于实际的滚镀生产。

本书适合滚镀生产一线人员阅读，对从事滚镀相关工作，如滚镀工艺研发、推广及设备制造等人员具有参考价值，也可作为高等院校相关专业师生参考用书。

图书在版编目（CIP）数据

实用滚镀技术基础/侯进编著．—北京：化学工业出版社，2024.3

ISBN 978-7-122-45062-3

Ⅰ.①实…　Ⅱ.①侯…　Ⅲ.①电镀-工艺学-基本知识　Ⅳ.①TQ153

中国国家版本馆CIP数据核字（2024）第019063号

责任编辑：于　水　段志兵　　装帧设计：张　辉
责任校对：李露洁

出版发行：化学工业出版社（北京市东城区青年湖南街13号　邮政编码100011）
印　　装：北京科印技术咨询服务有限公司数码印刷分部
710mm×1000mm　1/16　印张16¼　字数277千字　2024年3月北京第1版第1次印刷

购书咨询：010-64518888　　售后服务：010-64518899
网　　址：http://www.cip.com.cn
凡购买本书，如有缺损质量问题，本社销售中心负责调换。

定　　价：98.00元

序

滚镀和挂镀是两种主要的电镀技术。滚镀对于小型工件的表面施镀有很大的优势，但也存在许多问题。多年来，电镀工作者不断为解决这些问题绞尽脑汁，取得了不少经验，滚镀技术也有了很大进步。

改革开放以来，电镀行业得到了突飞猛进的发展，电镀同仁忙于应对繁重的生产事务，相互之间交流不足，更鲜有人将自己的实践经验编撰成册，奉献给电镀同行。

侯进先生能够在百忙之中，编写《实用滚镀技术基础》专著，实属难能可贵，是对滚镀技术发展作出的一大贡献。

侯进先生从事滚镀技术和装备制造工作逾三十年，积累了丰富的现场滚镀生产经验。这次付印的《实用滚镀技术基础》一书，对滚镀技术的基础知识作了系统的阐述，尤其从槽外控制角度提出了解决滚镀问题的方案，这对滚镀生产第一线操作人员和滚镀设备设计师们都大有益处，对在校学习的同学们了解滚镀技术也会有所帮助。实属一本难得的好书！

中国启源工程设计研究院教授级高级工程师
原中国电镀协会设备与环保工作委员会主任
向　荣

前 言

滚镀是将分散的小零件集中起来进行电镀的，相比于落后的小零件挂镀或篮筐镀等生产方式，节省了劳动力，提高了生产效率，使小零件的规模化工业生产得以实现，是个了不起的成就。并且滚镀的镀层表面质量好，镀层厚度波动性小，占地面积小，通用性强，这使其优越性进一步扩大。

但是事物总是一分为二的，我们在享受滚镀带来的“红利”的同时，也会被迫承受其“副作用”——滚镀的缺陷。比如，滚镀相对于挂镀施镀时间长，施镀难度大，镀层均匀性差，零件低电流密度区镀层质量差，槽电压高等，从而影响了滚镀产品质量和生产效率的提高。所以，需要采取措施解决或改善滚镀的问题，降低其不利影响或危害，以充分发挥滚镀的优越性，使其更好地服务于生产。

针对滚镀施镀时间长的问题。首先，混合周期的存在使滚镀的受镀效率达不到100%，这会造成施镀时间的增长；其次，滚筒的封闭结构制约电流开不大，则镀速慢，也会造成施镀时间长。所以首先，需要采取措施减少混合周期的不利影响，使零件有更多的机会和时间位于表层；其次，采取措施改善滚筒的封闭结构，充分利用好零件位于表层的机会，使用大电流，以加快镀速。如此滚镀的施镀时间才能缩短，生产效率才能提高。

笔者从事滚镀工作逾三十年，接触不同的滚镀生产较多，深感滚镀基础知识普及不足，造成走弯路，事倍功半，甚至带来不必要的损失。比如，滚镀某特殊材质的零件，不顾及混合周期和滚筒封闭结构的影响，盲目追求高大上，结果镀层质量多年上不去，产品无竞争力，企业损失惨重。这样的例子很多，往往产生很大的影响。所以传播滚镀知识，普及、推广滚镀技术，使更多的人掌握滚镀工艺的基本技能，从而解决滚镀生产中存在的问题意义重大。希望《实用滚镀技术基础》这本书能够起到一定作用。

全书共分五章。第一章为滚镀的基础知识，包括滚镀的概念、特征、分类、优缺点以及滚镀的溶液、工艺条件等。第二、三、四章为滚镀的基础理论，包括滚镀的电流密度、混合周期及结构缺陷等，对滚镀存在的诸多问题进行剖析，并主要从槽外控制角度，采取多方面措施，以便对生产起到一定的指导作用。第五章是滚镀技术的应用举例。钕铁硼表面具有特殊的物理化学性质，比普通钢件滚镀难度更大，讲究更多，是小零件滚镀的典型。

本书在编写过程中得到了向荣先生的精心指导和大力支持，熊刚先生审阅了全稿，并提出许多宝贵的意见，刘伟先生审阅了第五章钕铁硼零件滚镀，对部分内容的修改或补充提出了意见，林大刚先生和郝洪申先生提供了许多来自一线的生产实例，笔者在此一并表示衷心的感谢！

鉴于目前滚镀暂无已形成共识的系统性理论，同时囿于作者的水平，书中很多内容系一家之言，难免有疏漏之处，还望广大读者、专家批评指正。

侯进

目 录

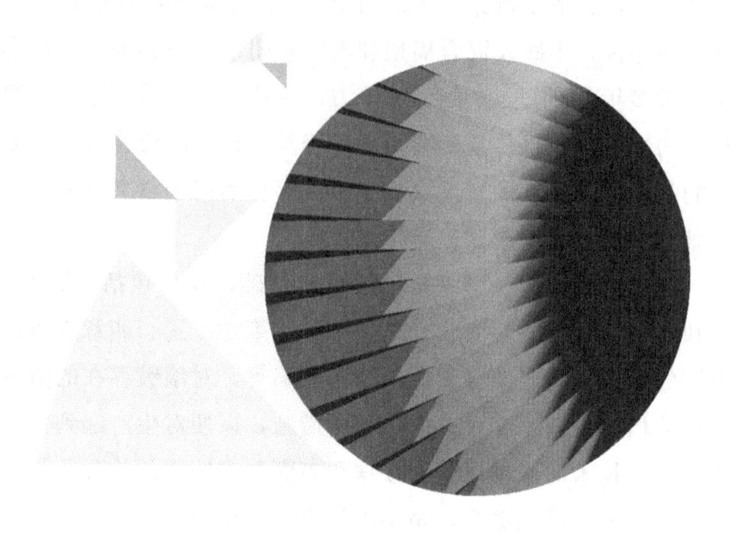

第一章 滚镀的基础知识 …… 001

第一节 什么是滚镀 …… 002

一、电镀与电极反应 …… 002

二、滚镀与滚镀装置 …… 005

第二节 滚镀的基本特征 …… 007

一、使用专用滚筒 …… 008

二、在滚动状态下受镀 …… 009

三、间接导电方式 …… 013

第三节 不同类别的滚镀方式 …… 013

一、卧式滚镀 …… 014

二、倾斜式滚镀 …… 018

三、振动电镀 …… 020

四、三种方式总结 …… 025

第四节 小零件的其他施镀方式 …… 026

一、筐镀、筛网镀、布兜镀 …… 026

二、摇镀 …… 029

三、喷泉电镀 …… 029

四、搅龙滚镀…… 030
第五节　值得大书的一笔——滚镀的优点 …… 031
一、节省劳动力，提高劳动生产效率…… 031
二、镀层表面质量好…… 032
三、镀层厚度波动性小…… 032
四、占地面积小…… 033
五、通用性好，适用范围广…… 034
第六节　不可小觑的问题——滚镀的缺陷 …… 034
一、电流密度控制方面的缺陷…… 034
二、混合周期造成的缺陷…… 035
三、滚镀的结构缺陷…… 036
四、间接导电方式造成的缺陷…… 037
第七节　滚镀溶液的特殊性 …… 039
一、简单盐镀液——滚镀溶液的偏好…… 039
二、主盐含量有讲究…… 040
三、添加剂不一般…… 043
四、导电盐和缓冲剂…… 044
第八节　滚镀的工艺条件 …… 044
一、溶液温度…… 044
二、溶液 pH 值 …… 047
三、滚筒转速…… 047
第九节　传统的滚筒开孔方式——圆孔 …… 048
一、直孔与斜孔…… 048
二、双层套孔…… 049
第十节　全浸式滚筒 …… 051
一、什么是全浸式滚筒…… 051
二、滚镀溶液的更新与排气…… 052
三、合适的滚筒浸没位置…… 053
第十一节　滚镀的阴极导电方式 …… 054
一、“象鼻”式阴极 …… 055
二、“圆盘”式阴极 …… 056

第二章　滚镀电流密度定量控制 …………………………………… **058**

第一节　电流密度定量控制的意义——又好又快 ………………………… 059

一、什么是电流密度……………………………………………………… 059

二、控制电压还是电流…………………………………………………… 060

三、电流密度定量控制的重要性………………………………………… 062

第二节　挂镀电流密度控制方法 ………………………………………… 064

一、挂镀负载总面积的确定……………………………………………… 064

二、挂镀电流密度的确定………………………………………………… 065

第三节　电流密度“困难户”——滚镀 ………………………………… 066

一、电流密度定量控制——老大难……………………………………… 066

二、电流开不大——难兄………………………………………………… 068

三、电流上不去——难弟………………………………………………… 069

第四节　通行的滚镀电流密度控制方法——按全部零件面积计 ……… 070

一、滚镀负载总面积的确定……………………………………………… 070

二、滚镀电流密度的确定………………………………………………… 074

三、优缺点………………………………………………………………… 076

第五节　科学的滚镀电流密度控制方法——按有效受镀面积计 ……… 077

一、有效受镀面积的确定………………………………………………… 077

二、电流密度的确定……………………………………………………… 081

三、应用举例……………………………………………………………… 082

四、优缺点………………………………………………………………… 084

第六节　简易的滚镀电流密度控制方法——按筒计 …………………… 085

第七节　滚镀电流开不大的绊脚石——“滚筒眼子印” ……………… 087

一、什么是“滚筒眼子印” …………………………………………… 088

二、“滚筒眼子印”溯源 ……………………………………………… 089

三、对“滚筒眼子印”说不……………………………………………… 091

第八节　滚镀电流上不去谁之过 ………………………………………… 097

一、滚筒的封闭结构……………………………………………………… 097

二、整流器选型…………………………………………………………… 098

三、镀液或操作条件……………………………………………………… 099

第九节　滚镀到底应该稳流还是稳压 …………………………………… 100

一、稳总电流还是电流密度……………………………………………… 100

二、如果采用稳流…… 101
三、如果采用稳压…… 104
第三章 滚镀混合周期影响利与弊 …… 106
第一节 概述 …… 107
第二节 混合周期对镀层厚度波动性的影响 …… 109
一、两个容易混淆的概念…… 109
二、对镀层厚度波动性的影响…… 111
三、厚度变异系数…… 112
第三节 混合周期对施镀时间的影响 …… 114
一、受镀效率…… 114
二、有效受镀面积比…… 115
三、对施镀时间的影响…… 115
四、混合周期关系式…… 116
第四节 减小混合周期不利影响的措施（一）——增大有效受镀面积比 …… 117
一、滚筒尺寸…… 117
二、滚筒大小…… 119
三、滚筒装载量…… 124
四、滚筒开孔率…… 125
第五节 减小混合周期不利影响的措施（二）——减小镀层厚度波动性 …… 126
一、滚筒转速…… 126
二、滚筒横截面形状…… 129
第六节 减小混合周期不利影响的措施（三）——采用振动电镀 …… 131
第七节 滚镀防“贴片”措施知多少…… 134
第四章 滚镀结构缺陷的危害与应对措施 …… 139
第一节 概述 …… 140
第二节 金属电沉积过程 …… 142
一、金属电沉积步骤…… 142
二、金属电沉积速度…… 143
三、液相传质步骤…… 145
第三节 滚镀结构缺陷的危害（一）——镀层沉积速度慢 …… 147
一、镀速慢的原因…… 147

二、应用举例……148
第四节　滚镀结构缺陷的危害（二）——镀层均匀性差……150
一、二次电流分布……150
二、镀层均匀性差……151
三、低电流密度区镀层质量差……152
四、应用举例……153
第五节　滚镀结构缺陷的危害（三）——槽电压高……155
一、槽电压高的原因……155
二、槽电压高的危害……156
第六节　改善滚镀结构缺陷的措施（一）——改进筒壁开孔……157
一、方孔……157
二、网孔……160
三、槽孔……161
四、橄榄滚筒……162
五、开放卧式滚筒……163
第七节　改善滚镀结构缺陷的措施（二）——向滚筒内循环喷流……163
一、结构特点……164
二、作用机理……164
三、应用举例……165
第八节　改善滚镀结构缺陷的措施（三）——采用振动电镀……168
第九节　滚镀电流不加大镀速会加快吗……170
第十节　影响滚镀镀层均匀性的因素……172
一、二次电流分布的影响……172
二、电流效率的影响……173
三、金属材料本身属性的影响……174
四、金属材料表面状态的影响……174
第十一节　影响滚镀零件“低区走位”的因素……175
一、镀液因素……175
二、设备因素……176
三、操作条件的影响……177
四、重金属杂质的影响……177
第十二节　吃透这两点才能吃透滚镀……177

一、滚镀的混合周期…… 178
二、滚镀的结构缺陷…… 179
第五章 钕铁硼零件滚镀 …… 181
第一节 钕铁硼表面处理技术 …… 182
一、金属转化膜…… 182
二、金属镀层…… 183
三、有机涂层与复合涂镀层…… 184
第二节 镀前处理 …… 185
一、倒角…… 185
二、除油…… 186
三、酸洗…… 187
四、活化…… 187
五、化学浸镀…… 188
六、关于超声波处理…… 190
第三节 镀锌 …… 190
一、氯化钾镀锌…… 191
二、硫酸盐镀锌＋氯化钾镀锌…… 193
三、一次硫酸盐镀锌…… 194
四、碱性锌酸盐镀锌…… 195
五、锌镍合金…… 196
第四节 单层镍和双层镍 …… 199
一、单层镍…… 199
二、双层镍…… 200
第五节 “镍＋铜＋镍”镀层 …… 202
一、预镀镍…… 203
二、加厚铜＋面镍…… 205
三、夹心铜…… 207
第六节 直接镀铜与热减磁 …… 208
一、材料本身对热减磁的影响…… 209
二、底镍对热减磁的影响…… 210
三、直接镀铜技术…… 211

第七节　化学镀镍 …… 214
第八节　不合格镀层的退除 …… 216
一、锌镀层的退除…… 216
二、单镍镀层的退除…… 217
三、“镍＋铜＋镍”镀层的退除 …… 217
第九节　钕铁硼要求什么样的滚筒 …… 219
一、表面化学性质的要求…… 219
二、表面物理性质的要求…… 220
三、产品形貌特点的要求…… 221
四、生产效率的要求…… 221
五、对滚筒可靠性的要求…… 222
六、工艺特点的影响…… 222
第十节　选择合适的生产线形式 …… 223
一、手工滚镀生产线…… 223
二、半自动滚镀生产线…… 225
三、自动滚镀生产线…… 225
第十一节　钕铁硼电镀电源的选择 …… 226
一、直流电流…… 226
二、适合钕铁硼的电流波形…… 227
三、钕铁硼电镀电源…… 228
四、电源配备方案…… 230
第十二节　影响钕铁硼镀层结合力的因素 …… 232
一、镀前处理…… 232
二、镀液…… 233
三、滚筒…… 234
四、电流波形…… 235
五、上镀前诸多操作…… 235
六、双性电极…… 236
七、吸附氢的影响…… 236
参考文献 …… 237
附录　滚镀知识小测验（附试题分析和答案） …… 238

第一章

滚镀的基础知识

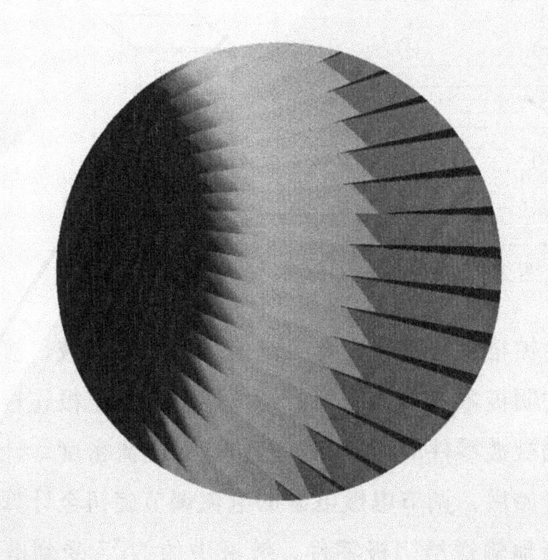

第一节 什么是滚镀

一、电镀与电极反应

生活中的金属制品常常会遇到一个令人头痛的问题——腐蚀，腐蚀很多时候会给我们带来难以估量的损失，因此对金属制品进行防腐蚀处理意义重大。金属的腐蚀是由于受到周围环境的化学或电化学作用造成的，采用“保护层”把金属制品与周围环境隔开不失为一个好办法。金属镀层就是这种“保护层”之一。获得金属镀层的方法通常有电镀、化学镀、热浸镀、热喷镀、真空镀等，其中电镀多年来一直是应用最广泛的金属涂覆工艺。

什么是电镀？电镀是借助外界直流电的作用，在具有一定组成的电解液中，根据电化学的原理，使金属（或非金属）制品表面沉积上具有防护、装饰或功能性作用的金属或合金镀层的过程。如图 1-1 所示，这是一个典型的电镀装置示意图，如镀镍。

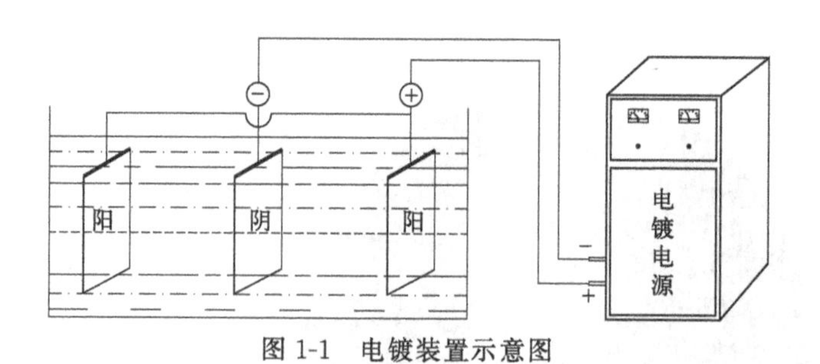

图 1-1 电镀装置示意图

电镀电源将直流电提供给镀槽。镀槽中含有一定组成的镀镍溶液，镀槽两边设置镍阳极，中间设置被镀的阴极零件。镀槽阳极与电镀电源的正极连接，阴极与电镀电源的负极连接。根据被镀零件的面积和工艺给定的电流密度，计算该镀槽所需要施加的电流。电镀开始后，调节电镀电源的电流调节旋钮至计算好的电流数值。大量的电子源源不断地输送给阴极零件，镀液中的 Ni^{2+} 受到电场的作用不断地在零件表面还原为金属镍，并最后得到符合一定要求的镍镀层。在电镀电路的流通中，阴极发生还原反应，阳极发生氧化反应，统称为电极反应。电极反应是整个电镀过程的实质性环节。

1. 两类不同的导体

① 第一类导体　在电镀过程中，电流从电镀电源的正极流出到阳极以及从阴极流回到电源负极，都是普通的金属导体在导电。其电流的流动是靠自由电子

的定向移动来实现的，而且电流的方向与电子的流动方向相反。这种靠自由电子的定向移动来完成导电过程的导体，叫做第一类导体，也叫电子导体。属于第一类导体的物质，包括所有的金属、合金以及少数非金属物质，如石墨等。

② 第二类导体　但电流从阳极到电解质溶液再到阴极的过程，就不是普通的电子导电了，而是比较复杂的离子导电。比如镀镍溶液中，带正电的阳离子有 Ni^{2+}、H^{+}、Na^{+} 等，带负电的阴离子有 SO_4^{2-}、Cl^{-}、OH^{-} 等。通电前，这些离子在镀液中做无规则的各向运动。通电后，与电源正极相连的镍阳极带上了正电，镀液中的 SO_4^{2-}、Cl^{-}、OH^{-} 等阴离子就向阳极移动。与电源负极相连的阴极零件带上了负电，镀液中的 Ni^{2+}、H^{+}、Na^{+} 等阳离子向阴极移动。这种在电场作用下，溶液中的离子向两极发生的定向移动，叫做电迁移。

在电迁移过程中，阳离子从阳极移向阴极，相当于正电荷从阳极流向阴极，而电流的方向与正电荷的流动方向一致，从而部分实现了电流在镀液中的流动。另一方面，阴离子从阴极流向阳极，相当于负电荷从阴极流向阳极。从电学上讲，负电荷从阴极流向阳极，与等电量的正电荷从阳极流向阴极的意义是一样的。因此，阴离子的移动也相当于正电荷从阳极流向阴极，从而也部分实现了电流在镀液中的流动。

虽然电镀时阴、阳离子迁移的方向相反，但它们所传递的电流的方向是一致的，因此通过镀液的电流应为阴、阳离子所传递的电流的总和。在电镀液中，电流的流动是靠溶液中阴、阳离子的定向迁移来实现的。这类靠阴、阳离子的定向迁移来完成导电过程的导体，叫做第二类导体，也叫离子导体。所有的电镀液和其他的电解质溶液都是第二类导体。

任何一个电镀的电流回路，都由第一类导体和第二类导体共同构成，其电流的流通由两类导体共同完成。不同的是，以阴、阳极为界，阴、阳极之外的槽外电路靠的是自由电子定向移动的第一类导体导电，而阴、阳极之内的槽内电路靠的是离子定向移动的第二类导体导电。

2. 两类性质导电的转换——电极反应

在电镀电路的流通中，槽外第一类导体的电子导电和槽内第二类导体的离子导电，是性质完全不同的导电形式，它们是怎样实现电流流通的呢？或者说，电子导电是怎样转换成离子导电，离子导电又是怎样转换成电子导电的呢？电镀的电流回路有一个重要节点，即阴、阳极与镀液的接触处，两类导体在此处实现物理联通，则此处界面必是它们发生质变的地方，即两类性质的导电发生转换的地方。

① 阴极反应　仍以镀镍为例，通电前阴极（即被镀零件）是电中性的。通电后它接收了从电源负极输送来的电子，就带上了负电荷。负电荷积累到一定程度，就会使镀液中迁移来的 Ni^{2+} 在阴极与镀液的接触面发生还原反应夺取电子，Ni^{2+} 被还原成金属镍，其表达式为：$Ni^{2+}+2e = Ni$。这是一个普通的还原反应，因为它是在电极表面发生的，所以称为电极反应。又因为反应是在阴极上发生的，所以又称阴极反应。

在阴极反应时，Ni^{2+} 夺取了阴极上的电子还原为金属镍而覆盖在零件表面，此即通常所说的镀镍。显然，正是阴极反应的发生，实现了电子导电与离子导电的相互转换。

② 阳极反应　阳极情况与阴极相反，通电前镍阳极是电中性的。通电后在外电源的作用下，电子不断地从镍阳极流入电镀电源。这样镍阳极就必须在与镀液的接触面不断放出电子，以提供不断流向电镀电源的电子流。镍原子因而被氧化成 Ni^{2+} 进入镀液，同时向阴极方向迁移，其表达式为：$Ni-2e = Ni^{2+}$。这是一个普通的氧化反应，显然，这也是电极反应，具体地说，因为反应是在阳极上发生的，所以又称阳极反应。

在阳极反应时，金属镍不断地失去电子而氧化成 Ni^{2+} 进入镀液，所以镀镍生产时会发现镍板逐渐变薄，此即通常所说的阳极溶解。阴极零件上被镀的镍层实际就是阳极溶解的镍，其实质是一种金属转移。可见，阳极反应提供了流向电镀电源的电子，同时提供了流向镀液内部再到阴极零件的欲镀金属离子。显然，也正是阳极反应的发生，实现了电子导电与离子导电的相互转换。

另外，需要说明的是，电镀时两电极上并非只有金属的氧化和还原反应。比如镀镍时阴极上除了镍的沉积外，还有 H^+ 得到电子还原为 H_2 析出；阳极上除了镍的溶解外，还有 OH^- 失去电子氧化成 H_2O 和 O_2 析出等。电极上金属的氧化和还原反应通常称为主反应，其他称为副反应。

3. 电镀的过程

在电极反应中，电极、电镀电源、导电线棒、镀液等共同组成一个闭环电路。在这个电路中，电镀电源是动力源，导电线棒等组成槽外电路（即第一类导体），镀液组成槽内电路（即第二类导体）。电镀过程如下：

① 电镀电源迫使阳极金属原子，在阳极与镀液的接触面氧化放出电子，并产生欲镀金属离子进入镀液，发生阳极反应。

② 同时，电镀电源通过导电线棒等槽外电路，将阳极放出的电子提供给阴

极零件；通过镀液的槽内电路，将阳极反应产生的欲镀金属离子迁移至阴极处。

③ 同时，在阴极零件与镀液的接触面，通过槽外电路从阳极流过来的电子，吸引通过槽内电路从阳极流过来的欲镀金属离子还原、沉积，重新组装成金属（镀层），发生阴极反应。

在电镀的过程中，电极和槽外电路完成了自由电子的定向移动，担负着槽内电路功能的镀液完成了离子的迁移，电极反应实现了电子导电与离子导电的相互转换，最终实现了阳极溶解与阴极沉积之间的金属转移。

打个不恰当的比方。从国外采购的电镀生产线，需要运到国内来，因整条线无法运输，运输公司将其拆分为大件和小件两部分。小件空运到国内来，大件海运到国内来。最后将两部分零件重新组装成电镀生产线，从而完成了整条线的运输。

在这个比方中，运输公司相当于电镀电源，空运相当于槽外电路，海运相当于槽内电路。国外相当于阳极，国内相当于阴极。将电镀生产线拆分为小件和大件，相当于将阳极金属原子氧化成电子和欲镀金属离子。运输公司将拆分的零件空运和海运到国内，相当于电镀电源将氧化反应产生的电子和欲镀金属离子，通过槽外和槽内电路迁移到阴极。最后将零件重新组装成电镀生产线，相当于在阴极将电子和欲镀金属离子重新组装成金属，即镀层。

二、滚镀与滚镀装置

1. 滚镀的概念

生活中的金属制品往往在尺寸或大小上多有不同，大尺寸零件，比如车圈、车把、钢管等，小尺寸零件，比如螺钉、螺帽、电子元器件等。车圈、车把等大尺寸零件的电镀，一般采用挂镀的方法。挂镀是将零件装在挂具上进行镀层沉积处理的一种电镀方式。图 1-2 所示为一个典型的单槽挂镀装置。

(a) 挂镀槽

(b) 挂具

图 1-2 单槽挂镀装置

对于螺钉、螺帽，甚至更小的零件，比如片式电阻、金刚石微粉等，不宜或无法采用挂镀的方式。采用挂镀至少劳动生产效率太低，不适应工业化生产；而片式电阻、金刚石微粉等根本无法装挂，即使不嫌效率低也不能采用挂镀。这时就需要用到滚镀了。滚镀是将受尺寸（容量相同，尺寸不同）或大小（容量和尺寸均不相同）等因素影响不宜或无法装挂的一定数量的小零件，置于专用滚筒内，在滚动状态下，以间接导电方式，使零件表面沉积上各种金属或合金镀层，以达到表面防护、装饰或功能性目的的一种电镀方式。根据以上表述，可对滚镀的概念做如下解读。

① 滚镀的对象　主要针对不宜或无法装挂的小零件。但由于滚镀节省人力，劳动生产效率高，滚镀零件的范围也在不断扩大，有些原本挂镀的零件也可采用滚镀。

② 滚镀的特征　使用专用滚筒、在滚动状态下、以间接导电的方式进行电镀。这与挂镀有显著的不同，挂镀使用的是挂具，需要阴极移动或空气搅拌，挂具的挂点直接将电流传输给每个零件。

③ 滚镀的目的　使制品表面获得符合防护、装饰或功能性等要求的各种金属或合金镀层。显然，这方面与挂镀是相同的。

2. 滚镀装置

滚镀与图 1-2 所示挂镀装置的电镀原理是一样的，其电路同样由电极、电镀电源、导电线棒、镀液等共同组成。不同的是，阴极由挂具换成了滚筒，如图 1-3 所示。

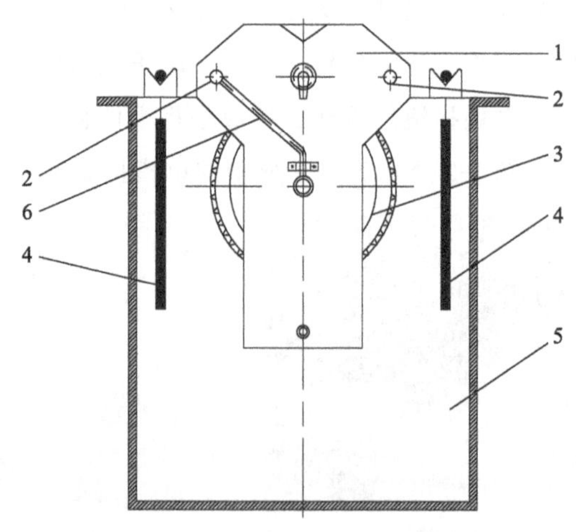

图 1-3　滚镀装置示意图

1—滚筒墙板；2—导电搁脚；3—滚筒；4—阳极；5—镀槽；6—阴极软导线

以滚镀镍为例，滚镀回路的流通是按以下方式完成的。滚筒装载小零件浸在镀液中。电镀开始后，滚筒以一定的速度按一定的方向转动，以带动滚筒内的小零件不停地翻滚、跌落、离合、变位。同时，电流从电镀电源的正极流出至镍阳极，迫使其表面发生氧化反应，不停地释放出大量的 Ni^{2+}，并通过导电线路源源不断地将大量的电子加至小零件表面。镀液中的 Ni^{2+} 以电迁移、扩散、对流等多种方式“游”向滚筒，并越过壁板上的小孔进入滚筒，受电场作用在小零件表面还原、沉积。最后，电流通过滚筒内的导电钉及其他导电线路返回电镀电源的负极，从而完成滚镀回路的流通。

生产中使用的滚镀装置与挂镀大同小异，主要的不同是挂镀槽换成了滚镀槽，阴极由挂具换成了滚筒。图 1-4 所示为一个典型的单机滚镀装置。

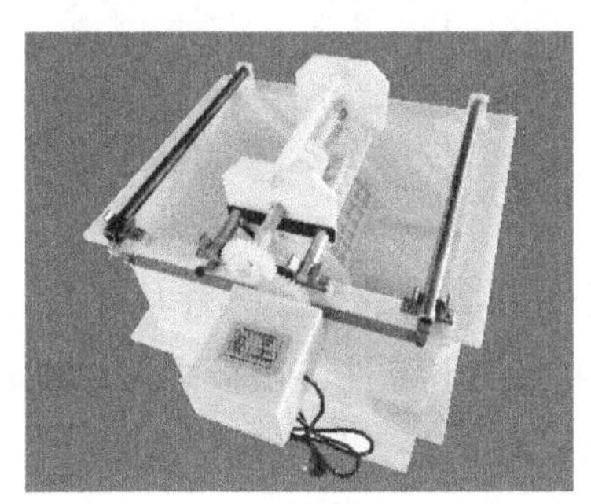

(a) 滚镀机

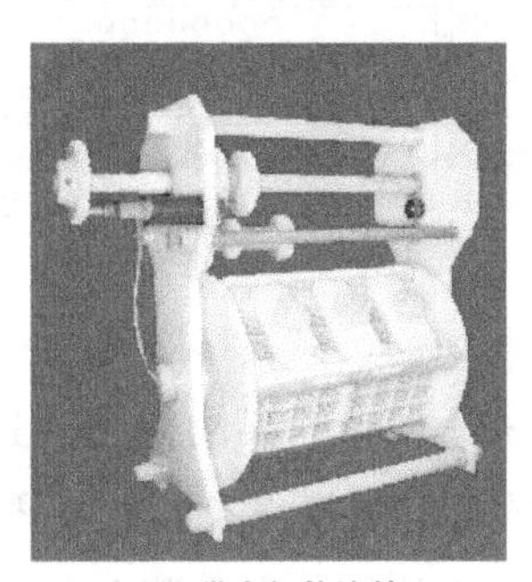

(b) 带支架的滚筒

图 1-4　单机滚镀装置

滚筒的大小、数量及生产线形式等主要根据零件的材质特点、质量要求、加工量等而定。普通标准件滚镀锌，材质为普通钢件，镀层需满足防护-装饰性要求。如果加工量大的话，至少可选择载重量 50～60kg 的滚筒，一只滚筒每班产量 400～500kg。对于钕铁硼零件滚镀，因其材质表面特殊的物理化学性质，且镀层质量要求较高，即使加工量大，也不宜采用大滚筒，很多时候滚筒载重量为 3～5kg/筒。

周边设备主要包括电镀电源、过滤机、换热器及自动控温装置等。电镀电源的额定电流与滚筒大小需匹配，50～60kg 的滚筒标准件滚镀锌，一般配备额定电流为 300A 或 500A 的电镀电源；3～5kg 的滚筒，一般配备 50A 或 100A 的电镀电源。额定电压一般建议不低于 15V。其他周边设备与挂镀无异。

第二节　滚镀的基本特征

滚镀的特征是相对于挂镀而言的，如前文所述，在滚镀概念的表述中，与挂镀有显著不同的是，滚镀是使用专用滚筒、在滚动状态下、以间接导电方式工作的一种电镀方式，此为滚镀的基本特征。

一、使用专用滚筒

挂镀承载零件受镀的装置是挂具，但主要针对大尺寸零件。如果是小零件，挂具要么不适合，要么根本无法装挂，这时就要用到滚筒。滚筒是承载小零件受镀的一个盛料装置，如图 1-5 所示。这个装置将分散的小零件集中在一起进行电镀，既解决了小零件不宜或无法装挂的问题，又节省了劳动力，提高了劳动生产效率，这对小零件电镀来讲无疑有着非常积极的意义。

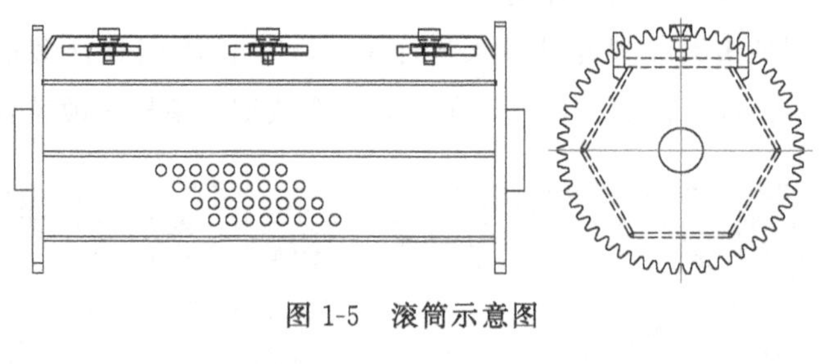

图 1-5 滚筒示意图

滚筒是封闭的，只在一面设置一个开口，被镀的小零件从开口面出入滚筒，并有门盖可开合。但如果滚筒是全封闭的，小零件与阳极之间的电流则无法导通，滚筒内外的溶液无法交换，小零件的电镀就无从谈起。实际上，滚筒不可能是全封闭的，在滚筒的多面壁板上会设置许多密密麻麻的小孔，就是为了滚筒内外的“沟通”。这些小孔的作用归结起来有如下几点。

① 保障滚筒内零件与阳极之间电流的导通，为电化学反应的正常进行提供必要条件。

② 滚筒外新鲜溶液需要通过小孔补充到滚筒内，同时滚筒内部分溶液及阴极反应产生的气体也需要通过小孔排出滚筒外，此即滚镀溶液的更新与排气，此时这些小孔是维系滚镀进程的“生命线”，至关重要。

③ 滚筒出槽时残留的溶液需要通过小孔排出滚筒外。

但应保证滚筒内的小零件不从孔中漏出或卡在孔上，否则滚镀任务无法完成或会产生次品。图 1-6 所示为筒壁开满小孔的滚筒。

图 1-6 筒壁开满小孔的滚筒

工作时，小零件数量占滚筒容积的 1/3～2/5。通常情况下，小零件靠自身的重力将滚筒内的阴极导电钉紧紧压住，与之实现导电的联通。阴极导电钉分别连接一定粗细的软导线，然后从滚筒两侧的中心轴孔中穿出，并分别连接固定在滚筒支架两侧墙板上的导电搁脚。小零件滚镀就是在这样的装置内进行的。

显然，滚筒是整个滚镀装置的核心。正是因为使用了滚筒，才实现了将分散的小零件集中在一起进行电镀，从而节省了劳动力，提高了劳动生产效率。滚筒的结构、尺寸、大小、转速、导电方式及透水性等诸多因素均与滚镀的镀层质量、生产效率等息息相关。可以说，没有滚筒就没有滚镀，滚镀严格来讲应叫滚筒电镀，名副其实。

二、在滚动状态下受镀

滚镀另有一层含义——小零件在滚动状态下受镀。“滚镀”之名，形象、贴切。滚镀时滚筒要以一定的速度按一定的方向不停地转动，并带动滚筒内的小零件不停地翻动、混合。如图 1-7 所示，滚镀时根据所处位置的明显不同，将滚筒内的小零件分成两部分：位于斜线区域的内层零件和位于标圆圈记号区域的表层零件。事实上，内层零件和表层零件没有严格的界限，零件之间越密实界限就越清楚，否则比较模糊。建立这样一个模型是为了便于分析和讨论问题。另外，根据表层零件所处位置的不同，又将其分成紧贴滚筒内壁的表层零件，简称表内零件（图 1-7 中标空心圆“○”记号的零件）和表外零件（图 1-7 中标实心圆“●”记号的零件）两部分。

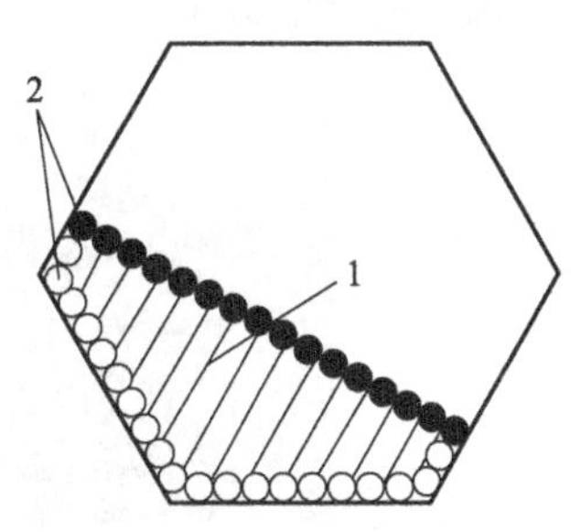

图 1-7　滚筒中内层零件与表层零件分布示意图

1—内层零件；2—表层零件

“○”表内零件；“●”表外零件

1. 离合与变位

滚镀时，可认为只有表层零件受镀，而内层零件因受表层零件的屏蔽、遮挡等影响是不受镀的。但实际情况是，内层零件并非完全不受镀，而是越往中心部位的零件接受的电流密度越小，受镀作用越弱，直至可能完全不受镀。只是为分析和讨论问题方便，假设内层零件是完全不受镀的。

这时，内层零件仅起电流传输的作用，相当于普通的电子导体。为能有机会受镀，内层零件需要从“斜线区域”翻出变为表层零件，并且越是快速均等地翻出，受镀的效率就越高，镀层质量也越好。但表层零件受镀一会儿后又会很快地被翻回“斜线区域”变为内层零件，因为一直不断地有内层零件需要翻到表层受镀，所以表层零件并不能长时间停留在其位置上。这样周而复始，小零件不停地被翻滚、混合，才能促使内层零件与表层零件之间不断地转换，并最终保证每一个零件都有均匀受镀的机会。

如此滚镀时小零件能否充分离合及快速变位就显得非常关键。离合指零件与零件之间时分时合，目的是使内、表层零件能够轻松地转换，变为表层零件后不互相屏蔽、遮挡，产生次品。比如螺钉、螺帽等，零件之间能够很顺畅地离合，则能够很容易地翻到表层受镀；而鱼钩、弹簧、导针等易缠绕零件，滚筒的转动不仅不能使其充分离合，还可能使缠绕更加严重，不易实现内、表层零件之间的快速转换，因此不宜采用滚镀方法。图 1-8 所示的零件，滚镀时多个零件易抱在一起，若离合不清会最终“抱死”，即使翻到表层也难免成为次品。若次品率太高，就不适合滚镀了。

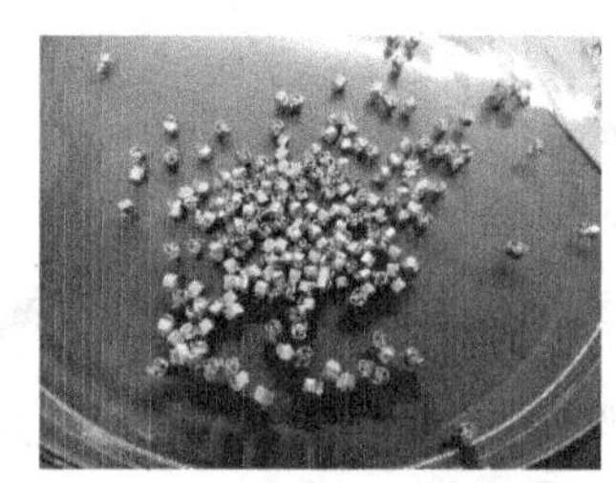
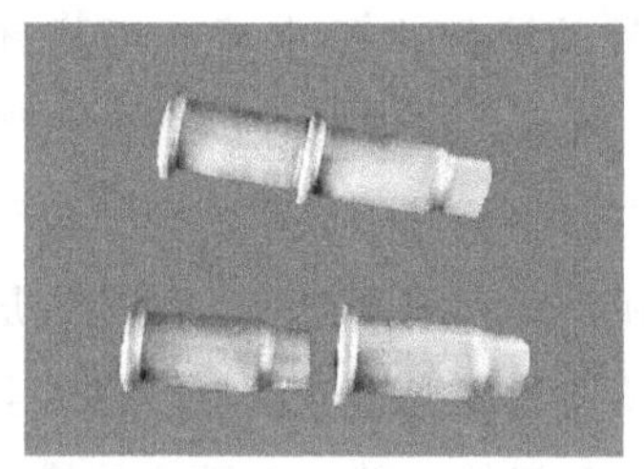

图 1-8　易“抱死”零件

变位是指内、表层零件之间不断地变换位置，以使内层零件不断地被翻出变为表层零件而受镀。并且变位动作越快越利于零件镀层质量和受镀效率的提高。显然，变位的作用非常重要，这对螺钉、螺帽等普通零件自不必说，尤其对某些特殊零件更加重要。比如电池钢壳、晶体谐振器外壳等深、盲孔零件，要求内、表层零件能够快速地变位，否则孔内溶液不能及时更新，镀层质量不能保证。钕铁硼零件表面极易氧化，要求预镀或直接镀时，零件在滚筒内应尽可能快地上镀，以抑制基体氧化造成的镀层结合力不良。如果内、表层零件不能快速地变位，则零件表面不能尽快上镀，当零件位于内层时基体难免氧化，造成后续镀层结合力不良。

所以，离合与变位是滚镀的两个非常重要的概念，是小零件采用滚镀的必要条件。

2. 零件运行的不同阶段

滚镀时只有表层零件受镀，而内层零件是不受镀的，所以小零件要随着滚筒的转动不停地翻滚、运行，周期性地进行内层零件和表层零件之间的变位。并且，同样是表层零件，表内零件和表外零件的位置不同，其受镀情况也会有很大的不同。

将滚镀过程中零件的运行分成三个阶段：①第一阶段（t_1），即运行至内层零件位置时；②第二阶段（t_2），即运行至表内零件位置时；③第三阶段（t_3），即运行至表外零件位置时。不同的阶段，零件表面的受镀情况不同，出现的问题也不同。可将三个阶段作用在零件表面的电流密度随运行时间的变化关系表达成图 1-9。需要说明的是，三个阶段运行的次序、频率及每个阶段运行的时间等是随机的，目前尚无规律可循。

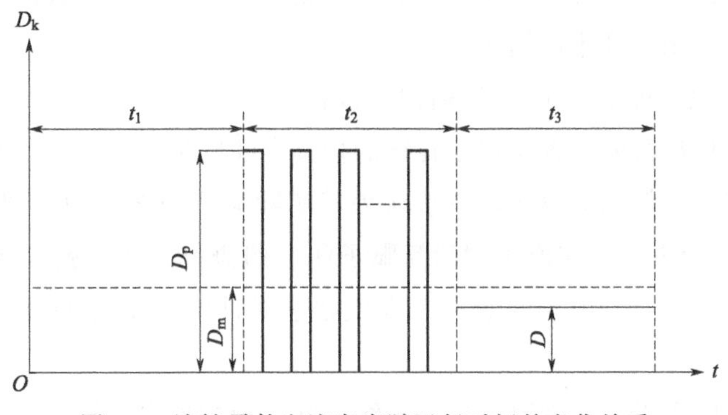

图 1-9　滚镀零件电流密度随运行时间的变化关系

(1) t_1 阶段，即运行至内层零件位置时

此阶段零件受到表层零件的屏蔽、遮挡等影响，电化学反应基本停止，可将零件表面的电流密度近似视作零。这时，这部分零件仅起电流传输的作用，并不参与阴极反应。所以，为能有机会受镀，此阶段零件需要争取翻出变为表层零件，翻出的机会越多，受镀的概率就越大。镀层质量提高，施镀时间缩短。此阶段对滚镀的镀层厚度波动性和施镀时间产生较大的影响。并且，因零件表面电化学反应中断，对于某些特殊零件滚镀，比如钕铁硼滚镀、塑料滚镀等，还可能发生基体氧化腐蚀、预镀层化学溶解或钝化等，影响镀层的结合力。

(2) t_2 阶段，即运行至表内零件位置时

此阶段零件紧贴滚筒内壁，在滚筒的带动下，零件（上的某点）通过孔眼后，紧接着通过非孔眼，再通过孔眼……可将此阶段零件表面的电流密度视作断续的。零件通过孔眼时电流密度较大，因为在物料传送的过程中，导电离子迁移至孔眼处时受阻聚集，电流增大，而孔眼处的零件面积又较小，电流密度随之增大，称之为瞬时电流密度。根据使用的滚筒不同，瞬时电流密度 D_p 可能是平均电流密度 D_m 的数倍。零件通过非孔眼时受到筒壁遮挡，可将电流密度近似视作

零，此时类似于内层零件。因此，此阶段作用在零件表面的电流密度实际是一种脉冲式的电流：通过孔眼时电流密度较大，可视为一种冲击电流；通过非孔眼时电流密度近似为零。

因零件通过孔眼时的电流密度较大，金属离子消耗较快，且因液相传质速度较慢，难以从滚筒外的新鲜溶液中及时补充，致使金属离子浓度下降，阴极电流效率降低，孔眼处承担着镀层烧焦产生“滚筒眼子印”的巨大风险。此阶段零件运行的位置类似于挂镀的挂具外缘的零件。挂镀时，当使用的电流密度过大时，挂具外缘的零件最容易烧焦。受此限制，滚镀所使用的平均电流密度 D_m 不易提高，因此镀层沉积速度难以加快。

（3）t_3 阶段，即运行至表外零件位置时

此阶段零件运行的位置类似于挂镀的挂具中间部位的零件，零件表面的电流密度平稳、连续，但相对较弱，一般认为其实际电流密度 D 小于平均电流密度 D_m，因此此阶段镀层烧焦产生“滚筒眼子印”的概率极小。就好比挂镀时当使用的电流密度过大时，镀层烧焦总是发生在挂具外缘而不是中间部位的零件上一样。

因此，此阶段零件的受镀平稳、连续，状况较为理想。但零件运行至此位置时实际电流密度小，会影响镀层沉积速度的加快。并且，滚筒的封闭结构阻碍了滚筒外物料传送的顺利进行，因此造成滚筒内溶液的导电离子浓度较低，镀液分散能力和深镀能力不可避免地下降，镀层均匀性和零件低电流密度区镀层质量变差。

总之，滚镀过程中零件运行的三个阶段各有其特点，零件表面的电流密度按“近似为零→脉冲式电流或平稳电流→近似为零”周期性变化。并且各阶段零件表面的电流密度不同，对滚镀产生的影响也有很大的不同。

① t_1 阶段零件表面的电流密度近似为零，对镀层质量和受镀效率产生较大的影响，需要采取措施增加零件位于表层的机会和时间，或者说需要加快内层零件和表层零件的变位速度。

② t_2 阶段零件表面的电流密度是脉冲式的，孔眼处的瞬时电流密度较大，镀层容易烧焦产生“滚筒眼子印”，因此允许使用的电流密度上限难以提高，镀层沉积速度难以加快。采取措施减小孔眼处的瞬时电流密度，则允许使用的电流密度上限提高，孔眼处的镀层沉积速度加快，镀层烧焦的风险减小。同时，t_3 阶段的镀层沉积速度也会加快。

③ t_3 阶段零件表面的电流密度平稳、连续，则镀层的沉积平稳、连续，状

况较为理想。但受滚筒封闭结构的影响，镀层均匀性和零件低电流密度区镀层质量相对变差。

三、间接导电方式

挂镀的零件是单独分装悬挂的，每个零件都有挂点，每个挂点都与零件紧密接触。图 1-10 为装挂零件的挂具示意图。挂具通过挂点将电流直接传输给零件，因挂具与零件之间的接触电阻小，比较容易达到镀槽上所需要的电流。

滚镀与挂镀不同，而是只有极少部分零件与滚筒内的阴极导电钉连接，通电后导电钉只能先把电流传输给与自己连接的那部分零件，然后再由这部分零件输送给其他零件，并在其他零件与零件之间一个一个地传递下去，这就是滚镀的间接导电方式。图 1-11 为滚筒内阴极导电方式示意图。

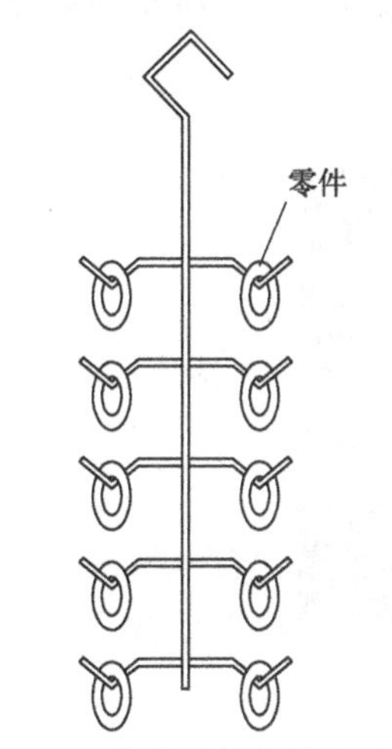

图 1-10　装挂零件的挂具示意图

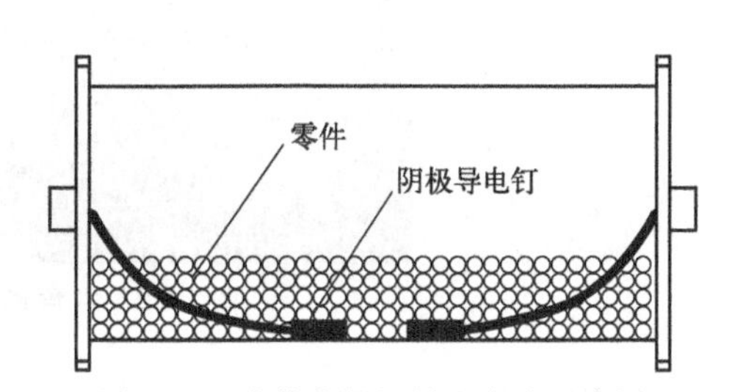

图 1-11　滚筒内阴极导电方式示意图

间接导电方式无疑是滚镀的又一个重要特征，滚镀的阴极与零件接触面积较小，零件与零件之间仅靠自身重力不易压紧，因此阴极的电阻（即金属电极的电阻）较之挂镀要大。

第三节　不同类别的滚镀方式

滚镀生产中最常使用的是六角形滚筒，滚筒大的载重量达几百千克，小的只有几千克甚至几百、几十克。此外，在滚筒尺寸、开孔方式、阴极导电方式等方面也多有不同，但滚筒的关键因素——滚筒形状和滚筒轴向是一样的。滚筒轴向指滚筒转动时转动轴方向与水平面所呈的角度。除六角形滚筒外，生产中还可以见到七（或八）角形滚筒、圆形滚筒、钟形滚筒等，可谓多种多样、五花八门。有必要对目前的多种滚镀方式加以总结、分类，并了解其优缺点、适用范围等，从而可以根据产品的具体情况选择合适的滚镀方式。

滚镀的核心元素是滚筒，而最能反映滚筒特征的要素是滚筒形状和滚筒轴向，根据滚筒这两方面的不同，将电镀生产中常见的滚镀方式划分为卧式滚镀、倾斜式滚镀和振动电镀三大类。

一、卧式滚镀

卧式滚镀的显著特征是使用卧式滚筒，其形状为“竹筒”或“柱”状，轴向为水平方向，通常也叫水平卧式滚筒。电镀生产中可见的六角形滚筒、七（或八）角形滚筒、圆形滚筒、杆状滚筒（如辐条滚筒）、管状滚筒（如缝衣针滚筒）等都属于卧式滚筒。其中以六角形滚筒的应用最广泛。图 1-12 所示为典型的六角形滚筒。

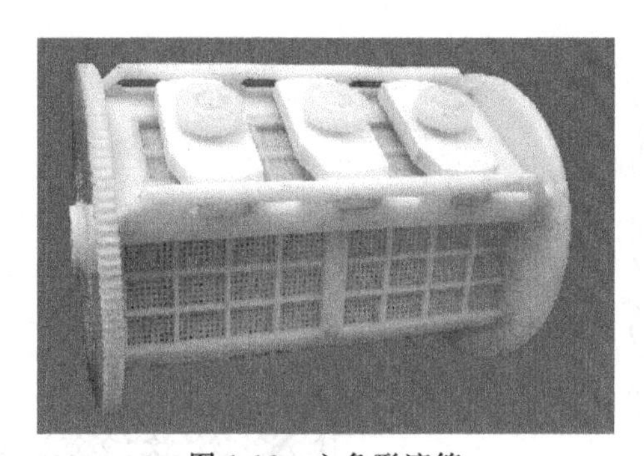

图 1-12　六角形滚筒

1. 滚筒形状

六角形滚筒在转动时，带动零件翻滚、跌落的幅度大，利于零件的充分混合及快速变位，零件之间的一致性好，镀层厚度波动性小。零件变位快，对不易翻滚的零件、基体或预镀层易腐蚀的零件等是有利的。并且，零件之间相互抛磨的作用强，有利于提高镀层的光洁度，零件表面镀层质量好。

七（或八）角形滚筒的翻滚效果差一点，通常情况下不会采用，多在要求滚筒的直径较大（一般内切圆直径大于 420mm）时才采用。因为这时零件运行的线速度较大，零件之间的磨削程度大，可能影响镀速；此外，阴极导电钉随零件滑落时摆动的幅度大，可能造成较大的电流波动，影响镀层平稳沉积。

有些小滚筒也会采用七（或八）角形滚筒，目的是增加零件的装载量。因为有些特殊零件不宜采用大滚筒，采用小滚筒产能又低，不得已采用七（或八）角形滚筒以提高滚筒的产能。但前提是不能影响镀层质量，否则得不偿失。

圆形滚筒主要在早期应用较多，优点是外形尺寸相同时，比六角形滚筒装载量多约21%。缺点是圆形的翻滚效果更差，一是零件不易充分混合，二是零件之间互相抛磨的作用弱，所以受镀效率、镀层厚度波动性及表面质量等均比六角形或其他多角形滚筒差。圆形滚筒目前多应用于特殊场合，比如实验室及怕磕碰、易缠绕零件的滚镀，如图1-13所示。

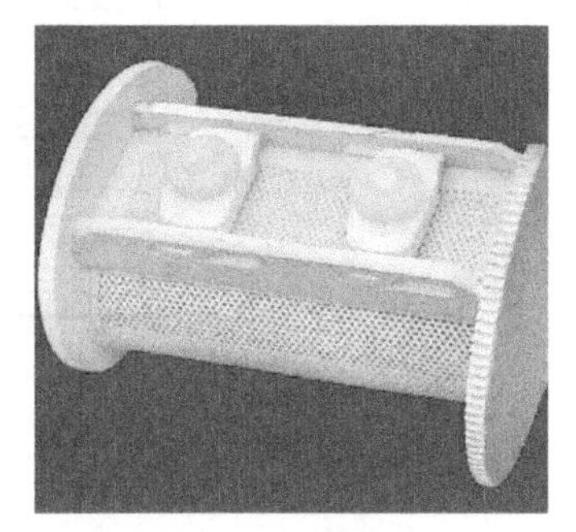

图1-13 圆形滚筒

其他生产中可见的杆状滚筒、管状滚筒等也属于卧式滚筒。辐条、丝杠、传真轴等，不宜像普通零件一样使用普通的滚筒来镀，一般采用专用的杆状滚筒。比如辐条滚镀，很多采用一种专用的“裸镀”杆状滚筒，如图1-14所示为辐条滚筒的一个单元。装料时，活动支撑板被移开，辐条穿进左右对应的导电环，并在左端由固定支撑板顶住。右端在装完料后由活动支撑板顶住，从而将辐条锁定在两支撑板之间的区域内。以上为辐条滚筒的一个行星式子滚筒，多个子滚筒组成一个单元，一个单元相当于一个裸露的行星式多辊滚筒，一个辐条滚筒可以由多个单元组成。

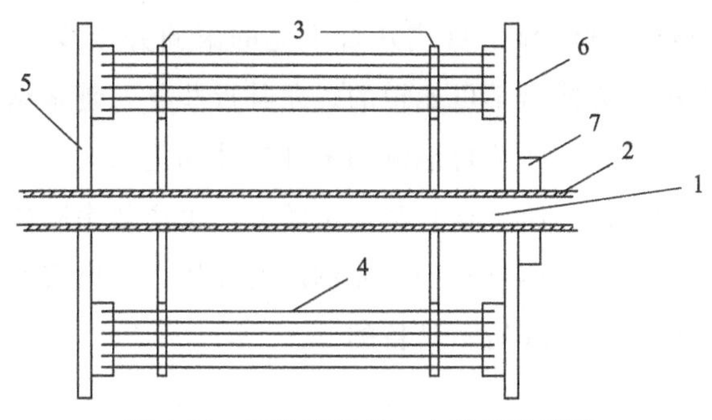

图1-14 辐条滚筒的一个单元示意图

1—载件主轴；2—主轴封闭；3—左右导电环；4—辐条；5—固定支撑板；6—活动支撑板；7—法兰盘

缝衣针若使用普通滚筒，为防止针掉或插在孔眼上，通常在滚筒内壁衬上一层帆布。这样的缺点是，溶液循环差，效率很低，施镀时间要七八个小时，甚至更长。另外断针、弯针多，帆布寿命短。缝衣针类零件一般采用一种管状滚筒，其核心思路是镀管的直径小于针的长度。这样零件只能“平躺”不能“站立”，以便在镀管上开大孔眼时零件漏不出来，大大增强了镀液循环。为了增加产能，这样的镀管可以像糖葫芦一样一个镀架上设置多个，一个镀槽内可设置多个镀架，一条生产线上可设置多个镀槽。管状滚筒的镀架如图 1-15 所示。

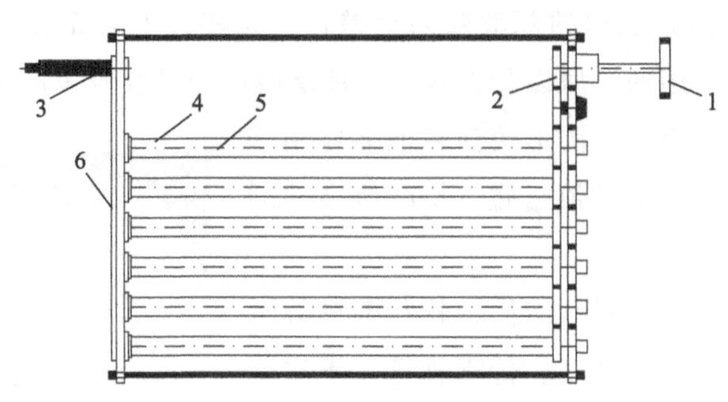

图 1-15　管状滚筒的镀架示意图

1—外齿轮；2—传动齿轮；3—阴极搁脚；4—镀管；5—镀管内阴极；6—机架

2. 滚筒轴向

卧式滚筒的轴向为水平方向，滚筒在转动时可带动零件做垂直方向的翻滚，利于内、表层零件的充分离合与快速变位，零件之间的一致性好，镀层厚度波动性小。更重要的是，卧式滚筒的水平轴向更主要的是为零件装载量赢得了较大的优势，因为水平轴向实现了零件的垂直运行，使更多的零件得到最充分的混合。

比如，生产中载重量动辄上百或几百千克的滚筒并不少见，这是小零件挂镀、篮筐镀及其他滚镀方式所不可比拟的。尤其近些年，越来越多的滚镀设备采用更大的滚筒长度和直径，使适合滚镀的零件尺寸和重量大大增加，许多原有的挂镀零件也纷纷采用滚镀，所有这些都使滚镀劳动生产效率高的优越性得到较好的体现。另外，零件的垂直运行利于滚光作用的发挥，镀层表面光洁度高，这种优势也是其他小零件电镀方式所不具备的。

3. 滚筒尺寸

滚筒尺寸是一个非常重要的指标，一般用滚筒长度和滚筒直径来表示，比如某滚筒尺寸长×直径=300mm×ϕ180mm。滚筒尺寸反映滚筒的真实大小。通常人们习惯用载重量来表示滚筒的大小，比如 5kg 滚筒、10kg 滚筒等。这是不严谨的。因为相同的滚筒装不同的零件时载重量差别可能很大，密实的零件载重量大些，质轻的零件相反。比如常说的 5kg 滚筒，装普通铁螺丝时为 5kg，如果是冲压件可能远远少于 5kg。所以，不能简单地用载重量，而只有用滚筒尺寸才能表示滚筒的真实大小。其中滚筒直径一般资料上指内切圆直径，但生产上很多时候用内对角来表示滚筒直径，因为内对角正好是滚筒壁板的两倍，计算方便、直接。

之所以说滚筒尺寸很重要，是因为它关乎到滚镀的镀层质量和生产效率。如前文所述，滚镀时内层零件和表层零件要能够快速地变位，速度越快零件位于表层的机会越多，越利于镀层质量和受镀效率的提高。然而并非任何尺寸——只有长度直径比相对合理的滚筒，才利于内、表层零件的快速变位。一般情况下，这个比例为（1.3～1.8）∶1，细长形滚筒更大。即滚筒长度要长一点，直径要小一点。因为在滚筒容积相同、装载零件相同的情况下，滚筒细长一点比粗短一点表层零件的面积大，受镀机会多，利于减小镀层厚度波动性和提高受镀效率。

近年来，细长形滚筒的理念越来越被人们接受，生产中经常可以看到长度直径比为 3 或更大的细长形滚筒，为滚镀产品质量和生产效率的提高做出了很大的贡献。图 1-16 所示为某紧固件镀锌用细长形滚筒。

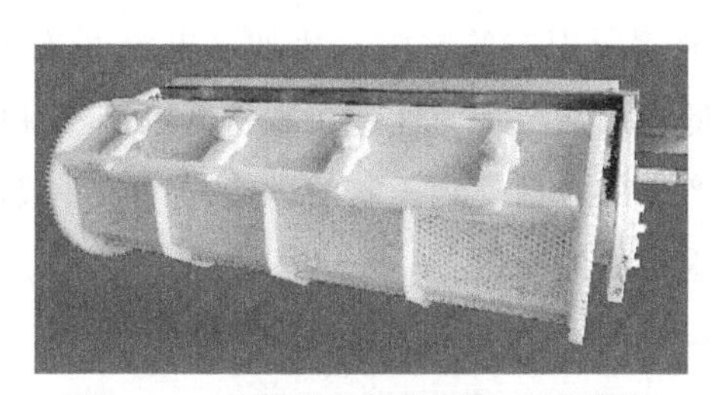

图 1-16　某紧固件镀锌用细长形滚筒

但若非有更高的要求，不宜刻意追求太大的长度直径比，否则影响滚筒的结构和强度，从而影响滚筒的正常使用和寿命。并且，滚筒太长在使用普通阴极时，滚镀间接导电方式的弊病加剧，各零件与阴极导电钉之间的距离差别较大，零件上的电流分布更不均匀，靠近导电钉的零件电流过大，远离导电钉的零件电流过小。

4. 筒壁开孔

卧式滚筒的结构是封闭的，只在多面壁板上留有许多小孔，用来保障滚筒内零件与阳极之间电流的导通、滚筒内的溶液更新与排气、滚筒出槽时残留溶液的沥出等。显然，与挂镀相比，滚镀零件与阳极之间多了一道障碍——多孔的滚筒壁板，使溶液中物料的传送受阻，不可避免地带来一些问题，如电流开不大，镀速慢，镀层均匀性差，槽电压高等。解决或改善问题的关键是，尽可能增加筒壁开孔的透水性，以减小滚筒内外溶液交换的阻力。

增加筒壁开孔的透水性：一是要提高滚筒开孔率，滚筒开孔率指壁板上小孔面积占整个壁板面积的百分比；二是要减薄壁板厚度。滚筒开孔率高和壁板薄，溶液在进出滚筒时遇到的阻力小，透水性好。筒壁开孔的原则是，在不产生其他影响的前提下，比如不能使零件漏出或卡在孔上、不能降低滚筒强度和使用寿命等，滚筒开孔率越高越好，壁板越薄越好。常见的筒壁开孔方式有圆孔、方孔、网孔及槽孔等多种。其中圆孔是最传统的一种方式，方孔、网孔等是对圆孔进行的改进，以网孔的效果最显著，改进最彻底。

卧式滚镀劳动生产效率高，镀层厚度波动程度小，表面质量好，适用的零件范围广等，因此在目前的滚镀生产中得到了最为广泛的应用，涵盖了五金、家电、汽摩、自行车、仪器、钟表、制笔、磁性材料等行业小零件电镀加工的绝大部分，是名副其实的主力军。所以，多年来滚镀技术的研究重点总是以卧式滚镀为中心在开展。

但是，在卧式滚筒为滚镀带来较大优越性的同时，由于其结构封闭，不可避免地产生一系列卧式滚镀所固有的缺陷。比如，电流开不大造成镀层沉积速度慢，滚筒内溶液浓度低造成镀层均匀性差及零件低电流密度区镀层质量差，槽电压高等。这使其在生产中的应用受到一定的影响，比如一般认为卧式滚镀不太适合高精度、高品质要求零件的滚镀。

二、倾斜式滚镀

倾斜式滚镀的显著特征是使用钟形滚筒，钟形滚筒类似旧式的“钟”，或呈“碗”形。其特点是滚筒上口敞开，这样设计的好处是，滚筒内外的溶液可以通过开口畅通无阻地进行交换，减少了卧式滚筒因封闭结构造成的缺陷。但因为零件的运行也是由滚筒的转动带动的，如果也像卧式滚筒一样是水平轴向，工作时零件必然从开口处“倾泻”而出，这显然是不合适的。钟形滚筒的轴向必须与水平面呈一定的角度，这个角度一般在40°～45°，如此零件的运行方向是倾斜于水平面的，倾斜式滚镀的名字即由此而来。

早期的倾斜式滚镀设备是一种倾斜式钟形滚筒镀槽，如图1-17所示。它的特点是滚筒同时又是镀槽，电镀时零件与溶液一同放在钟形滚筒镀槽内。这种设备在一定程度上改善了小零件挂镀和筛筐镀劳动生产效率低的缺陷。但装卸零件时必须将溶液倒来倒去，操作繁琐，而且滚筒镀槽容量较小，溶液稳定性差。所以后来又出现了一种以使用钟形滚筒为标志的倾斜潜浸式滚镀设备，如图1-18所示。

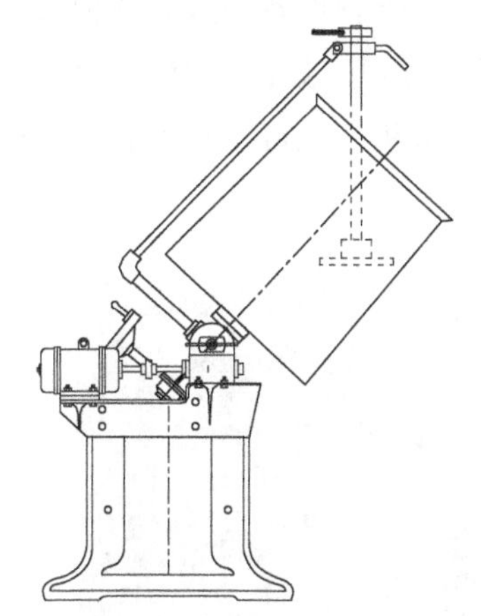

图 1-17 倾斜式钟形滚筒镀槽示意图

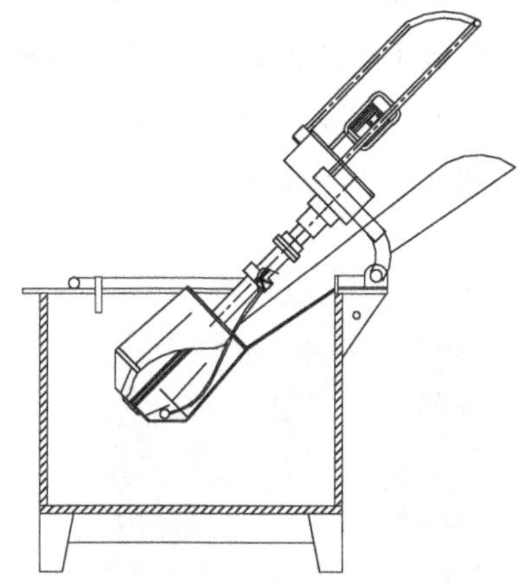

图 1-18 倾斜潜浸式滚镀机示意图

倾斜潜浸式滚镀机的滚筒与镀槽分离开来，这个滚筒就是钟形滚筒，它装卸料时不用再像倾斜式钟形滚筒镀槽那样溶液需要倒来倒去。装料时，零件从导料槽加入滚筒内。装料后，滚筒潜入镀槽内的溶液中。电镀时，电流主要从滚筒开口处无遮挡地加在滚筒内的零件上。由于没有了滚筒的封闭结构，电流可以开得较大，镀速相应得到提高。同时，滚筒内外的溶液交换比较充分，滚筒内导电离子浓度高，镀层均匀性会较好。另外，由于滚筒的倾斜轴向，零件在滚筒内的运行也是倾斜的，不像卧式滚镀那样零件是垂直翻滚的，因此零件之间的磨损较轻，这对怕磕碰、易磨损或尺寸精度要求较高的零件是有利的。

电镀完成后，只需将升降手柄按下，滚筒内的零件即沿导料槽滑入接料筐内，比倾斜式钟形滚筒镀槽的操作大大简化。这种设备容易实现机械化连续作业，一般采用摆动升降环行自动线形式，国内汽车制造厂早年曾从国外引进这种生产线用于汽车标准件滚镀锌，使用效果较好。并且目前电镀生产中仍有这种生产线在使用。

但这种设备的滚筒装载量小，零件之间互相抛磨的作用弱，零件混合效果差，因此在劳动生产效率、零件表面质量、镀层厚度波动性等方面相对于卧式滚镀要差。尤其对零件有一定的选择性，比如片状、平面状等不易翻滚的零件不宜选用这种形式，这使其适用范围受到一定的限制。因此，多年来倾斜式滚镀技术的研究、应用与发展等始终落后于卧式滚镀。

目前的电镀生产中，倾斜式滚镀很多时候是作为卧式滚镀的一个补充。如果电镀加工量不大，零件容易翻滚，对尺寸精度有要求，还需要中途取样抽检等，这时倾斜式滚镀不失为一个好的选择。目前市售的这种设备一般有两种形式，一种是自带电机手提式的，使用现有镀槽，灵活、方便，如图 1-19 所示。一种是外传动形式的，根据产量可以是单槽单机、单槽多机，也可以是直线式生产线形式，其滚筒如图 1-20 所示。

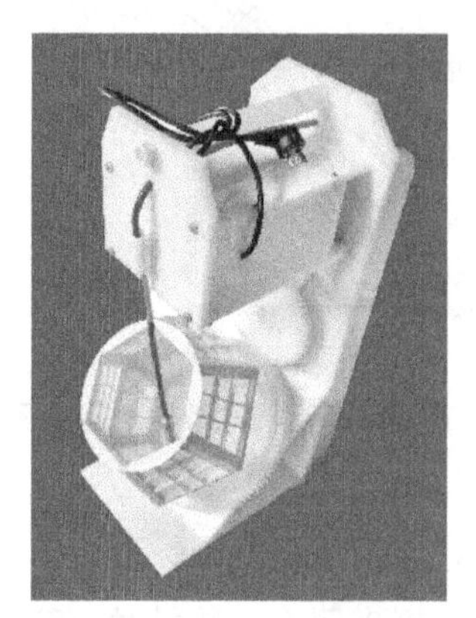

图 1-19 手提式钟形滚镀机

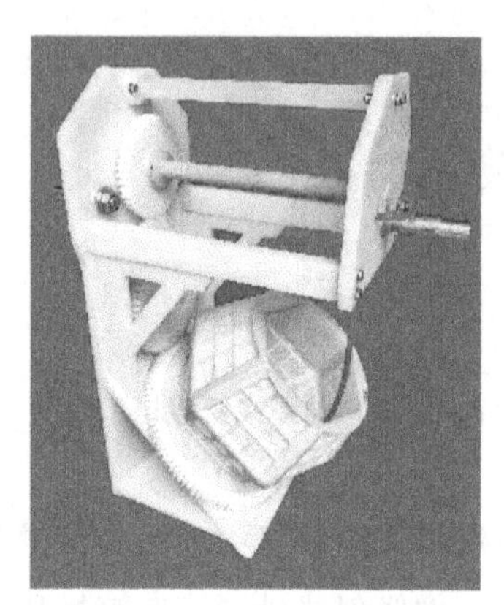

图 1-20 钟形滚筒带支架

三、振动电镀

1. 振动电镀的缘由

传统的滚镀由于滚筒的封闭结构，电流开不大镀速慢，镀层均匀性差，槽电压较高等。为改善这些缺陷，采取了改进筒壁开孔、向滚筒内循环喷流等多种措施，取得了不同程度的效果。但几种措施并没有在滚筒的封闭结构上有所突破，零件与阳极之间的阻力仍在，因此其对传统滚镀的改进不能算彻底。

振动电镀就是为打破滚筒的封闭结构而设计的。振动电镀与普通滚镀明显的不同是，其盛料装置——振筛的料筐呈“圆筛”状，上部敞开，如图 1-21 所示。料筐敞开后，料筐内外的溶液交换没有了阻碍，可以使用大的电流密度，镀速大大加快；料筐内导电离子恢复快，浓度高，镀层均匀性及零件低电流密度区镀覆性能大大改善；体系电阻减小，槽电压降低；等等。在这些方面，振动电镀比倾斜式滚镀做得更好，更彻底。并且改善了倾斜式滚镀零件之间互相抛磨作用不足、混合不充分的缺点，振动电镀的零件表面柔和、细致、光洁度高，零件之间的镀层厚度波动性小。另外，尤其频率很高的振动作用，可促使深、盲孔零件孔内的溶液快速更新，对提高这类零件孔内的镀覆能力有特殊的作用。

但普通滚镀的轴向是水平的（或倾斜的），滚筒转动时与零件之间有不同程度的相对运动，因此可以带动零件进行翻滚、混合。而振动电镀的轴向是垂直

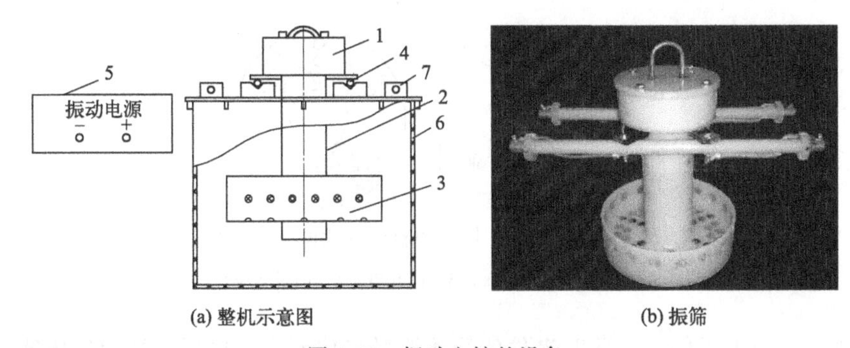

(a) 整机示意图　　(b) 振筛

图 1-21　振动电镀的设备

1—振荡器；2—传振轴；3—料筐；4—搁脚；5—振动电源；6—镀槽；7—阳极

的，如果用振筛转动来带动料筐内的零件运行，因为料筐与零件之间没有相对运动，内、表层零件不能像在卧式滚筒中一样不断地转换、离合、变位，仅仅这样动起来是无法获得质量合格的镀层的。其实，振筛并非像前两种滚镀方式那样是转动的，振筛转动是不会带动料筐内的小零件做符合要求的运动的。

最初参考了小零件研磨用的振动光饰机，其振动方式为垂直、水平与螺旋方向的三元振动。光饰机料斗内的零件受到振动后一边绕中心做环形运动，一边不停地内外翻转，小零件就是在这样的运动中互相摩擦、撞击而达到光饰效果的。振动电镀机械作用的状况与之相似，振筛本身并不转动，而是剧烈地振动，是这种振动的力量在驱使料筐内的小零件搅动、混合，一边绕传振轴公转，一边自身翻转，从而使每个零件都获得均匀受镀的机会。

2. 振动电镀的特征

振动电镀是将分散的、一定数量的小零件集中在振筛内，在振动状态下使零件在绕传振轴自转和公转的过程中，以间接导电方式受镀的一种电镀方式。它包括以下三个方面的特征。

(1) 小零件的电镀是在专用的装置——振筛内完成的

振筛的料筐像一个筛面的筛子，其上部完全敞开，如图 1-22 所示。筛底和筛壁安装多个像篦子一样的沥水孔——网孔盖，作用是在镀件出槽时使料筐内残留的溶液沥出，并可以在电镀时辅助溶液循环。料筐中心是一根圆棒，称作传振轴。传振轴与筛壁之间是盛装零件的位置，呈环形，其底部镶嵌多个阴极导电钉，电镀时零件靠自身的重力压住阴极导电钉而导电，为镶嵌式阴极导电方式。料筐一般由传振轴自上而下拉住，并在电镀时垂直伸入镀槽内。

这样设计振筛的目的是：通电后持续的电流会毫无遮挡地从料筐上部施加在

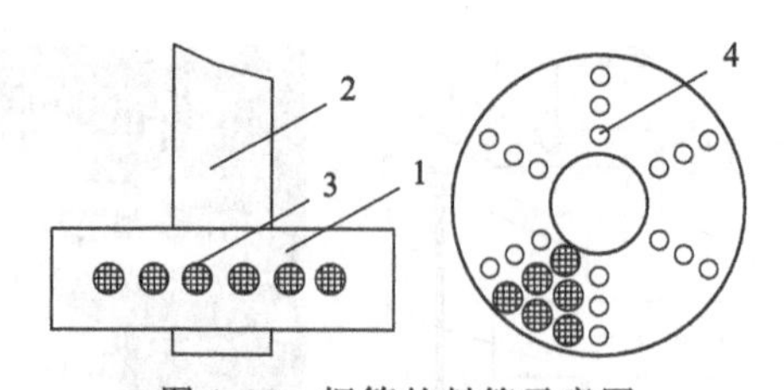

图 1-22　振筛的料筐示意图

1—料筐；2—传振轴；3—网孔盖；4—阴极导电钉

环形轨道中的小零件上，此时零件的受镀情况与挂镀非常接近，从而使传统滚镀镀层沉积速度慢、镀层厚度不均匀及槽电压较高等缺陷得到极大程度的改善。

（2）小零件在振动状态下，在绕传振轴自转和公转的过程中受镀

电镀时振筛料筐内的小零件同样需要不停地离合与变位，以使每个零件都有机会暴露在最上面而充分受镀，或翻动至筛壁与筛底（此位置同样为表层零件位置）而受镀。传统滚镀零件的离合与变位是靠滚筒的转动作用带动的，而振动电镀是由振动力来驱动的。振动力来自位于振筛上部或下部的振荡器。振荡器一般在接到外部振动电源的信号后产生剧烈的振动力，然后通过传振轴传送给料筐，并带动料筐做带有垂直和旋转趋势的摇摆振动。料筐内的零件受到摇摆振动后做自转和绕传振轴公转的运动，就像地球绕着太阳转一样，其结果是使零件一边缓慢前行一边内外翻动，实现了零件的离合与变位。

（3）振动电镀的电流是以间接方式进行传输的

振筛的阴极镶嵌在筛底，也是只能与部分小零件接触，大部分还是靠零件与零件之间进行电流传输的，所以同样也是间接导电方式。但振筛的阴极是镶嵌式的，相当于卧式滚筒的固定式阴极，电流、电压会相对平稳。

从以上振动电镀的特征中可以看出，它与滚镀的特征是完全相符的。所不同的是传统的卧式滚镀是水平轴向（倾斜式滚镀是倾斜轴向）的，零件的离合与变位是在垂直翻滚的作用下进行的。而振动电镀的轴向是垂直方向的，零件的离合与变位是在水平翻动的作用下进行的。所以，振动电镀从外部特征上看似乎是一种新的电镀方式，但它实质上还是一种滚镀，只不过是一种改良的滚镀，这种滚镀在许多方面比传统的滚镀具有更大的优越性，或振动电镀至少是一种广义的滚镀。

3. 振动电镀适用范围

振动电镀对传统滚镀的最大改进是：极大地改善了由滚筒封闭结构造成的一系列缺陷，如电流开不大、镀速慢、镀层均匀性差、槽电压高等，并且振动电镀

先进的垂直、水平和螺旋方向的三元振动方式，使零件的混合较充分，镀层厚度波动性小。另外，零件的表面光洁度高，擦伤、磨损及变形等情况轻，夹、卡零件现象轻，成品率高等。这些均使振动电镀在高精度、高品质要求的零件及异形零件的电镀中具有较大的优越性。

但振动电镀主要受轴向的限制，其振筛对零件的承载量相对较小，以千克计很多情况下远低于两位数，这与普通滚镀载重量动辄几百千克的情况不可相提并论。这使得振动电镀在产量较大的小零件电镀加工中处于劣势。所以振动电镀比较适于品质要求较高但产量不太大的小零件（比如电子产品）的电镀，不宜或不能采用常规滚镀的异形小零件（如针状、细小、薄壁、易擦伤、易变形等零件）的电镀。不太适于单件体积稍大且产量较大的普通零件的电镀。目前，振动电镀多作为对常规滚镀某些方面不足的一个补充。

例如，片式电子元器件三层镀，如果中间镍镀层均匀性不佳，会影响其对银底层和锡（铅）面层的隔离效果。而多数情况下片式元件尺寸较小，若采用普通滚镀，不宜选择开孔率高的滚筒，因此镀层均匀性得不到保证。并且片式元件的产品合格率要求较高，普通滚镀容易产生死角，出现次品，这对电镀细小零件非常不利。振动电镀打破了滚筒的封闭结构，其最大的优点是镀层均匀性大大改善，这对电镀诸如片式元件之类高品质要求的零件非常适合。并且振动电镀的零件混合充分，夹、卡零件现象较轻，用于片式元件的电镀，镀层厚度波动性小，产品合格率高。

接插件电镀在电子产品的制造中具有重要的作用，因为电镀质量的高低直接影响接插件的电气性能，而接插件的质量又直接影响电子设备的性能和可靠性。接插件采用振动电镀，镀层均匀性可满足某些较为严苛的要求。比如某插针（长×直径＝30～40mm×ϕ1mm）镀金，要求端部与腰部金层厚度差不超过0.09μm。这对普通滚镀来讲是不可想象的，而采用振动电镀可使问题得到较好的解决。振动电镀的特殊作用，还可促使深、盲孔接触体的孔内溶液快速更新，镀覆质量大大提高，这种优势是其他滚镀方式所不可比拟的。振动电镀还对零件具有一定程度的光整作用，所以接触体表面光洁度及镀层致密度相对于其他滚镀方式明显提高。由于零件混合充分，镀层厚度波动性也较小。

集成电路陶瓷外壳密封用盖板（简称盖板）是原电子工业部的一项“九五”攻关项目，在军工及航天工业中具有较为重要的应用。盖板材质为Fe-Co-Ni可伐合金，尺寸较小且薄，一般尺寸只有6mm×9mm×0.1mm，甚至更小。属于易“贴片”零件。若采用滚镀，零件高、低电流密度区镀层厚度差别较大，镀层均匀性不能满足要求。并且零件的镀层厚度波动性也较大，如某盖板镀金采用滚镀，镀层厚度变异系数大于35%，与要求相差甚远。振动电镀的优越性在盖板电镀中得到了较好的体现，镀层均匀性好，镀层厚度波动性小，无论是振动镀镍，还是化学镍、镀金等，其厚度变异系数一般在5%以内。目前，国内量产的盖板很多采用“振动电镀+脉冲电镀”的组合，镀层质量可满足军工及航天工业高品质的要求。

振动电镀在其他电子产品中的应用还有很多，如半导体制冷器件导流条、晶体谐振器外壳、焊片、接线柱等，不再一一列举。另外，振动电镀不易使零件擦伤、磕碰、变形的优势使其在诸多异形小零件的电镀中得到了较好的应用，如二极管、导针等细长易变形零件，纺织机械针布、电脑接插件弹簧、电池弹簧等易缠绕零件，钕铁硼、某金刚石工具、缝衣针等怕磕碰、易擦伤、易弯折零件等。但如果是批量大、无太高质量要求的普通零件，如小五金件、普通标准件等，不宜选用振动电镀，而仍宜选用普通滚镀。

4. 振动电镀注意事项

关于振动电镀的注意事项，其他资料中已有详细的论述，这里仅就生产中出现比较多的几个问题做一重点介绍。

① 关于振动电镀工艺　振动电镀到底应该采用挂镀还是滚镀溶液配方，不好明确界定。从实质上讲，振动电镀是一种滚镀，似乎应该采用滚镀配方，这不会有什么问题，实际生产时也是如此。比如，一种轿车用公里表针轴，对两端与腰部镀层均匀性要求较高，否则会影响计量行驶里程的准确性。该零件振动电镀镍时，采用的就是分散能力和深镀能力极佳的滚镀溶液，效果比较理想。

但振动电镀打破了滚筒的封闭结构，其零件的受镀条件已接近挂镀，如果采用挂镀溶液，一般不会影响溶液的分散能力和深镀能力。其实，所谓滚镀和挂镀溶液，其主要区别是主盐含量略有不同。滚镀比挂镀溶液主盐含量略低一点，以弥补滚镀镀层均匀性差的缺陷。但现代电镀尤其在使用了性能优异的添加剂后，主盐含量的些许不同对溶液性能的影响已不明显，对滚、挂镀基础溶液配方的不同已不做太高的要求。滚、挂镀溶液尚无太大的区别，振动电镀采用哪种溶液还重要吗?

② 关于装载量　普通滚镀的零件装载量为滚筒容积的1/3～2/5。过少滚筒产能低，且零件与阴极导电装置可能接触不良，影响电流的平稳性；过多零件翻滚、混合不充分，影响受镀效率和镀层质量。

与普通滚镀一样，振动电镀也要有合适的零件装载量，否则难以获得质量比普通滚镀好的镀层，不能体现出振动电镀的优越性。振动电镀注重“质”比“量”更多一些。从提高镀层品质的角度讲，振动电镀的零件装载量在保证导电良好的前提下越少越好。因为零件少更容易进行充分的离合与变位，利于提高零件的受镀效率和减小镀层厚度波动性。装载量过大，因为零件是振动力驱使的，不像普通滚筒的带动作用大，零件的运行、混合等会受到不同程度的影响，镀层质量难以保证。根据生产经验表明，振动电镀的零件装载量在遮住筛底阴极导电钉的基础上再多加 10～20mm 厚度比较合适。

③ 关于振筛浸没镀液的深度　一般卧式滚筒浸没在镀液里的深度为滚筒直径的 70%～80%，过少滚筒内的溶液量少，不利于溶液成分的稳定和电流效率的提高；过多尤其对于电流效率较低的镀液（比如碱性镀锌），阴极反应产生的氢气不易排出滚筒外，可能影响滚筒内的溶液更新。振动电镀也一样，振筛浸没在镀液里的深度也要合适，尤其过深时，料筐里的零件承受镀液的压强较大，振动力的作用相对较弱，不易驱使零件流畅地运行及充分地混合。一般振筛浸没在镀液里的深度，以镀液没过料筐 10～20mm 比较合适。

④ 关于零件的运行状态　料筐内零件的运行必须平稳、流畅，一边绕传振轴公转，一边自身翻转。阴极导电钉不能脱离零件直接暴露在镀液中，否则一是导电钉可能承受较大的电流而烧黑，二是零件可能出现“断流”不能正常运行。零件“断流”指零件运行时零件之间连续不上的现象。零件的正常运行状况应该是连续的，大家“手拉手”互相簇拥着往前走，就像河里流动的水一样，零件连续不上就像流动的水中断了一样，俗称零件“断流”。零件“断流”多为装载量过少、振动强度太大、零件不适合这种方式等原因所造成。

因振动力使液面产生频率很高的波纹，零件在料筐内的运行状态肉眼不易看清楚。可以用一个烧杯搁在料筐上部的液面上，稍微用力压液面，烧杯可以起到过滤液面波纹的作用。这时，可以透过烧杯底部比较清楚地看到零件在料筐内的运行状态。如果是透明度不高的镀液，比如镀镍液，可以拿手电筒照亮烧杯底部，以增加观察的清晰度。如果观察到零件运行不正常，应立即纠正，否则难免出现次品或镀层质量不及预期的情况。

四、三种方式总结

滚镀的三种方式各有其特征、优缺点及适用范围，对三种方式进行简单总结如下，从而为生产中选择合适的滚镀方式提供参考。

① 卧式滚镀的水平轴向可使滚筒的装载量大大增加，劳动生产效率较高，同时镀层表面质量好，镀层厚度波动性也小，适用的零件范围较广，是目前小零

件电镀的主要生产方式。但滚筒的封闭结构造成了镀层沉积速度慢、镀层均匀性差、槽电压高等缺陷，使其在生产中的应用受到一定的影响。

② 倾斜式滚镀的倾斜轴向使滚筒的装载量受到限制，零件之间的抛磨效应也相对较小，因此不太适合批量较大、不易翻滚的零件（如平面状零件）的电镀。但因其滚筒的半封闭特点，如果生产量不大、零件易翻滚且有时需要中途抽测产品等，那么倾斜式滚镀是个不错的选择。

③ 振动电镀的垂直轴向也使其装载量受到限制，因此也不太适合零件数量较多的情况。但振动电镀的振筛是完全敞开的，对滚筒的封闭结构改进得最彻底，尤其镀层均匀性、镀层厚度波动性、镀层表面质量、产品合格率等均比较上乘，因此比较适合于高精度、高品质要求的小零件电镀。

第四节 小零件的其他施镀方式

除前文所述三种常见的滚镀方式外，有时候有些特殊的小零件还可以采用其他一些特殊的电镀方式，如筐镀、筛网镀、布兜镀、摇镀、喷泉电镀等。

一、筐镀、筛网镀、布兜镀

生产中经常会遇到需要电镀的小零件数量较少，或者既不适合挂镀也不适合滚镀，或者滚镀装置比较繁琐的情况，这时往往会采用一些比较简易的小零件电镀方式，比如筐镀、筛网镀、布兜镀等。这些方式虽然简易，但有时作用较大，是生产中对滚镀的一个很好的补充。

1. 筐镀

也叫篮筐镀，是最常见的一种简易小零件电镀方式。篮筐可以由金属丝网做成，有底有四围，底部面积大，四围低矮。网孔大小根据零件的大小定，以零件不从孔中漏出或卡在孔上为准。篮筐两窄边分别有金属丝杆做成的挂钩，电镀时挂在镀槽的阴极棒上。金属丝篮筐的优点是电流导通好，缺点是金属丝阴极“吃”电流多，造成的无用镀层多。

篮筐也可以采用市售的现成塑料筐，塑料筐需要耐酸碱及一定的温度。筐底需要“横七竖八”布置多根细紫铜丝，密度根据小零件尺寸定，尺寸大铜丝稀疏，反之密一点。如果零件太小铜丝密度不够的话，可能导致个别零件电流不导通或接触不良而产生次品。筐底的细铜丝与筐两边铜丝杆做成的挂钩连接，并挂在阴极棒上。塑料篮筐的优点是简单，材料易得，阴极不会“吃”电流太多，缺点是筐底金属丝阴极布置不当可能造成电流传输不良。

电镀时篮筐盛载小零件挂在镀槽的阴极棒上。阴极棒最好带有电动摆动功能，摆动次数每分钟 20 次（一来一回算两次）左右，摆动距离约 100mm。施镀过程中，应不时提起篮筐在液面下轻轻抖一抖，以使重合、叠压的小零件变换一下位置，尽可能使镀层均匀、差别小、无（或少）阴影等。因这个操作类似淘米的动作，所以也形象地称篮筐镀为淘镀。

有时并不取下篮筐，而是用一根非金属棒搅动筐内的零件使其均匀，这样可减少取下篮筐致使零件脱电产生的影响。这个操作类似做饭时的炒菜，因此也有人形象地将其称作炒镀。生产中有易缠绕零件的电镀采用的就是类似这样的炒镀，如鱼钩的炒镀，其装置如图 1-23 所示。鱼钩的产量相对较大，其炒镀装置比一般的篮筐镀装置个头大，其他无异。鱼钩均匀地铺在筐底，挂在带有阴极摆动功能的阴极棒上，不时地用搅棒搅动零件，有时也摘下篮筐抖一抖，其电镀效果还是不错的。

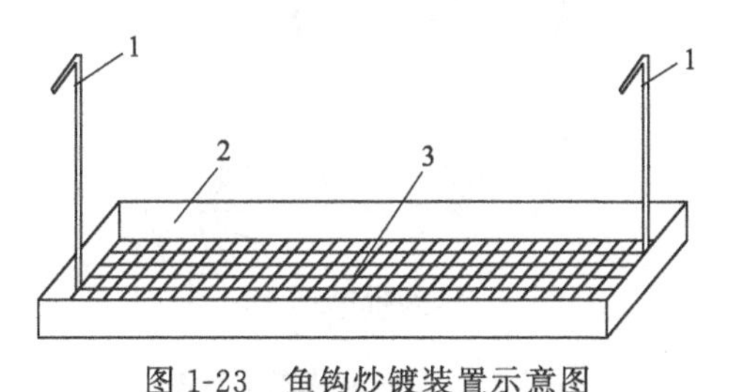

图 1-23　鱼钩炒镀装置示意图

1—阴极挂钩；2—筐体；3—筐底细铜丝

篮筐镀的优点是设施简单、灵活，比较适合零件数量少或某些滚、挂镀均不宜的情况。缺点是因零件翻动或搅动不连续易造成镀层均匀性差、零件之间一致性差、镀层有叠印等，产量大工人劳动强度大，操作繁琐。所以篮筐镀一般不适合镀层质量要求较高的小零件电镀。

2. 筛网镀

筛网镀比较适合小零件镀铬。小零件滚镀铬设施复杂，技术难度大，当需要镀铬的小零件批量不大、品种较多时，还是采用筛网镀优势更大，其装置如图 1-24 所示。

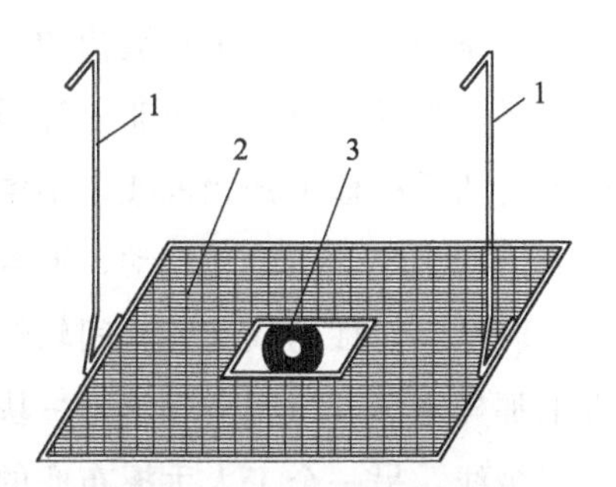

图 1-24　筛网镀装置示意图

1—阴极挂钩；2—金属丝筛网；3—吸铁石

盛载小零件的筛网由一块金属丝网做成，网孔大小仍由零件尺寸决定。筛网周边用稍微粗点儿的金属丝做护框。筛网中心剪去一小部分，使其与外网形成一个空心“回”字形，空心四周也有护框。“空心”设计使筛网的远阴极部分变成了近阴极部分，低电流区变成了高电流区，一定程度上弥补了尤其是镀铬溶液分散能力不佳的缺陷。

施镀时往往在中心布置一块磁铁（此时筛网是铁丝网），磁铁可起到固定零件不脱电、防止零件镀灰的作用。如果镀液含有活化剂的成分，可不使用吸铁石。这种筛网镀比较适合镀过亮镍后的小零件镀装饰铬。

3. 布兜镀

篮筐镀在解决生产中某些数量较少或临时性小零件的电镀问题上起到了一定的作用，但缺点是因零件不能连续翻动可能造成至少镀层表面质量不佳。布兜镀在一定程度上使这个问题得到了改善，其装置如图 1-25 所示。

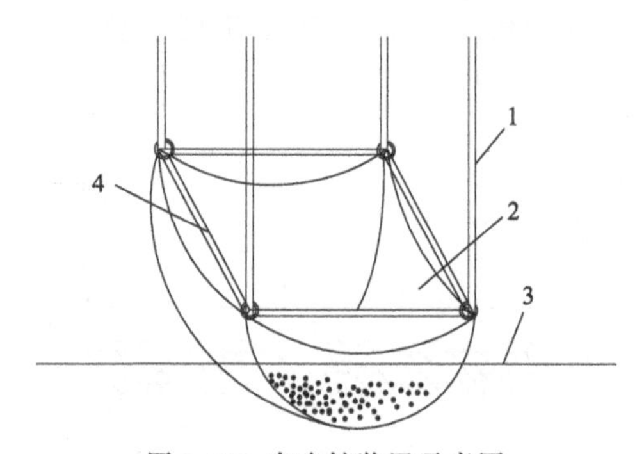

图 1-25　布兜镀装置示意图

1—吊绳；2—布兜；3—液面；4—不锈钢方框

布兜可用普通白布或塑料筛网制作。塑料筛网透水性好，但不同材质的塑料筛网耐酸碱性能不一样。有的耐强酸不耐强碱，有的耐强碱不耐强酸，有的耐强酸强碱但不耐磨，所以一定要根据镀液的酸碱性选择合适的塑料筛网。筛网的四角系在比筛网尺寸小的不锈钢方框的四角上，形成一个“兜”状。不锈钢方框的四角各系一根吊绳，吊在镀槽的上方。布兜盛装一定数量的小零件，阴极软导线末端系一颗导电钉，从布兜上部插入小零件内部。布兜浸入液面以下一定深度。电镀时两手扶住不锈钢框架，不停地前、后、左、右交替上下提动布兜，以带动布兜内的小零件不停地翻动、混合，从而获得至少表面质量好的镀层。

若是临时性的或施镀时间较短的（如闪镀金）小零件，这时布兜镀可不必像以上那样麻烦。布兜实际就是一块普通白布或塑料筛网，一个工人手扶插入布兜的阴极线，另一个工人手握布兜的两角上下不停地拉动，也有人将这样的布兜镀叫做拉镀。拉镀时间一般很短，如拉镀薄金可能只有几十秒，本来不多的任务很快就能完成，效率很高。因为零件翻动是连续的，塑料筛网布兜透水性也极高，所以镀层质量还是不错的。虽然是工人手工操作，但因为量不大，时间不长，劳动强度不会很大。但如果量大的话，这样的拉镀或上面的布兜镀就不适合了，这时往往采用一种称为摇镀的布兜镀。

二、摇镀

摇镀实质也是一种布兜镀，它是在小零件数量较多时，在原布兜镀的基础上增加了机械装置代替人工操作，以降低工人劳动强度，提高劳动生产效率。布兜仍是一样的塑料筛网布兜，布兜装载小零件挂在摇把两边的摇臂上，电机带动摇臂不停地上下摇摆，以带动布兜不停地上下拉动，从而带动布兜内的小零件不停地翻动、受镀。一个布兜及一套传动机构组成一台摇镀机，根据生产量可并列多台这样的摇镀机，且多台摇镀机可使用一套机械联动机构。

由于塑料筛网布兜尺寸不大、可靠性不高等局限性，摇镀比较适合有一定量的质轻小零件的电镀，如塑料小零件。而对于产量较大的其他小零件，仍以选用滚镀为宜。摇镀装置如图 1-26 所示。

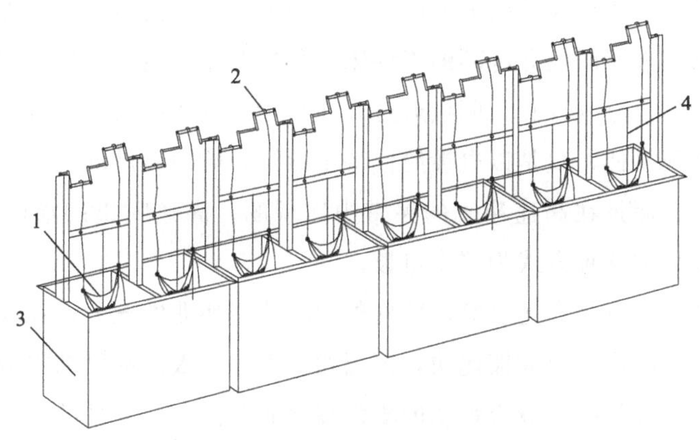

图 1-26 摇镀装置示意图

1—布兜；2—摇臂；3—镀槽；4—阴极杆

三、喷泉电镀

随着电子整机越来越轻、薄、小型化，电子元器件的尺寸也越来越小，比如 0201 型片式电阻尺寸只有 0.6mm×0.3mm×0.23mm，而 01005 型片式电阻的尺寸更小，其他细小的电子产品也很多。细小的尺寸无疑给产品的电镀带来困难。小零件的电镀一般采用滚镀，细小产品的电镀很多时候也选用滚镀，但对于极细小产品，甚至粉末状产品，滚镀恐怕力不从心。喷泉电镀是专门针对极细小产品或微小产品进行镀覆处理的一种电镀方式。一种喷泉电镀装置——喷床电极（SBE）电镀机如图 1-27 所示。

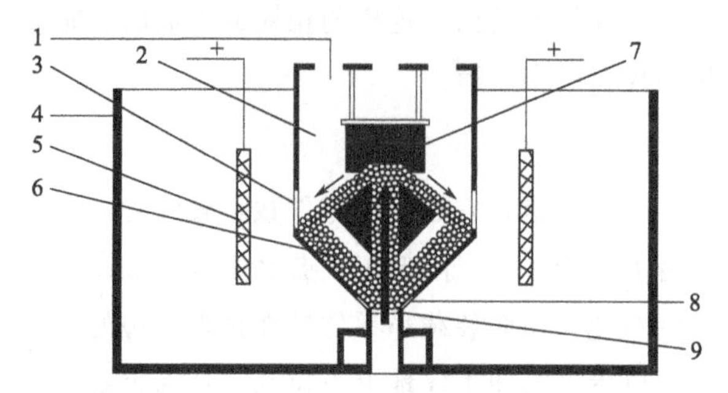

图 1-27　SBE 喷床电极电镀机示意图

1—加料及采样口；2—电镀舱；3—进出液网孔；4—镀槽；5—阳极；6—镀件；7—折流板；8—阴极导电环；9—喷流管网

喷床电极电镀机的工作原理为：镀件从上部加料口加入电镀舱，装料量以充满电镀舱的环状工件床为宜。电镀开始后，溶液以极高的速度喷出，高速液流产生的负压带动工件床的镀件向上升起。当遇到上部的折流板后，镀件分流重新回到在喷嘴四周镶嵌有阴极导电环的工件床。阳极布置在电镀舱的外部，电镀舱紧连工件床上方的部分有开孔，阳极通过开孔与舱内的镀件实现电流导通。这个结构与滚镀装置很类似，只是以电镀舱代替了滚筒，舱内镀件的混合不像滚镀那样是滚筒带动的，而是在高速液流的夹带中实现的。高速喷出的液流就像喷泉一样，所以形象地称这种方式为喷泉电镀。

喷泉电镀的优点是高速喷流使舱内外的溶液交换非常充分，零件的受镀条件与挂镀很接近，电流开得大镀速快，镀层均匀性好，滚筒封闭结构造成的缺陷得到极大的改善。并且高速液流带动的零件混合非常充分，零件的一致性好，无粘连、漏镀、卡塞等现象，产品合格率高，这无疑对细小产品或微小产品的电镀是非常有利的。缺点是设备造价昂贵，适用面窄，比较适于不宜采用滚镀或其他方式的高品质要求的部分产品，因此是生产中对滚镀某些方面不足的一个补充。

四、搅龙滚镀

一般滚镀自动生产线是将各工位槽按一定的方式排列成线，通过机械提升、运送和电气控制等装置，按一定的工艺要求自动完成滚筒在各工序中的处理任务，并将电镀电源、过滤机、热交换器、镀件干燥等周边设备也集中在一起。搅龙式滚镀生产线也是将各工位槽排列成线，其他周边设备也与一般滚镀自动生产线无异。但零件的运送不是靠行车提升滚筒，并按一定的程序运行来完成的，它不需要行车、导轨、走线等复杂的装置，其生产线如图 1-28 所示。

图 1-28 搅龙式滚镀生产线

图 1-29 搅龙内部结构

搅龙式滚镀生产线在每个工位槽都有滚筒，滚筒类似水泥搅拌机的搅拌筒。各滚筒内部是螺旋连续给进式设计，零件从生产线的一端进料，经过第一级处理后自动旋转跌落至第二级，再经过第二级处理后自动旋转跌落至第三级……最后从滚筒的另一端自动旋转出料。工作时，整个生产线滚筒内部螺旋机构的运转像一条长龙在搅动，故形象地称之为搅龙式滚镀生产线。搅龙内部结构如图 1-29 所示。

第五节 值得大书的一笔——滚镀的优点

与小零件采用挂镀或篮筐镀等方式相比，滚镀的出现改变了小零件电镀落后的技术状况，它将电镀工人从繁琐的劳动中解放了出来，节省了劳动力，提高了劳动生产效率，且镀层质量也大为改观，这在小零件电镀领域无疑有着非常积极的意义。

一、节省劳动力，提高劳动生产效率

滚镀将数目众多的小零件集中在一起电镀，显著的优点是：①阴极接触面积成倍扩大，利于大批量生产；②省掉了繁琐的装挂，无需进行单独镀件的搬运、装配或卸载等。因此，大大节省了劳动力，提高了劳动生产效率，这是滚镀与小零件挂镀相比最大的优越性。目前，不仅是小零件，有越来越多的零件采用滚镀，比如有些可滚镀可挂镀的零件，甚至有些大尺寸零件都可能采用滚镀，有句话“只要零件能装进滚筒就能滚镀”，形象地说明了滚镀在今天电镀工业中的优势。图 1-30 所示为某滚镀自动生产线。

图 1-30　某滚镀自动生产线

例如，某厂 ϕ5mm×5mm 铁螺丝滚镀亮镍，采用 GD-10 型滚镀机 1 台，1 个工人操作，每班产量 70～80kg。而该厂最初采用铜丝捆扎挂镀的方法，1 个工人每班最多生产 5～6kg，若每班产量 70～80kg，需要工人 8～12 名。某园区，一条标准件滚镀锌自动生产线，滚筒数量 20 只，日滚镀量约 50 吨。而一个园区类似这样的线有一百多条，整个园区高峰时日滚镀量几千吨。产量如此之大，如果不是滚镀，而是靠装挂、捆扎挂镀或篮筐镀等，效率之低，用工之巨，简直是不可想象的。实践证明，正是由于滚镀代替了落后的小零件挂镀或篮筐镀的生产方式，才使小零件大规模的工业化生产得以实现，滚镀的发明与广泛应用是小零件电镀技术发展的一次重大飞跃！

二、镀层表面质量好

滚镀零件的运行是由滚筒不停地转动来带动的，零件与零件之间、零件与滚筒壁板之间不停地相互抛磨，使粗大的晶体不能长大，因此得到的镀层细致、柔和、颜色均匀，表面有很高的光洁度。例如，可滚镀也可挂镀的水暖管箍及弯头（玛钢件）镀锌，滚镀的镀层表面质量明显优于挂镀。长丝杠镀锌，挂镀的镀层表面平淡无奇，有时丝杠头部还会有粗糙或烧焦，而采用杆状滚镀机滚镀的表面质量大为改观。质量上乘的滚镀镍小螺丝，表面细致、光滑，抓在手里轻轻地揉搓，给人一种丝绸般舒适的感觉，而采用铜丝捆扎挂镀或篮筐镀的效果会大打折扣。图 1-31 所示为未加修饰的滚镀零件。

三、镀层厚度波动性小

镀层厚度波动性指零件与零件之间镀层厚度的接近程度，是整体零件镀层厚度的均匀性问题。镀层厚度波动性越小，说明零件与零件之间镀层厚度的接近程度越高，即厚度差别越小。它与镀层厚度均匀性是两个不同的概念。镀层厚度均

图 1-31 未加修饰的滚镀零件

匀性指单个零件上镀层厚度分布的均匀程度，是单体零件镀层厚度的均匀性问题，常常简称“镀层均匀性”。镀层厚度波动性是滚镀零件的一个重要指标，它关系到产品合格率的问题。滚镀生产中总是希望零件与零件之间的镀层厚度波动性小一点，则产品合格率就会高一点。

与小零件挂镀或篮筐镀相比，滚镀零件的镀层厚度波动性要小。小零件挂镀因不同零件受镀的实际情况（如悬挂位置）不同，电流分布是不均等的，各零件之间的镀层厚度差别较大。比如，同样一个挂具上的零件，挂在中间还是边缘，上层还是下层，受金属尖端效应的影响，镀层厚度都会有不同的结果。优化挂具的设计可使问题得到一定程度的改善，但电镀的初次电流分布的固有性，决定了挂镀终究难以获得比较理想的镀层厚度波动性。篮筐镀由于零件翻动不连续，效果会更差一点。

滚镀则不同。滚镀时，小零件在滚筒内一会儿从内层翻到表层，一会儿又从表层翻回内层。翻到表层时零件正常受镀，翻回内层时电化学反应基本停止。电镀刚进行不久时，总有一部分零件翻到表层的机会多，则受镀机会多，镀层厚；而另一部分翻到表层的机会少，则受镀机会少，镀层薄。但随着施镀时间的延长，不同零件翻进翻出的概率逐渐均等，零件之间的镀层厚度也就逐渐接近，镀层厚度波动性逐渐变小。并且不同零件在滚筒内受到的各种作用也逐渐均等，零件之间的表面质量也逐渐趋于相同。

四、占地面积小

滚镀将分散的小零件集中起来进行电镀处理，增加了镀槽对零件的承载量。即同样大小的镀槽，滚镀处理零件的数量增加了，与处理相同数量零件的挂镀相比，设备占地面积大大减小，这在土地资源日益紧缺的今天是难能可贵的。并且处理零件的数量越多，滚镀的这种优势就越明显。

例如，一种直径 ϕ50mm 内孔 ϕ22mm 的铁垫圈镀锌，这种零件可滚镀也可挂镀。若采用滚镀，使用 GD-20 型滚筒 1 只，溶液量一般约 400L 即可，整台滚镀机占地约0.7m^2，这时该设备一次可处理零件约20kg。但若采用挂镀，同样的溶液量及设备占地，一次只能处理零件约2.3kg，若要一次处理零件20kg，需8～9倍于滚镀的占地。一种标准件滚镀锌，日产量10t，两班制生产，生产线上约需电镀工位10个，加上其他辅助工位、工人操作面积及非操作面积预留等，整条生产线占地可控制在20m×3m之内。但若采用挂镀，完成同样的产量，可能需要数倍，甚至十几倍于滚镀的占地。

五、通用性好，适用范围广

很多情况下，规格、形状、大小等不尽相同的零件可以使用同一个滚筒进行滚镀，其通用性较好。并且滚镀对零件的适用范围较广，可以说，只要镀件不太大，形状、要求等不太特殊，都可以装进滚筒里去电镀。尤其近些年，适合滚镀的较大、较重的零件越来越多，甚至原来很多挂镀零件也转而采用滚镀。

而挂镀需要根据零件的外形特点设计、制作专门的挂具，要求设计合理、制作精良、专具专用，否则可能会对镀层质量、生产效率等带来不同程度的影响。挂镀有句话叫“三分技术，七分挂具”，实不为过。并且挂具维护的工作量很大，诸如挂具的妥善保管、过厚镀层的清除、支钩断裂和绝缘胶脱落后的修复等。一般比较大的厂均设有专门的挂具车间，除设计、制作挂具外，维护挂具是其另外一项重要的工作。而滚镀只要选用设计合理、质量好的滚筒，远没有维护挂具如此大的工作量。

第六节　不可小觑的问题——滚镀的缺陷

滚镀将分散的小零件集中起来进行电镀，节省了劳动力，提高了劳动生产效率，并具有镀层表面质量好、镀层厚度波动性小、占地面积小等诸多优越性。但就生产中广泛应用的卧式滚镀来讲，因零件的受镀方式发生了很大的变化，不可避免地会产生一些“副作用”，如电流密度难以定量控制、施镀时间长、施镀难度大、镀层均匀性差等。这些“副作用”对滚镀产品质量和生产效率的提高造成了严重的影响，使滚镀的优越性不能充分发挥，因此必须予以高度重视，采取切实有效的措施，解决或改善问题。

一、电流密度控制方面的缺陷

挂镀只要确定全部零件的面积，然后乘以给定的电流密度，即可确定镀槽上所需要施加的电流。与挂镀相比，滚镀很难实现电流密度的定量控制。原因如下。

① 零件有效受镀面积难以确定　挂镀的零件是单独分装悬挂的，零件与零件之间没有屏蔽、遮挡，且很多时候零件的形状相对简单，所以只要确定全部零件的面积，即挂镀的受镀面积即可。滚镀不行。滚镀的零件在滚筒内是堆积在一起的，零件与零件之间相互叠压、屏蔽，必然不是全部零件受镀，而只有暴露在外面的零件即表层零件才能受镀。表层零件的面积受诸多因素的影响是很难计算的，因此滚镀的有效受镀面积很难确定。

② 电流密度难以确定　挂镀的电流密度是通过霍尔槽试验确定的，而霍尔槽试验是前人经过大量的测试得出的一种比较科学的试验方法。但滚镀目前尚无能够确定电流密度的霍尔槽试验。

零件有效受镀面积难以确定，电流密度也难以确定，因此滚镀难以像挂镀一样采用数学计算的方法对零件表面的电流密度进行定量控制，这给滚镀生产带来极大的不便。

二、混合周期造成的缺陷

在滚镀零件运行的三个阶段中，当运行至 t_1 阶段即内层零件位置时，由于受到表层零件的屏蔽、遮挡等影响内层零件几乎不能受镀。如此零件就需要不停地翻滚，使内、表层零件不断地变化、转换，以使每个零件都有均匀受镀的机会。这就产生了一个重要概念——混合周期。混合周期指滚镀时零件从内层翻到表层，然后又从表层翻回内层所需要的时间。

滚镀由于混合周期的存在，零件不能像挂镀一样时刻都在受镀，当位于表层时能够受镀，而位于内层时电化学反应基本停止，因此零件位于内层的时间不是有效时间。换句话说，滚镀的施镀时间并非全部有效，只有当零件位于表层时，时间才是有效的。这就产生了一个受镀效率的概念。零件的受镀效率指滚镀的有效受镀时间占整个施镀时间的百分比，其关系表达式如式(1-1) 所示：

$$\eta=\frac{\theta_1}{\theta}\times100\% \tag{1-1}$$

式中　η——受镀效率；

θ_1——有效受镀时间；

θ——施镀时间。

从式(1-1) 中可以看出，零件的受镀效率不能像挂镀一样达到百分之百。其施镀时间的一部分用在位于表层时的受镀上，而另一部分则消耗在位于内层时。这就好比阴极反应除沉积金属外还伴有析出氢气等副反应、电流效率达不到百分之百一样。滚镀不能满效工作导致其施镀时间较长，这是滚镀相对于挂镀施镀时间长的重要原因之一，也是滚镀的重要缺陷之一——混合周期造成的缺陷。施镀时间长，造成生产效率低，这会使滚镀劳动生产效率高的优越性打折扣。

例如，一种镀锌件，镀层厚度要求 5μm，如果采用挂镀约需 10min，但如果采用滚镀可能需要 40～50min 或更长。若不考虑其他因素（如电流密度）的影响，从混合周期的角度解释这种现象，要保证零件的有效受镀时间为 10min，由于零件的受镀效率达不到 100%，因此整个施镀时间必然延长。

混合周期除对施镀时间造成不利影响外，很多时候还会大大增加滚镀的施镀难度。比如，钕铁硼材质表面化学活性极强，受混合周期的影响，在零件位于内层时，电化学反应近似中断，基体会发生不同程度的氧化腐蚀。等翻到表层再镀时，镀层结合力出现问题。钕铁硼挂镀，因零件是单独分装悬挂的，每个零件均完全暴露在镀液中，无混合周期的影响，基本无施镀过程中氧化腐蚀造成的镀层结合力问题。所以若不考虑前处理的影响，钕铁硼挂镀与普通零件的施镀难度几乎无异，但滚镀比普通零件难得多。其他如钕铁硼加厚镀铜、钕铁硼直接镀铜、滚镀铬、滚镀无氰碱铜、滚镀酸铜、滚镀碱性锌镍合金、塑料零件滚镀等，都存在类似的问题，都是受混合周期影响大大增加了滚镀施镀难度的例证。

三、滚镀的结构缺陷

挂镀的零件是完全暴露在镀液中的，零件与阳极之间无任何阻挡，因此溶液中物料的传送不受任何影响。但滚镀的零件是被封闭在多孔的滚筒内的，零件与阳极之间多了一道阻挡物——滚筒壁板，物料的传送比挂镀受到的阻力大。滚筒的封闭结构阻碍了滚镀物料传送的顺利进行，不可避免地带来一系列问题，如镀层沉积速度慢、镀层均匀性差及槽电压高等，将这些由滚筒封闭结构造成的缺陷称作滚镀的结构缺陷。

① 镀层沉积速度慢　在滚镀零件运行的三个阶段中，当零件运行至 t_2 阶段即表内零件位置时，孔眼处的零件接受的瞬时电流密度较大，金属离子消耗较快，且受滚筒封闭结构的影响较难得到补充。因此，金属离子浓度降低，电流效率下降，镀层烧焦产生“滚筒眼子印”的风险加大。受此限制，滚镀允许使用的电流密度上限不易提高，镀层沉积速度难以加快。这是滚镀相对于挂镀施镀时间长的另一个重要原因。

例如，某片状零件滚镀锌，当使用某开孔率约 25% 的滚筒时有效受镀面积约 $20dm^2$，实际使用电流 50A（再大可能产生“滚筒眼子印”），此时的电流密度上限约 $2.5A/dm^2$。这与普通挂镀锌 $4～5A/dm^2$ 或更大的电流密度上限相比有不小的差距，因此镀层沉积速度不如挂镀快。

② 镀层均匀性差　当零件运行至 t_3 阶段即表外零件位置时，滚筒的封闭结构阻碍了滚筒外物料传送的顺利进行，造成滚筒内溶液的导电离子浓度较低。而滚筒外新鲜溶液又不能及时补充，因此溶液电阻率增大，二次电流分布在阴极表面变得不均匀，溶液分散能力下降，零件表面的镀层均匀性变差。镀层均匀性差的缺陷使传统的滚镀难以适于对镀层厚度有高精度要求的零件（比如针轴类）。

滚镀二次电流均布能力下降，除造成分散能力下降外，同时也造成深镀能力下降。但这不是唯一的原因。难以使用大的电流密度，使得零件低电流密度区电流较小，当低于下限时会沉积不上镀层或沉积的镀层不符合要求，这是造成滚镀深镀能力下降的另一个重要原因。所以，滚镀零件（尤其深、盲孔件）低电流密度区镀层质量往往不尽人意。比如，一种内螺纹膨胀螺栓的外壳镀锌，按国家标准其内孔螺纹镀上 5 个丝牙即达标。但有厂商要求 10 个丝牙全镀上锌，俗称通丝。在使用相同镀液的情况下，挂镀锌可以做到通丝，而滚镀却不能。

③ 槽电压较高，电能损耗大，槽液温升快　滚筒的封闭结构使滚镀溶液的电阻增大，为达到所需要的电流密度，常常需要施加较高的电压，以增加对滚镀过程的推动力。所以，滚镀的槽电压往往比挂镀高，则电能损耗增大。而溶液电阻大，也会导致槽液温升加快。

另外，滚筒的封闭结构，很多时候也会像混合周期一样，大大增加滚镀的施镀难度。比如，同样受重金属杂质污染的酸性镀锌溶液，挂镀可能不受影响，滚镀往往零件的低电流密度区镀层质量较差。这是因为滚筒的封闭结构导致了施加的电流较小，零件低电流密度区电流更小，电位较正的重金属杂质“争相附之”，影响了镀层质量。而挂镀电流密度较大，同样情况下可能没问题。其他如滚镀碱性锌镍合金、滚镀仿金及其他合金等，在镀层合金成分、外观等方面可能与挂镀差别较大，也是受滚筒封闭结构影响大大增加了滚镀施镀难度的例证。

四、间接导电方式造成的缺陷

滚镀的间接导电方式大大增加了阴极的接触面积，使小零件集中起来电镀成为可能，但同时也产生许多问题。

① 零件的接触电阻（即金属电极的电阻）增大，槽电压相应升高，这是造成滚镀槽电压较高的另一个原因。

② 零件在滚筒内不停地翻滚，使零件与阴极的接触时好时坏，必然造成滚镀电流传输不平稳的缺陷。

③ 滚筒内的零件距离阴极的远近不同，电流在各零件上的分布也有较大的不同。距离阴极近的零件电流大，反之则电流小。

滚镀的间接导电方式，很多时候也会像混合周期和结构缺陷一样，大大增加滚镀的施镀难度。比如，采用普通镀铬液挂镀铬，工艺稳定，技术成熟，生产中基本无障碍。但滚镀铬难度较大，其中受间接导电方式影响的因素较大。

① 较大的零件接触电阻，使其无法在常规滚镀条件下达到 $30\sim35A/dm^2$ 的阴极电流密度。通常采取的措施有，使用金属丝网滚筒以增加零件直接与阴极接触的面积、减少零件装载量以减薄零件堆积厚度等可以减小接触电阻，使用额定电压高的电镀电源可以通过“施压”加大电流等。

② 零件的翻滚导致零件与阴极的接触时好时坏，极易导致零件脱电镀灰。通常采取的措施有使用圆滚筒，降低滚筒转速（约 1r/min）等以尽可能减少零件在翻滚时脱电，在镀液中加入活化剂以使零件脱电钝化后再活化，等等。

塑料零件滚镀也是受间接导电方式影响较大的一个典型例子。因塑料质轻，零件与零件之间不能压紧，零件之间在微观层面上存在较厚的电解液膜。这个电解液膜实质上将零件与零件隔开，当电流通过经金属化处理（化学镀铜或化学镀镍）的塑料零件时产生双性电极现象。零件的阳极发生化学镀铜层的溶解，严重时铜层全部溶解，这使得塑料零件滚镀不易成功。或零件的阳极发生化学镀镍层的钝化，这会造成随后沉积的镀层结合力不良。

而塑料零件挂镀，阴极是夹紧式的，接触电阻小，导电平稳，生产中基本无障碍。所以采取措施使零件之间尽可能压紧是塑料零件滚镀成功的关键。比如，设计特殊的滚筒将零件强制集中在某部位，以增加零件之间紧密接触的压力，减少双性电极因素造成的影响。

但是，有些时候即使采取措施也极难保证其滚镀能够成功。比如，采用普通镀铬液滚镀硬铬，由于零件的接触电阻大，即使采取了使用金属丝网滚筒等措施，也极难达到 $60\sim65A/dm^2$ 的阴极电流密度。滚筒铝阳极氧化，零件与滚筒内阳极装置的导电不能像挂镀那样是“夹紧”式的，较大的零件接触电阻无法保证阳极电流密度的可持续性，则无法形成具有一定厚度的氧化膜层。普通滚筒电泳极难成功，原因一是零件不停地翻动使较软的漆膜不易形成，二是受普通滚筒封闭结构的影响，达不到漆膜沉积所需要的电流密度。其实，即使不受这两个因素的影响，也会像滚筒铝阳极氧化一样，较大的零件接触电阻使满足正常沉积的阴极电流密度不可持续。因此采用普通滚镀的方法，无法形成具有一定厚度的电泳漆膜。

另外，滚镀还存在镀液组分变化快，溶液带出量多，零件的形状、大小和镀层厚度受到限制，滚筒内外溶液的浓度、温度和 pH 值有差异等缺陷。如何采取措施解决或改善尤其电流密度控制方面的缺陷、混合周期造成的缺陷、滚镀的结构缺陷等，关系到滚镀产品质量和生产效率的提高，是不可小觑的问题。

第七节　滚镀溶液的特殊性

就电沉积机理而言滚镀与挂镀是相同的，两者都是采用电化学原理使阴极零件获得符合一定表面防护、装饰或功能性要求的金属镀层的电镀加工方式。所以对于一定的镀种来讲，滚镀的工艺（包括镀液成分、工艺条件等）与挂镀也大致相同，否则两者将难以获得几乎相同的金属镀层。但是与挂镀相比，滚镀的情况发生了较大的变化，比如滚镀的零件是集中且相互遮蔽的，施镀时需要不停地翻滚以及在环境封闭且溶液浓度较低的状况下受镀等。诸多的变化使滚镀获得优质镀层和高效生产的条件发生了变化，因此滚镀对镀液中各成分、工艺条件等的要求也就会与挂镀不尽相同。

一、简单盐镀液——滚镀溶液的偏好

如前文所述，与挂镀相比滚镀的施镀时间长、溶液分散能力差等，这会制约滚镀优越性的充分发挥，使其在生产中的应用受到一定的影响。因此，选择合适的镀液类型，以应对滚镀这方面的缺陷就显得非常重要。

根据主要金属离子在溶液中存在的形式，将电镀液分成两大类：即主要金属离子以简单离子形式存在的简单盐镀液（如氯化钾镀锌、光亮镀镍等）和主要金属离子以络合离子形式存在的络合物镀液（如碱性镀锌、氰化镀铜等）。简单盐镀液阴极电流效率高，镀层沉积速度快，施镀时间短，但阴极极化作用小，镀层结晶粗大，且溶液分散能力和深镀能力相对差。络合物镀液阴极极化作用大，镀层结晶细致，溶液分散能力和深镀能力好，但阴极电流效率低，镀层沉积速度慢，施镀时间长。

从缩短施镀时间的角度讲，滚镀适合选择阴极电流效率高的简单盐镀液，这尤其在规模较大的滚镀生产中意义重大。比如上文的例子，一条线日滚镀量约50吨，采用氯化钾滚镀锌，一个园区有一百多条这样的线，如果使用电流效率低的碱性镀锌液，哪怕施镀时间加长20%也是不可接受的。

但一般来讲，简单盐镀液的阴极极化作用小，镀层结晶及溶液分散能力差，尤其分散能力差对本来镀层均匀性就差的滚镀是不相适宜的。不过，在现代电镀技术中，在简单盐镀液中加入合适的添加剂后，不仅可使镀层结晶细致、光亮，还可使溶液分散能力和深镀能力得到较大程度的提高。比如，目前电镀生产中应用较为广泛的氯化钾镀锌工艺，其镀层具有极佳的光亮性和整平性，这尤其在结

合滚镀的抛磨作用后更为明显。并且经过多年的改进和发展，氯化钾镀锌溶液的分散能力和深镀能力已达到仅次于氰化镀锌的水平。阴极电流效率高，镀层结晶、溶液分散能力和深镀能力又大大改善，简单盐镀液毫无疑问地成为批量较大的普通小零件滚镀的首选，成为一般滚镀溶液的偏好。

例如，滚镀锌一般以氯化钾镀锌为首选工艺，而且从目前的生产情况来看，也是氯化钾镀锌占绝大部分。这主要是因为滚镀锌电镀加工量较大，尤其对于专业电镀厂，滚镀锌电镀加工费较低，更需要有一定的量来保证企业效益。所以只有采用高效率的镀液才更能适应这一特点。氯化钾镀锌的阴极电流效率高达96％～99％，比碱性镀锌可提高25％～30％的生产量，这是它相对于络合物镀液类型的最大优势，而正是这种优势是它作为滚镀锌首选工艺的最大理由。至于所谓的氯化钾镀锌镀层结晶及均匀性不佳等不足，目前已大大改善，且对普通零件来讲这似乎不是太大的问题。

但是简单盐镀液并非滚镀的唯一选择，有时根据情况也难免会选择氰化镀、无氰碱性镀等络合物镀液类型。比如，少数军工、电子产品对镀层质量要求较高，而氰化镀锌层的耐蚀性及机械物理性能等均优于其他工艺，此时多会选择氰化镀锌。锌酸盐镀锌层的钝化膜质量优于一般酸性镀锌，当镀层的钝化膜质量要求较高且镀液不允许使用氰化物时，多会选择碱性锌酸盐镀锌。比如钕铁硼滚镀锌，若采用酸性镀锌因钝化膜质量不好影响零件的粘胶性能，而采用“酸性镀锌＋锌酸盐镀锌”组合，因锌酸盐镀锌层的钝化膜质量好，问题会得到较为明显的解决。

二、主盐含量有讲究

就一般而言，电镀液主盐的主要作用是提供电沉积所需要的金属离子。主盐含量高，阴极电流效率高，允许使用的电流密度上限高，利于镀层沉积速度的加快，但溶液分散能力会下降。反之亦然。对滚镀而言，镀液中主盐的作用也大致如此。但与挂镀相比，滚镀溶液的分散能力差，使镀层均匀性受到较大的影响。因此，一般滚镀会降低主盐含量，以尽量补救其溶液分散能力的下降。比如，挂镀镍时硫酸镍含量为250～300g/L，而滚镀镍常常为200～250g/L。氯化钾镀锌挂镀时氯化锌含量为60g/L，而滚镀常常为35～50g/L。但主盐含量低，不利于使用大电流以提高镀速，这与滚镀的另一个结构缺陷——镀层沉积速度慢是相左的。这是一个矛盾。

最好是在提高滚镀溶液主盐含量的同时，分散能力和深镀能力不受影响或受影响较小，可谓两全其美。若不考虑电流效率的影响，电镀液分散能力和深镀能力的好坏取决于电镀时零件表面的二次电流分布是否均匀，因此对滚镀来讲，凡是影响其二次电流分布的因素，也是影响其主盐含量能否提高的因素。以滚镀多采用的简单盐镀液为例，这样的因素主要有导电盐、添加剂、滚筒等。为方便讨论影响滚镀溶液主盐含量的因素，将滚镀的二次电流分布及对其产生影响的多种因素形象地用式(1-2) 表达：

$$A+B+C+D=E \tag{1-2}$$

式中　A——受主盐影响的滚镀二次电流均布的能力；

B——受导电盐影响的滚镀二次电流均布的能力；

C——受添加剂影响的滚镀二次电流均布的能力；

D——受滚筒影响的滚镀二次电流均布的能力；

E——滚镀二次电流均布的能力。

从式中可以看出，滚镀二次电流均布的能力 E 由 A、B、C、D 共同组成。根据式(1-2)，如果 B、C、D 为定量，当滚镀溶液的主盐含量提高造成 A 下降后，则 E 必然下降。现在是要在 A 下降时，E 维持不变或下降较少，则必然要使 B、C 或 D 提高。所以如果能够采取措施使 B、C 或 D 提高，则可做到在滚镀溶液的主盐含量提高后，既利于镀层沉积速度的加快，又可使溶液分散能力和深镀能力不受影响或受影响较小。

① 导电盐的影响　B 是受导电盐影响的滚镀二次电流均布的能力。导电盐浓度高、性能好，可增加溶液的导电性，减小溶液电阻率，可改善受导电盐影响的滚镀二次电流均布的能力。即 B 提高，利于 A 下降时 E 不变或下降较少。

例如，滚镀镍的导电盐浓度通常会高于挂镀镍，在使用氯化钠作阳极去极化剂和导电盐的镀镍溶液中，挂镀镍的氯化钠含量一般为 10～15g/L，而滚镀镍常常为 18～25g/L。氯化钾氯化铵混合型镀锌工艺就是在氯化钾镀锌溶液的基础上加入一定量导电性更好的导电盐——氯化铵，因此溶液分散能力和深镀能力得到一定程度的改善。但是从导电盐角度改善滚镀二次电流均布能力的空间是有限的，比如效果往往不显著、容易带来副作用等，所以应该多考虑其他更好的改善滚镀二次电流均布能力的因素，如添加剂、滚筒等。

② 添加剂的影响　C 是受添加剂影响的滚镀二次电流均布的能力。优质添加剂可提高溶液的阴极极化度，可改善受添加剂影响的滚镀二次电流均布的能力。即 C 提高，利于 A 下降时 E 不变或下降较少。

例如第四代滚镀镍添加剂，其重要的特点之一就是溶液具有比挂镀更好的分散能力，且可在较低甚至极低电流密度下获得质量好的镀层，这与滚镀镀层均匀性差及零件低电流密度区镀层质量差的缺陷是相适应的。目前在电池壳、晶体谐振器外壳等行业电镀中应用广泛的深孔镀镍添加剂，就是针对电池壳类深、盲孔零件的特点开发的一种具有极佳分散能力和深镀能力的特色产品。该产品中含有可显著提高镀镍溶液阴极极化度的深孔促进剂，从而改善了零件表面的二次电流分布，增加了零件内腔镀层的覆盖能力。

高性能氯化钾镀锌工艺由于使用了优质添加剂，霍尔槽试验采用 0.1A 电流时试片全板光亮，说明工艺具有极佳的分散能力和深镀能力。所以，在使用了性能奇特的添加剂后，滚镀溶液的分散能力可以得到极大程度的改善，可以在一定限度内使用主盐浓度高的溶液。比如，第四代滚镀镍工艺，其硫酸镍浓度与挂镀镍基本不相上下，可以使用大的电流密度以加快镀层沉积速度，因为使用了性能优异的添加剂，其分散能力并不受影响。

③ 滚筒的影响　D 是受滚筒影响的滚镀二次电流均布的能力。滚筒的封闭结构造成滚筒内导电离子浓度较低，溶液电阻率较大，这是造成滚镀二次电流均布能力下降的根本原因。所以改善或打破滚筒的封闭结构，使滚筒外新鲜溶液向滚筒内补充的能力加强，提高滚筒内导电离子浓度，可改善受滚筒影响的滚镀二次电流均布的能力。即 D 提高，利于 A 下降时 E 不变或下降较少。改进筒壁开孔、向滚筒内循环喷流、采用振动电镀等措施均可使滚筒的封闭结构得到改良，因此若使用这些改良后的设备，均可采用不同高主盐含量的滚镀溶液。

例如，目前生产中使用越来越多的方孔滚筒或网孔滚筒，其透水性比传统的圆孔滚筒有了较大程度的改善，滚筒外新鲜溶液向滚筒内补充的能力加强，零件表面二次电流均布的能力提高，滚镀溶液的主盐含量也就可以提高。此时，滚筒透水性越好，主盐含量就可以提得越高。比如，钕铁硼电镀生产中常会发现，采用网孔滚筒比采用普通滚筒镀层所谓的“边角效应”（即高、低电流密度区的镀层厚度差）明显改善。此时可以使用高主盐含量的溶液，以利于使用大的电流密度上限，加快镀层沉积速度。

振动电镀打破了传统滚筒的封闭结构，消除了滚筒内外的离子浓度差，使滚镀的结构缺陷得到根本性改善。此时从零件已具备的受镀条件来看，其过程更接近于挂镀，则来自滚筒（或振筛料筐）外的新鲜溶液向滚筒（或振筛料筐）内补充的能力可以达到最大，溶液中主盐的含量也就可以提到最高。

总之，当受导电盐、添加剂及滚筒等因素影响的滚镀二次电流均布的能力能够提高时，可以抵消或减轻提高主盐含量对镀液性能和镀层质量造成的影响。而高的主盐含量利于使用大的电流密度，加快镀层沉积速度，以充分发挥滚镀劳动生产效率高的优越性。

三、添加剂不一般

就添加剂在镀液中的作用而言，滚镀与挂镀基本是一致的，都大体是为了增大阴极极化、改善镀层的结晶、扩大光亮区电流密度范围、加快镀层出光速度、稳定溶液、去除杂质、增加零件低电流密度区镀覆能力等。但由于滚镀的特殊性或局限性，比如电流开不大、镀速慢、镀层均匀性差及零件低电流密度区镀层质量差等，常常会对用于滚镀的添加剂提出比挂镀更高的要求。

① 使用大的电流密度以加快镀速　允许使用的电流密度上限低是滚镀镀层沉积速度慢的根本原因，所以用于滚镀的添加剂应在提高电流密度上限以加快镀速上表现更加优异。首先，性能优异的滚镀添加剂可以通过大大改善滚镀二次电流均布的能力，以补救主盐含量提高后造成的镀液性能和镀层质量的下降，利于使用大的电流密度以加快镀速。其次，性能优异的滚镀添加剂常常含有可防止零件高电流密度区镀层“烧焦”的成分，因而利于使用大的电流密度以加快镀速。

例如，某品牌滚镀镍工艺，使用的电流密度可比常规情况下大出一倍，镀速加快，施镀时间缩短，生产效率大大提高。而此时溶液中硫酸镍的含量并无特殊，所以使用的电流大与溶液中硫酸镍含量无关，而是添加剂中的某种成分在起作用。

② 改善镀液分散能力和深镀能力　滚镀溶液的分散能力和深镀能力下降，从而导致零件的镀层均匀性和低电流密度区镀层质量差，这严重影响了滚镀在复杂小零件及高品质、高精度要求小零件电镀中的应用。所以性能优异的滚镀添加剂尤其在改善溶液的分散能力和深镀能力上表现出色。比如，第四代滚镀镍添加剂、深孔镀镍添加剂等，可明显改善零件表面的二次电流分布，增加镀层均匀性及深、盲孔零件内腔镀层的覆盖能力。

③ 去除异金属杂质　滚镀难以使用大电流，镀层常常在较低或极低电流密度下沉积，此时镀液中电位较正的异金属杂质（如镀镍溶液中的 Cu^{2+}、酸性镀锌溶液中的 pb^{2+}）等，极易在零件低电流密度区沉积，从而影响镀层质量。所以，性能优良的滚镀添加剂常常会在其辅助添加剂中含有一种杂质掩蔽剂，这种掩蔽剂可与镀液中的异金属杂质形成螯合物，并改变其电位使其与主金属离子电位接近，然后与主金属离子共沉积。这样得到的镀层既不会粗糙，也不会带来其他有害影响，并且溶液中异金属杂质也不会过多积累，从而既将异金属杂质变害为利，又比化学碱化法大大降低了处理成本。

四、导电盐和缓冲剂

1. 导电盐

导电盐在镀液中的主要作用是提高溶液电导率，以提高零件表面二次电流均布的能力，从而使溶液分散能力和深镀能力得到提高。另外，导电盐很多时候还兼起改善阳极溶解的作用及微弱的增大阴极极化的作用。导电盐含量高，溶液导电性好，可使用的阴极电流密度范围宽，溶液分散能力和深镀能力好；溶液电阻小，槽电压低，节约电能；阳极不易钝化；等等。反之亦然。

滚镀溶液导电盐的作用也不外乎如此。但由于滚镀溶液的分散能力和深镀能力差，常常会要求导电盐的含量高一点，或尽可能使用性能更好的导电盐等。比如，在使用氯化钠作阳极去极化剂和导电盐的镀镍溶液中，滚镀镍比挂镀镍的氯化钠含量会适当高一点。滚镀镍常常另外加入一定量的硫酸镁或硫酸钠作为导电盐，以改善溶液分散能力，但挂镀镍一般无需另外加入导电盐。在氯化钾镀锌溶液中加入一定量导电性能更好的氯化铵，可使分散能力和深镀能力得到较大程度的改善，此即所谓的氯化钾氯化铵混合型镀锌工艺，这种工艺尤其在滚镀复杂零件时起到了较好的作用。

2. 缓冲剂

缓冲剂的主要作用是抑制弱酸性镀液 pH 的升高，使其稳定在工艺要求的范围内。比如，硼酸是弱酸性镀液中应用最广泛的一种缓冲剂，它的作用原理是根据溶液不同 pH 值的现状，一个硼酸分子可以释放 1～3H^+，反过来也可以吸收 1～3H^+，从而起到调节溶液 pH 值的作用。

在现代电镀技术中，对滚镀与挂镀硼酸含量的区别基本不作要求。因为不管滚镀还是挂镀，对硼酸缓冲作用的要求均是尽可能地好。而硼酸含量越高，其缓冲作用就越好，则滚镀或挂镀的硼酸含量均应尽可能地高，哪怕高到饱和只要不结晶析出就行，此时两者实际已无高低之分。

第八节 滚镀的工艺条件

一、溶液温度

一般电镀液的温度类型有两种：加温型和常温型。加温型镀液其滚镀溶液的温度常常比挂镀略低一点。比如镀镍，挂镀溶液的温度为 50～60℃，而滚镀可为 35～50℃。因为滚镀具有小零件之间互相抛磨的作用，所以能够弥补温度低造成的镀层亮度差的不足。并且滚镀的滚筒内温度总会比滚筒外高约 5℃，所以若设定的温度与挂镀一样，实际上比挂镀高。而溶液温度低，可以减少镀液蒸发量，降低添加剂等的消耗，这对稳定镀液成分及节能降耗等是有利的。对于常温型镀液（如氯化钾镀锌、硫酸盐镀锡等），其滚镀溶液的温度问题常常表现为温升相对较快，给正常生产带来影响。

当电流持续通过镀槽时，电流所做的功除用于溶液与电极界面间的电化学反应外，其他消耗在溶液内部及其他电阻上转化成了热量。热量被溶液吸收，使其温度升高。电流通过镀槽时产生的热量可用式(1-3) 表示：

$$Q=I^2Rt \tag{1-3}$$

式中　Q——电流通过镀槽时产生的热量；

I——通过镀槽的电流；

R——溶液内部及其他电阻；

t——通电时间。

当电流通过镀槽时，主要会遇到来自三方面的阻力：①溶液与电极界面的电阻，即极化电阻 $R_{极化}$；②溶液内部的电阻，即溶液电阻 $R_{电液}$；③金属电极的电阻 $R_{电极}$。因为这些电阻是串联的，所以当电流通过镀槽时遇到的总电阻 R 可表示为：

$$R=R_{极化}+R_{电液}+R_{电极} \tag{1-4}$$

其中，$R_{电极}$与前两种相比小得多，所以一般忽略不计。但滚镀由于间接导电方式的影响，零件的接触电阻即 $R_{电极}$ 较大，此时就不能像挂镀一样忽略不计了。所以，滚镀使溶液温升的电阻 R 就包括溶液电阻 $R_{电液}$ 和金属电极电阻 $R_{电极}$，则当电流持续通过滚镀槽时产生的热量可用式(1-5) 表达：

$$Q=I^2(R_{电液}+R_{电极})t \tag{1-5}$$

式中　Q——电流通过滚镀槽时产生的热量；

I——通过滚镀槽的电流；

$R_{电液}$——溶液电阻；

$R_{电极}$——金属电极电阻；

t——通电时间。

从式(1-5) 中可以看出，在一定的电镀时间内，影响 Q 的因素有 I 和 ($R_{电液}+R_{电极}$)。I 和 ($R_{电液}+R_{电极}$) 越大，Q 就越大。而 Q 越大，溶液温升就越快。常温型滚镀工艺溶液温升比挂镀快得多，原因就是滚镀的 I 和 ($R_{电液}+R_{电极}$) 均比挂镀大得多。

① 体积电流密度大通过镀槽的电流用镀液的体积电流密度来体现，体积电

流密度指单位体积溶液所通过的电流强度，其表达式如式(1-6) 所示：

$$D=I/V \tag{1-6}$$

式中 D——镀液的体积电流密度（A/L）；

I——通过镀槽的电流（A）；

V——镀液体积（L）。

例如，镀液总体积 100L，电镀时使用电流 50A，此时的体积电流密度为 50A/100L=0.5A/L。体积电流密度另有一个名称叫电流容量，电流容量顾名思义即单位体积溶液所容纳的电流，两者的意义是一样的。

体积电流密度大是造成滚镀溶液温升比挂镀快的重要原因之一。滚镀槽对零件的承载量远大于挂镀，若使用相同容量的槽液或处理相同数量的零件，其溶液体积电流密度也常常大于挂镀。根据式(1-5)，在一定的电镀时间内，假使滚镀的（$R_{电液}+R_{电极}$）与挂镀相同，因滚镀的 I（用 D 来体现）大于挂镀，且 I 平方后会更大，产生的热量比挂镀大得多，溶液温升也就比挂镀快得多。比如，常温型电镀工艺用于滚镀生产时体积电流密度通常会大于 0.4A/L，而挂镀却通常会小于 0.2A/L，这使得电镀时两者产生的热量差距很大。

② 电阻大　挂镀的 $R_{电液}$ 相对较小，$R_{电极}$ 也相对较小，且常常被忽略，所以式(1-5) 中（$R_{电液}+R_{电极}$）的值相对较小。因此当电流通过镀槽时产生的热量 Q 就会相对较少，溶液温升受（$R_{电液}+R_{电极}$）的影响也就不明显。但滚镀时，滚筒的封闭结构使零件与阳极之间电流的导通受阻，$R_{电液}$ 与挂镀相比有所增大，且 $R_{电极}$ 较大也不能被忽略，因此（$R_{电液}+R_{电极}$）较大。根据式(1-5)，电流通过镀槽时产生的热量 Q 就会较大。当溶液吸收较多的热量后，温升自然加快。

对于常温型镀液来讲，滚镀温升快常常给生产带来较大的危害，是个棘手的问题。比如，造成镀液性能恶化，镀层质量下降，光亮剂消耗大，尤其夏天常常无法连续生产等。应采取措施减缓温升或将温度控制在比较理想的范围内。

首先，减小体积电流密度是减缓温升的有效措施，比如使用相同的电流，镀槽容积适当大一点，体积电流密度就会小一点。其次，减小溶液电阻 $R_{电液}$ 和电极电阻 $R_{电极}$，也可以有效减缓溶液温升，比如改善滚筒的封闭结构，给导电不好的镀件加陪镀等。而使用宽温型添加剂只是一种补救措施，并未从根本上解决滚镀的温升问题，且会有副作用，比如添加剂易分解、消耗量大、镀层质量差等。最好的方案是想办法减缓溶液温升，或采取降温措施，能做到这两点，还是尽可能不使用含易分解表面活性剂的宽温添加剂为好。

二、溶液 pH 值

溶液 pH 值是电镀加工中必须控制的一个重要工艺条件。对于滚镀常使用的弱酸性简单盐镀液，其 pH 值必须严格控制在工艺要求的范围内。低于范围阴极析氢会猛增，电流效率急剧下降；高于范围易产生氢氧化物或碱式盐沉淀，造成镀层粗糙、烧焦或脆性增加等。在允许范围内，pH 值低一点利于使用大的电流密度，镀层不易烧焦，但溶液分散能力差，光亮区电流密度范围窄，尤其零件低电流密度区镀层质量欠佳；pH 值高一点利于提高溶液分散能力，加宽光亮区电流密度范围，尤其利于改善零件低电流密度区镀层质量。比如，某半光亮镀镍做霍尔槽试验，pH 值 4.5 时试片低端漏镀 6mm，而 pH 值 5.2 时低端漏镀仅 2mm。但 pH 值高，对滚镀来讲，易造成镀层烧焦产生“滚筒眼子印”。

滚镀零件的镀层均匀性差是滚镀结构缺陷的重要表现之一。从这个角度讲，pH 值高一点，利于溶液分散能力的改善，则利于镀层均匀性的改善。所以很多时候滚镀的 pH 值总会比挂镀高一点。例如，挂镀镍溶液的 pH 值为 4.0～4.6，而滚镀镍常常为 4.6～5.4。但是由于滚筒封闭结构的影响，滚镀时滚筒内溶液的 pH 值会高于滚筒外，这样如果设定的 pH 值（比如滚镀镍）为 4.6～5.4，则实际情况会高于这个值。而 pH 值高，易造成尤其表内零件部分孔眼处的镀液碱化，从而易使镀层烧焦产生“滚筒眼子印”，这是滚镀特殊性的一个重要表现，应该引起注意。

三、滚筒转速

滚镀时零件翻动是由滚筒转动来带动的，这就涉及一个问题，即滚筒怎样转动或说滚筒转速怎样设置才更利于零件的翻动。一般设置滚筒转速首要考虑的问题是，怎样对混合周期产生积极的影响。因为混合周期是影响零件翻动的根本因素，混合周期短，零件翻动的效果好，镀层厚度波动性小，施镀时间短。提高滚筒转速可缩短零件的混合周期，所以生产时设置滚筒转速高一点，对减小镀层厚度波动性和缩短施镀时间是有利的。另外，适当提高滚筒转速还利于使用大的电流密度，利于降低镀层烧焦产生“滚筒眼子印”的风险。

但滚筒转速的提高是受到限制的，滚筒转速过高，会造成零件之间相互磨削的作用过强，可能使混合周期缩短带来的施镀时间缩短的效应抵消。一般，镀层金属的硬度高一点，抗零件之间磨削的能力强一点，设置的滚筒转速就可以高一点。反之亦然。比如，镍比锌硬度高，所以滚镀镍比滚镀锌转速高。一般滚镀锌多使用 7r/min 左右，而滚镀镍多使用 11r/min 左右或更高。除镀层金属的硬度外，其他如不同镀种的工艺特点、滚筒的大小或尺寸、零件的表面性质和形状、镀层光洁度要求及滚筒孔径大小等，都不同程度地对滚筒转速产生影响。总之，电镀生产中选择合适滚筒转速的原则是，在不产生其他影响的前提下，尽量使用高一些的滚筒转速，以尽可能缩短零件的混合周期，减小镀层厚度波动性和缩短施镀时间。

滚镀的工艺条件除溶液温度、pH 值、滚筒转速外，更重要的莫过于电流密度了，有关滚镀电流密度的内容将在以下章节介绍。

第九节 传统的滚筒开孔方式——圆孔

滚筒壁板上设置有许多小孔，其主要作用是保障零件与阳极之间电流的导通、滚筒内的溶液更新与排气、滚筒出槽时残留溶液的沥出等。显然，这些小孔的透水性越好，其作用就越容易得到发挥，滚镀的结构缺陷就越小。生产中常见的筒壁开孔方式有多种，如圆孔、方孔、网孔等，其开孔的透水性不同，则滚筒的使用性能不同，在实际生产中适用的范围也不同。圆孔是最传统的一种筒壁开孔方式，优点是灵活性强，可随时根据零件的外形尺寸来选择孔径大小，也可随时根据要求做成任意尺寸的滚筒，使用寿命也较长。最大的缺点是透水性差，尤其在孔径较小时更差，滚镀的结构缺陷较为严重，滚镀劳动生产效率高的优越性得不到充分发挥。圆孔滚筒常常被称作第一代滚筒。

一、直孔与斜孔

一般，滚筒壁板上的圆孔有两种形式，一种是与壁板垂直的直孔，一种是与壁板呈一定角度的斜孔。斜孔的倾斜方向与滚筒的旋转方向相同，如图 1-32 所示。目前，圆孔的加工方法多采用数控钻床打制，加工成直孔简单、便捷，而加工成斜孔，设备需要特制，加工难度大，钻头折损率高。

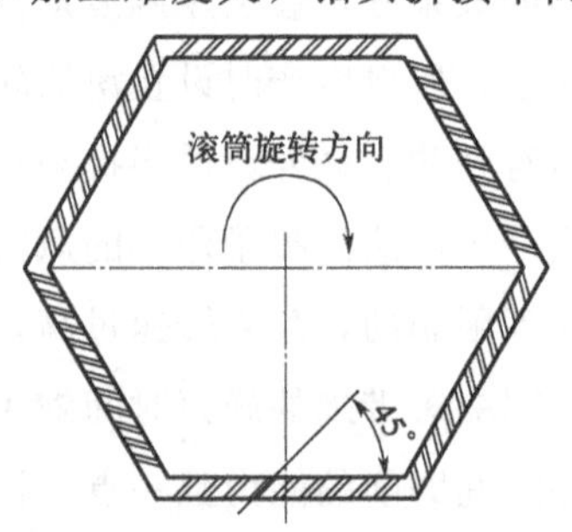

图 1-32 斜孔方向与滚筒旋转方向示意图

斜孔的目的主要是增强滚筒内外溶液的对流。因为滚筒在转动时，斜孔的前倾方向与溶液的进筒方向相迎，这样滚筒外新鲜溶液更容易进入滚筒内。另外，表内零件的滑落方向与斜孔的前倾方向相同，利于防止有尖端的零件掉落或插在孔上，产生次品，这样有时即使孔径稍大于零件的最小端头尺寸也不会出现问题。那么从对零件受镀有利的角度讲，到底是直孔好还是斜孔好呢？

筒壁开孔的一个主要作用是将滚筒外新鲜溶液补充到滚筒内，以维系“滚镀生命”的正常进行，所以直孔好还是斜孔好要看谁对其更有利。向滚筒内补充新鲜溶液属于液相传质过程，主要通过电迁移、对流和扩散三种方式进行。电迁移指在电场作用下反应物粒子从阳极区域或溶液内部向阴极区域迁移，对流和扩散分别是因速度场和浓度场的存在而产生的物质迁移方式。其中，扩散主要发生在阴极表面附近的薄层溶液中，所以滚筒孔眼处的液相传质过程主要是电迁移和对流在起作用。最终直孔好还是斜孔好，比较一下两种孔对电迁移和对流产生的影响就知道了。

滚筒在转动过程中，当孔眼运行到开口方向与阳极板垂直时，斜孔的孔壁因倾斜可能会对电迁移起到一定的阻碍作用，这是有些人不支持斜孔的主要原因。直孔不会，直孔在此位置时零件与阳极之间的电流是畅通的，无斜孔之斜壁的遮挡，因此对电迁移是有利的，但如上文所述，斜孔显然对增强滚筒内外溶液的对流是有利的，尤其对溶液中不受电场作用的成分（比如添加剂）、无电场作用的化学滚镀等，斜孔的优势还是比较大的。而直孔在对流方面的作用可能会相对弱一些。另外，斜孔在防止有尖端的零件掉落或插在孔上的优势明显强于直孔。比如，滚镀鱼钩的滚筒，若是直孔即使孔径再小，也不能保证零件不勾在孔上，从而影响零件的正常运行并受镀，而斜孔不存在此问题。

直孔和斜孔各有优缺点。斜孔在一定程度上可能对电迁移不利，但很多时候对溶液的对流是有利的，并且在处理有尖端的零件时优势突出。而直孔正好相反。另外，生产上真正使用的斜孔滚筒，其孔的斜度未必达到多数资料上讲的45°，而是会小于45°，这可以在一定程度上平衡孔的斜壁对电迁移造成的不利影响。综合来讲，斜孔的优势还是相对大的，所以生产上使用的斜孔滚筒相对还是多一些。但当孔径较大（比如大于ϕ5mm）时，斜孔在促进溶液对流及防止零件掉落等方面，随着孔径的增加意义越来越小，这时采用直孔即可，毕竟直孔加工难度小、成本低。

二、双层套孔

一般当圆孔孔径较小时，除采用斜孔外，还经常采用外大内小的双层套孔，像个喇叭一样，故形象地称之为“喇叭孔”（也称“鱼眼孔”）。比如孔径 $\phi 1mm$ 时，会做成外孔 $\phi 1.8mm$、内孔 $\phi 1mm$。这样孔眼入口变得开阔，而且孔眼的有效厚度减薄，溶液通过孔眼时的阻力减小，开孔的透水性得到改善。当圆孔孔径稍大时，一次孔即可满足开孔透水性的要求，一般不做成“喇叭孔”。因为，虽然这时溶液通过孔眼时的阻力减小，但壁板上的开孔率也有不小程度的降低，所以透水性未必会改善。

生产中除外大内小的“喇叭孔”外，有时也会见到外小内大的双层套孔，俗称“倒喇叭孔”。为什么会这样呢？其实，“喇叭孔”和“倒喇叭孔”都是为了滚筒孔眼处的物料尽可能顺利地向滚筒内迁移、补充，两种开孔方式各有各的讲究。

“喇叭孔”多数情况下在孔径较小时采用。孔径的大小取决于零件的最小端头尺寸，很多时候零件的最小端头尺寸较小，决定了滚筒孔的尺寸更小。当离子迁移至孔眼处时极易受阻而大量聚集，离子通过狭窄的孔道进入滚筒内较难。这时，采用外大内小的“喇叭孔”，实际是加强了溶液的对流作用，使离子进筒的难度相对降低。

但是这时壁板上孔的数量是由外孔的数量决定的，致使内孔的数量相应减少，开孔率降低。内孔数量的减少及尺寸较小决定了导电离子仍会大量聚集，当巨大的“离子束”施加在滚筒内壁孔眼处狭小的零件表面时，使该处的瞬时电流密度大大增加，当超过其所能承受的上限时，即造成该部位镀层烧焦产生“滚筒眼子印”。想必使用过这种滚筒的人都会有这样的经验：电流开不大、镀层易烧焦、效率低等，原因即在于此。也就是说，“喇叭孔”一定程度上加强了溶液的对流作用，但并没有降低镀层烧焦产生“滚筒眼子印”的风险。

“倒喇叭孔”实际是将“喇叭孔”的方向颠倒了一下，即“喇叭孔”是外孔大内孔小，而“倒喇叭孔”是外孔小内孔大。那么，这样颠倒一下方向有意义吗？是的，其意义在于可以降低镀层烧焦产生“滚筒眼子印”的风险，以便使用大电流，加快镀速，提高生产效率。有实验或实践表明，在滚筒尺寸、壁板厚度、零件、装载量等均不变的情况下，“倒喇叭孔”比“喇叭孔”使用的电流可提高 50%甚至更高。为什么呢？

滚镀烧焦主要发生在表内零件部分，这部分零件紧贴滚筒内壁，承受的瞬时电流密度较大，超过上限镀层即烧焦产生“滚筒眼子印”。“喇叭孔”和“倒喇叭孔”的小孔尺寸是一样的，决定了其最大通过的“离子束”数量（代表电流大小）是一样的（分子相同），但两者承受该“离子束”电流的零件面积是不一样的（分母不同）。“喇叭孔”内孔小，承受该电流的面积小（分母小），则瞬时电流密度大；“倒喇叭孔”内孔大，承受该电流的面积大（分母大），则瞬时电流密度小。

例如，某双层套孔，大孔直径 ϕ3mm，小孔直径 ϕ2mm，通过的电流为 3.5mA，零件为极易贴壁的平面状零件。此时可近似地认为，内孔的面积即零件通过孔眼时的实际受镀面积。“喇叭孔”时，3.5mA 电流作用在 ϕ2mm 小孔的面积上，此时的瞬时电流密度为 $0.0035\div(3.14\times0.01^2)\approx11A/dm^2$。若是“倒喇叭孔”，3.5mA 电流作用在 ϕ3mm 大孔的面积上，此时的瞬时电流密度为 $0.0035\div(3.14\times0.015^2)\approx5A/dm^2$。仅仅是颠倒了一下方向，“倒喇叭孔”表内零件部分的瞬时电流密度大大减小，则镀层烧焦产生“滚筒眼子印”的风险大大降低。

通过此例也可以知道平面状零件，而非其他零件更容易烧焦产生“滚筒眼子印”的原因。平面状零件极易粘贴在滚筒内壁上，其受镀面积最接近孔的面积；而其他零件因形状复杂，实际受镀面积会大于孔的面积。因此，通过相同的电流时两者的瞬时电流密度不同，平面状零件的瞬时电流密度大，更容易烧焦产生“滚筒眼子印”。在滚筒内壁设置微小的凸起、沟槽等防贴壁措施，可有效地防止平面状零件产生“滚筒眼子印”，其原因就是零件的实际受镀面积增加了，瞬时电流密度减小了，也就降低了镀层烧焦产生“滚筒眼子印”的风险。

可见，“倒喇叭孔”比“喇叭孔”优势更大一些，若是在两者之间选择，“倒喇叭孔”相对更可取。但“倒喇叭孔”与“喇叭孔”相比，决定滚筒开孔率的小孔数量同样受制于大孔数量而没有增加，因此滚筒开孔率并没有提高，滚镀的结构缺陷并不能得到较为显著的改善。目前切实、有效且成本低廉的改善滚镀结构缺陷的措施为改进筒壁开孔方式，而“倒喇叭孔”仅仅是与“喇叭孔”相比具有一定的优势而已，并不能作为改进的方向。

改进型筒壁开孔方式有方孔、网孔、槽孔、滚筒两端开孔、敞开式滚筒等。其中，方孔滚筒和网孔滚筒分别被称作第二代滚筒和第三代滚筒。两种滚筒的开孔率高，壁板薄，因此透水性好，改善滚镀结构缺陷的效果显著，尤其近些年在钕铁硼和电子产品的滚镀中取得了较好的应用。

第十节　全浸式滚筒

一、什么是全浸式滚筒

全浸式滚筒是相对于早期使用过的一种半浸式滚筒而言的。半浸式滚镀装置如图 1-33 所示，其设备比较简易，滚筒中心轴是架设在镀槽口檐上的，没有滚筒支架、齿轮、分级传动等装置。

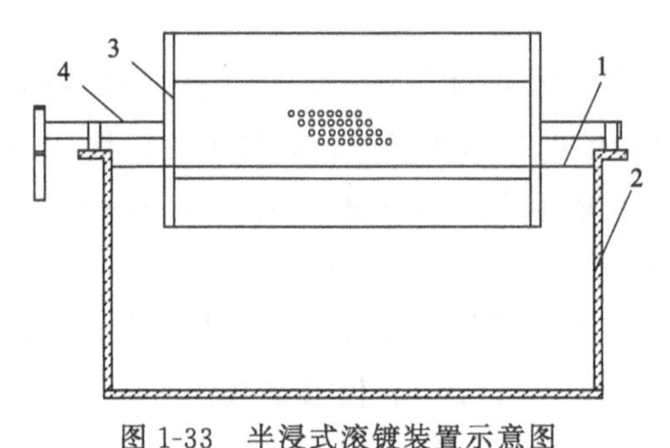

图 1-33 半浸式滚镀装置示意图

1—液面；2—镀槽；3—滚筒；4—主动轴

如此滚筒浸没在镀液中的部分必然较少，约为滚筒直径的 30%～40%。滚筒浸没少，滚筒内的溶液就少，零件装载量必然受到较大的限制，因此滚镀劳动生产效率高的优势得不到较好的体现。并且滚筒内的溶液少，溶液中的有效成分消耗快，溶液稳定性差。浸没在溶液中的孔眼数量少，每个孔眼承担的电流相对较大，表内零件部分的瞬时电流密度大，镀层易烧焦产生“滚筒眼子印”。所以，半浸式滚筒目前已很少见，被生产中广泛应用的全浸式滚筒所淘汰。

但全浸式滚筒不能按字面理解为镀液把滚筒全部浸住，只是相对于半浸式滚筒而言，全浸式滚筒浸没在镀液中的部分更多一些，约为滚筒直径的 70%～80%。那么，为什么不能把滚筒全部浸没在液面以下，而是要让其露出来一（少）部分呢？

二、滚镀溶液的更新与排气

随着滚镀过程的不断进行，滚筒内溶液中的有效成分会不断降低，这时滚筒外浓度较高的新鲜溶液需要通过壁板上的小孔不断地进入滚筒内，以补充阴极反应产生的消耗，此即滚镀溶液的更新过程。并且电镀时阴极表面除发生主反应——金属镀层的还原外，还伴有副反应的发生，如氢气的析出。这个析出的氢气，也需要通过壁板上的小孔不断地排出滚筒外，此即滚镀的排气过程。排气过程的作用很重要，如果阴极反应产生的氢气不能及时、尽快地排出滚筒外，可能会以气泡的形式聚集在滚筒内壁的孔眼处，从而影响滚筒外新鲜溶液向滚筒内补充，造成滚镀“生命体”新陈代谢功能的紊乱。

如果让滚筒露出液面一部分，析出的氢气泡会先逸出液面，散发在滚筒内露出液面的区域内。因为逸出的氢气泡到这个区域后是呈弥散状态的，随后便会很轻松地从上部的孔眼中排出。这时，滚筒外新鲜溶液在液面下区域向滚筒内补充时，因为没有了滚筒内壁孔眼处气泡的阻塞作用，其进筒的阻力大大减小，从而保证了滚筒内溶液更新的顺利进行。

简单地讲，滚筒内析出的氢气从露出液面的孔眼处排出，滚筒外新鲜溶液从液面下的孔眼处补充进滚筒。两者走的不是同一路径，互不打架，互不影响，从而保证了滚镀"生命体"新陈代谢的顺利进行。比如停车场，进场的车从进口入，出场的车从出口出，才能保证车多时停车场的正常运行。

但如果把滚筒全部浸没在液面以下，析出的氢气泡在溶液内从孔眼排出的难度是比较大的。氢气泡排出受阻便可能聚集在滚筒内壁的孔眼处。而这些孔眼也正是滚筒外主金属离子、其他导电离子、添加剂等有效成分进筒的通道，两者"狭路相逢"，结果会怎样不言而喻。那么，把滚筒浸没在液面以下多少合适呢？

三、合适的滚筒浸没位置

滚筒浸没在液面以下必定有一个合适的位置，过多过少都可能引起某种问题。过多的话，滚筒露出液面的部分少，阴极反应产生的氢气泡可能来不及排出，同样会产生"把滚筒全部浸住"影响滚筒内溶液更新的问题。过少的话，滚筒露出液面的部分多，氢气泡排出的空间大，利于氢气泡的排出，但滚筒内的溶液少，液面下滚筒孔眼的数量少，不利于溶液的稳定及减小表内零件部分的瞬时电流密度。

滚镀过程中，滚筒露出液面部分的体积是周期性变化的（圆形滚筒除外），受这个体积变化的影响，这部分区域内氢气排出作用的强弱也呈规律性变化。以生产中常见的六角形滚筒为例，根据推导（详细推导过程略），当滚筒浸没在镀液中的深度约为滚筒内切圆直径的77%时，氢气排出滚筒作用的强弱呈现最规律的变化。如图1-34所示，滚筒浸没在镀液中比较合适的深度 H 与滚筒的内切圆直径 D 的关系为，$H \approx 77\%D$。

液面

H

D

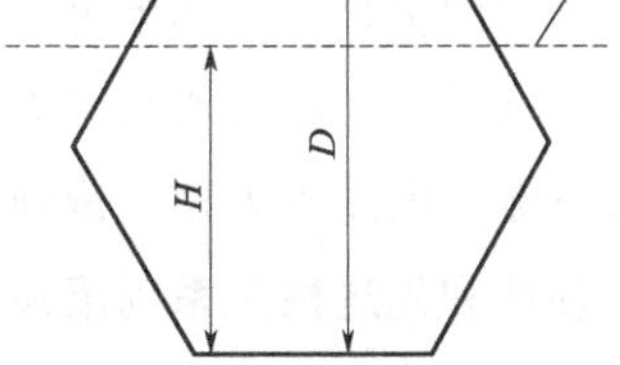

图1-34　比较合适的镀液浸没滚筒的位置

例如，当滚筒直径为400mm时，滚筒浸没在镀液中比较合适的深度 $H = 77\% \times 400 \approx 308$mm。为了更方便地控制生产时镀液浸没滚筒的位置，可先在滚筒侧轮外部内切圆直径间308mm处画一道横线作为标记，生产时使液面保持在此标记位置上，利于平衡各种利弊，滚镀

"生命体"始终保持旺盛的精力。

以上为常规情况下比较合适的镀液浸没滚筒位置的方案，但并非一成不变。当镀液电流效率低（如碱性镀锌）和滚筒透水性差时，滚筒浸没在液面以下应尽可能少一些（即滚筒露出液面尽可能多一些）。否则可能造成滚镀的新陈代谢不畅，严重时还可能因滚筒内饱和氢气急剧膨胀发生爆炸，引发事故。当使用电流效率高的镀液（如酸性镀锌）和透水性较好的滚筒时，因为阴极表面析出的氢气相对较少且容易排出，可将滚筒浸没在液面以下更多一些。这样可增加滚筒内的溶液量，溶液稳定性好，电流效率高，且装载的零件数量也多，生产效率高。尤其液面以下孔眼的数量多，每个孔眼承担的电流相对减少，表内零件部分的瞬时电流密度减小，镀层烧焦产生"滚筒眼子印"的风险减小。

例如，一种圆孔滚筒，圆孔孔径 ϕ2.5mm，数量约 13000 个，滚筒长度×直径＝380mm×ϕ210mm，滚镀锌时使用电流约 60A。如果镀液浸没滚筒的深度为滚筒直径的 70%，液面下圆孔的数量也大概为总数量的 70%，即 13000×70%＝9100 个，此时每个孔眼承担的电流为 60÷9100＝0.0066A，约 6.6mA。如果镀液浸没滚筒的深度为滚筒直径的 90%，液面下圆孔的数量约 13000×90%＝11700 个，此时每个孔眼承担的电流为 60÷11700＝0.0051A，约 5.1mA。可见，液面下孔眼的数量增多后，每个孔眼承担的电流减小，作用在表内零件同样的面积上，瞬时电流密度减小，则镀层烧焦产生"滚筒眼子印"的风险减小。

所以，如果没有其他不适，生产中应尽可能使滚筒浸没在液面以下多一些，以获取生产效率、镀层质量、镀液稳定性等最大的收益。生产中常见在使用电流效率高的镀液（比如酸性镀锌、硫酸盐镀镍等）时，总会把镀液浸没滚筒 90% 甚至更多，取得了不错的效果。

第十一节　滚镀的阴极导电方式

滚镀零件与阴极的导电，不像挂镀那样每个零件都与阴极接触，而是只有个别零件与阴极接触，其他绝大部分靠零件与零件之间传电，此即滚镀的间接导电方式。这种方式不仅增大了电极的电阻，还因零件与零件之间不易压紧，造成滚镀时电流、电压不平稳。滚筒内阴极导电装置是将电流输送给零件的最后环节，其合理性和先进性关系到滚镀的镀层质量和稳定生产。根据滚筒与阴极之间有无相对移动，将生产中应用的滚镀阴极导电方式归纳为活动式阴极和固定式阴极两大类。活动式阴极滚筒转动时阴极不动，两者之间有相对移动，其典型方式如生产中应用广泛的“象鼻”式阴极。固定式阴极也称“镶嵌”式阴极，阴极镶嵌在滚筒内，滚筒转动时与其一起转动，两者之间无相对移动，其典型方式如“圆盘”式阴极。

一、“象鼻”式阴极

“象鼻”式阴极是滚镀生产中应用最广泛的一种滚筒内阴极导电方式，滚镀过程中不随滚筒一起转动，属于典型的活动式阴极。它采用两根外部绝缘的多芯软铜线分别从滚筒两侧的中心轴孔伸入滚筒内，铜线末端各连接一颗金属导电钉，并与铜线紧固在一起，如图 1-35 所示。

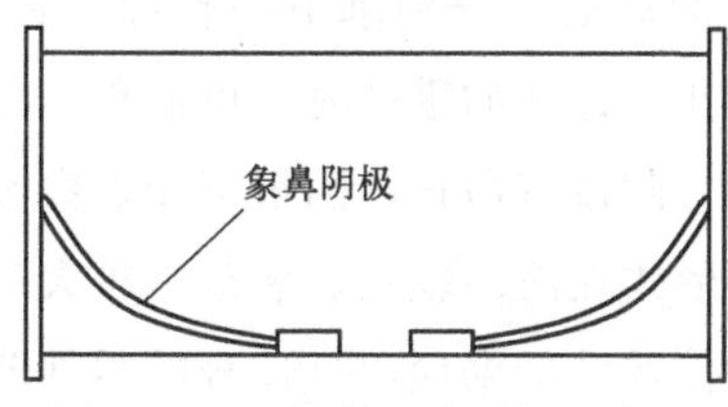

图 1-35 “象鼻”式阴极示意图

导电钉是滚镀回路中电子导体传输电流的终端，是将电子输送给阴极零件的“转运站”“桥头堡”，作用至关重要。面积一般根据滚筒规格不同而不同，滚筒大需要的电流大，要求导电钉面积也大。小的话电阻大，影响阴极“放电”。材质一般有黄铜、紫铜、不锈钢或铅等。使用一段时间后，导电钉会镀上很厚的镀层或镀瘤，使电阻增大而影响导电，应及时清除。可采用化学法退除，对不易退除的镍镀层等，应定期更换导电钉。

导电钉与铜线连接处应有护套保护，不与外部接触，否则外露的铜线可能受到溶液腐蚀，腐蚀产物夹附在镀层中，造成尤其导电钉旁边的零件表面发黑。铜线外部的绝缘层应耐酸、耐碱、耐高温、耐老化等，否则在恶劣环境中易发硬、变脆而影响正常使用。铜线软硬程度尤其在使用小滚筒时，很多时候根据所镀的零件来选择，选择不当容易造成铜线折损率高、导电不平稳等。滚筒外部的两根软铜线从滚筒内穿出后分别固定在滚筒左右墙板的导电搁脚上。

“象鼻”式阴极的优点是适合的零件种类多，除易缠绕或易变形等零件外几乎大部分都能适合，且制作及维护简单、费用低。缺点是导电钉相对于滚筒位置不能固定，与零件接触时好时坏，电流不平稳，尤其有时候导电钉可能会翘起，造成电流波动较大，影响镀层质量稳定性。图 1-36 所示为滚筒内导电钉翘起的情况。不适合易缠绕或易变形等零件，否则阴极线极易与之相绞而拧断，损坏率高。

图 1-36　滚筒内导电钉翘起

其他活动式阴极生产中可见到的，比如两根铜棒分别从两侧中心轴孔穿入滚筒内，并下弯一定角度，这种形式对翻动性不好的零件除导电外还能起到一定的搅拌作用；两根铜棒穿入滚筒后，分别垂下一颗导电钉，导电钉与铜棒活动连接，这种形式在滚镀边角比较锋利的零件时，可避免“象鼻”式阴极软铜线外部绝缘层经常被割破的弊病，阴极寿命长；两根铜棒贯穿滚筒中心，铜棒上均匀设置多个导电金属环，这种形式在滚筒较长、装载量较大时效果较好。但这几种形式均较“象鼻”式阴极制作及维护繁琐，且适合的零件范围不宽，所以生产中不及“象鼻”式阴极使用广泛。

二、“圆盘”式阴极

“圆盘”式阴极是在滚筒内两侧轮上各镶嵌一个金属圆盘，是一种“端头”式阴极导电方式，属于典型的固定式阴极。滚镀过程中，圆盘阴极与滚筒一起转动，位置固定，导电平稳性大大提高。圆盘也可以是放射状或梅花状的铜排，也可以起到平稳导电的作用，但不如圆盘与零件的接触面积大。“圆盘”式阴极如图 1-37 所示。

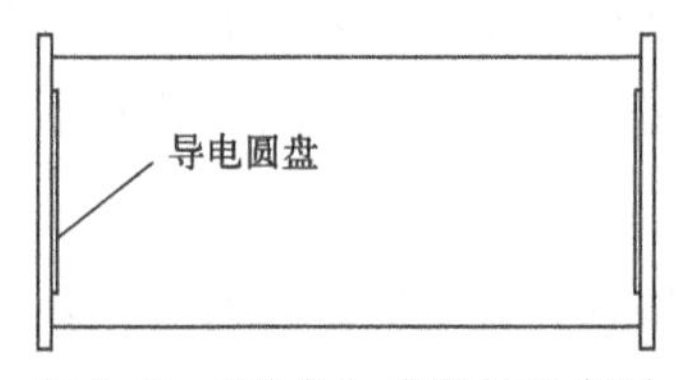

图 1-37　“圆盘”式阴极示意图

圆盘材质一般为不锈钢，表面做抛光处理，抛光不锈钢表面镀层结合力差，这样易于清除圆盘上的镀层或镀瘤。圆盘一般不用频繁更换，但使用时间太长后可能因圆盘表面变粗而使沉积的镀层不易清除，必要时圆盘应能拆下并更换。圆盘应紧贴滚筒轮内壁，几乎不能有丝毫缝隙，否则从缝隙中镀进圆盘内侧的镀层越来越厚的话，可能使圆盘提前报废。圆盘外部靠导电法兰与滚筒阴极连接，并同样固定在滚筒左右墙板的导电搁脚上。

“圆盘”式阴极相对于滚筒位置固定，优点是阴极与零件时刻接触良好，导电非常平稳，状况与挂镀接近。适合易缠绕或易变形等零件的滚镀，同时普通零件对导电平稳性要求较高时也可采用这种形式。缺点是制作难度大，精度要求高，尤其圆盘的导电法兰若封闭不好，容易因镀层沉积太多使滚筒抱死。圆盘裸露于零件之外的部分会“吃”掉较多电流，使沉积的无用镀层增长过快。圆盘位于滚筒两端造成电流不均匀，两端零件电流大而中间电流小，尤其当滚筒较长时情况更为严重。所以这种形式比较适合滚镀易缠绕或易变形零件，或对导电平稳性要求较高的情况，不适合滚镀金、银等贵金属，不适合太细长的滚筒。

其他固定式阴极生产中可见的，比如导电圆盘换成放射状铜排，或均匀排布几只金属导电钮，这种形式比“圆盘”式阴极无突出的优势，且制作繁琐，生产中相对较少见到；将阴极铜排镶嵌在滚筒内的棱角上，可每隔一个棱角镶嵌一条铜排，这种形式导电平稳性较好，但铜排上无用镀层增长过快，甚至从滚筒孔中爬出蔓延至滚筒外的广大区域；将棱角的阴极铜排封闭，每根铜排部位只均匀露出几颗导电钉，导电由“面”（或“线”）变成“点”，减缓了阴极上无用镀层的增长，但一段时间后也会在各导电钉周围形成一个个镀瘤圈，严重时可延伸至滚筒外。几种形式均不如“圆盘”式阴极综合性能好，所以，生产中固定式阴极还是“圆盘”式阴极使用较多。

总之，“象鼻”式阴极适合的零件范围广，制作、维护简单，综合性能好，在滚镀生产中应用最广泛。其他活动式阴极，有时根据情况也有不少的应用，比如滚镀比较锋利的零件、滚筒较长且装载量较大时等。而固定式阴极制作繁琐，成本高，一般在不宜采用活动式阴极时才使用，比如滚镀易缠绕或易变形零件、对导电平稳性要求较高等。其中，“圆盘”式阴极是综合性能和使用效果较好的一种固定式阴极。

第二章

滚镀电流密度定量控制

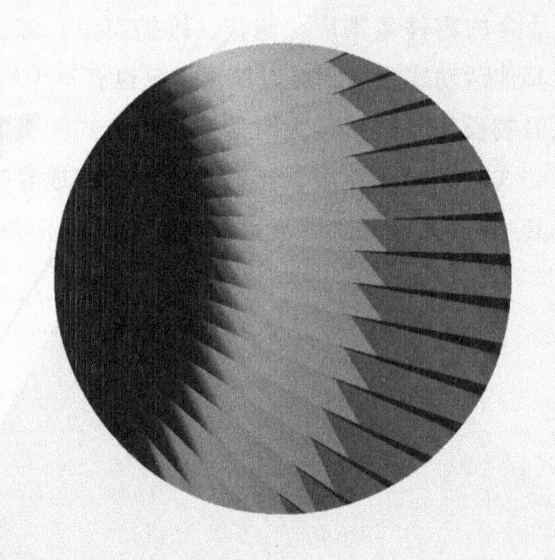

第一节 电流密度定量控制的意义——又好又快

一、什么是电流密度

电镀是借助外电源的作用将电子加至阴极表面，并吸引镀液中的金属离子还原、沉积的过程。在这个过程中，承载电荷的电子和离子的移动形成了电流。显然，电流的作用非常重要，没有电流就没有电镀。并且电流的大小或强弱对电镀过程有着重要的影响。但电流的强弱不能简单地用通过镀槽的总量来表达，比如某镀槽通过总电流200A，不能说明就比100A作用强。还要看这个总电流作用在多大面积的阴极零件上，如果阴极面积大，即使总电流大作用也未必强；反过来虽然总电流小，但如果阴极面积小作用也未必弱。

这就涉及一个电流密度的问题，同样的电流作用在不同大小的阴极表面上，其密度是不同的。这个密度就是电流密度，指单位阴极面积上通过的电流强度，它准确地反映了电镀时作用在阴极表面电流的大小或强弱。其关系表达式如式(2-1)：

$$D=I/S \tag{2-1}$$

式中 D——电流密度，A/dm^2；

I——通过镀槽的电流强度，A；

S——阴极面积，dm^2。

比如，生产中遇到零件的边缘或尖角处镀层烧焦或粗糙时，我们常常会说"电流大了"，其实是不严谨的。不能笼统地说"电流大了"，准确地应该说零件边角处的电流密度大了。由此也可以看出，电流密度对电镀质量产生重要的影响。除烧焦外，其他镀层质量如致密度、光亮度、均匀性、复杂零件的镀覆能力等都与电流密度有直接的关系。另外，电流密度还对镀层沉积速度产生较大的影响，这涉及电镀的生产效率的问题，意义重大。所以，电流密度是电镀加工中必须控制的一个工艺参数，也是最重要的一个工艺参数。

以上所述为作用在一定面积阴极零件上的电流强度，称作阴极电流密度，用D_K表示。除此之外，还有一个阳极电流密度的概念，即作用在一定面积阳极上的电流强度，用D_A表示。阳极电流密度不能超过其临界钝化电流密度。临界钝化电流密度指电镀时金属阳极发生电化学钝化时的电流密度，也可以理解为允许使用的阳极电流密度上限。超过临界钝化电流密度，金属阳极不能正常溶解，即我们平常所说的"阳极钝化了"，从而影响正常生产。

金属的临界钝化电流密度往往比阴极使用的电流密度上限小或小得多，而很多时候总是希望使用大的阴极电流密度上限，以加快镀速，提高生产效率。这样就很容易造成电镀时阳极因超过临界钝化电流密度而发生钝化。并且尤其平板阳极背向阴极的一面究竟有多大面积是有效导电面积也很难确定。所以通常是要求阳极面积比阴极面积大（一般阳极面积：阴极面积约为 2∶1），以便在总电流一定的情况下减小阳极电流密度。滚镀的阴极面积不好确定，因此不好根据比例来确定阳极面积。通常会采用钛篮盛装粒状金属阳极的办法，来尽可能增大阳极面积，以尽可能减小阳极电流密度，防止发生阳极钝化。

因为电镀主要研究发生在阴极上的变化，相应对阳极的研究内容要少一些，重要性也小一些。所以很多时候提到电流密度，如果不特殊说明的话，一般指阴极电流密度。

二、控制电压还是电流

电流密度是电镀加工时必须控制的一个重要的工艺条件，但生产中有时发现，有人不是控制电流而是控制电压，即根据不同的零件面积给定不同的电压数值，以此来控制电镀的过程，包括镀层沉积、镀速等。这显然是错误的。

电镀时，并非一通电就有欲镀金属的离子在阴极还原沉积，而是必须达到该金属在其镀液环境（组分、浓度、温度等）下一定的电极电位，对该电极电位进行严格控制，才能获得满意的镀层质量、镀速等。那么，怎样控制呢？

当把一种金属浸入电解质溶液中时，在金属与电解质溶液界面上会发生金属离子的交换，并在金属表面形成大小相等、符号相反的电荷层，这一电荷层被称作双电层。比如，把金属锌浸入硫酸锌溶液中，Zn^{2+} 会挣脱金属表面进入溶液，同时把相同数量的电子留在金属表面。当达到“动态平衡”后，金属表面的液层中会维持一定数量的正电荷（Zn^{2+} 的电荷），而金属表面则保留相应数量的负电荷（Zn^{2+} 挣脱金属表面后留下的电子）。从而在正电荷与负电荷之间形成稳定的双电层，产生一定的电位差。此电位差即金属锌在硫酸锌溶液中的电极电位。

电镀是靠操控电镀电源来操控施加在阴极上一定量的电子来实现的。镀槽通电前，阴极所具有的电极电位属于平衡电位。通电后，随着阴极表面电子的流入，原来的平衡状态被打破，电极电位向偏离平衡电位的方向变化，即发生了电极的极化。随着电子的持续流入，电极电位偏离平衡电位逐渐加大，到一定程度，金属开始在阴极析出。把某金属在阴极上开始析出的最正电位，称作它的析出电位。

例如，在 1mol/L $NiSO_4$ 溶液中，当阴极电位达到－0.46V 时开始有镍层沉积，则－0.46V 为此时镍的析出电位。若电位比－0.46V 再正一点，阴极也不会有镍层析出；若比－0.46V负（比如－0.6V），虽然有镍层析出，但不是镍层析出的最正电位，因此不是镍的析出电位。所以正确理解析出电位的概念，必须正确理解“开始析出的最正电位”几个字的含义，而并非凡有镀层析出的电位都是它的析出电位。某金属的析出电位与平衡电位之间的差值，为该金属析出时的过电位。

但达到析出电位仅仅能使金属镀出，并不等于镀出的金属符合质量要求，比如亮度、致密性、耐蚀性等。要符合质量要求，需要继续施加电子流，使该金属的电极电位比析出电位更负，并达到一定的值，权且称之为“获得合格镀层的电位”。此时的电极电位大或远大于它的析出电位。并且这个“获得合格镀层的电位”有一个范围，低于范围的下限可能使零件低电流密度区漏镀、镀层不合格或镀速慢等；高于上限就可能使高电流密度区镀层烧焦或粗糙。把电极电位严格控制在这个范围内，才能获得满意的镀层质量、镀速等。

可见，通过对施加在阴极上的电子进行控制，即可达到控制“获得合格镀层的电位”的目的。而电子是承载电荷的载体，电子的移动形成了电流，对电子的操控需要通过控制电流来实现。因此，通过控制施加在镀槽上的电流密度，即可达到控制“获得合格镀层的电位”的目的。每一种电镀工艺都有“允许使用的电流密度范围”，也叫“获得合格镀层的电流密度范围”，与此对应的电位即“获得合格镀层的电位范围”。我们平时把电流密度控制在这个范围内，其实质就是把欲镀金属的电极电位控制在“获得合格镀层的电位”的范围内。

所以电镀时控制电压而不是电流是不合适的。电压只是为达到所需要的电流密度，确切地说是为达到“获得合格镀层的电位”施加在镀槽上的推动力，而不能作为控制镀层质量、镀速等的一种方式。这样在正常情况下似乎没什么危害，但一旦出现异常，比如镀液组分、浓度、温度及导电等发生变化，就会对镀层质量、施镀时间等带来不同程度的影响。

例如，某零件采用GD-5型滚筒滚镀锌，正常时电压6.5V，电流30A，这时控制电压6.5V生产是没问题的。假如镀液导电盐匮乏，溶液电阻增大，若还控制电压6.5V不变的话，实际电流已经下降，比如降到20A，这时可能不能按质按量完成电镀任务。如果控制电流30A，当溶液变化引起电阻增大时，顶多槽电压升高，比如升到7.5V，却不会对镀层质量和施镀时间等产生影响或影响较小。当然，发现槽电压升高，需要赶紧找原因解决问题，否则溶液电阻异常，时间长了是不利的。比如，在现有整流器的条件下可能达不到所需要的电流，影响镀液分散能力，槽液温升快，能耗增加等。

三、电流密度定量控制的重要性

电镀过程是通过定量控制施加在阴极零件表面的电流密度来实现的。一般方法是，在工艺给定的范围内确定所用的电流密度，再根据阴极零件受镀的总面积，两者之积作为镀槽上所需要施加的电流，并使用该电流完成电镀生产。电流密度定量控制对镀层的结晶、沉积速度等产生较大的影响，关系到产品层质量和生产效率等问题，意义重大。

1. 获得结晶细致、合格的镀层

电镀生产时，必须将施加在零件表面的电流密度严格控制在允许使用的范围内，才能得到结晶细致、合格的镀层。否则，超过上限镀层会粗糙或烧焦，低于下限就可能沉积不上镀层或沉积的镀层不符合要求。这个电流密度范围也称作获得合格镀层的电流密度范围。因此，电流密度定量控制的意义，首先是可以获得结晶细致、合格的镀层。

滚镀也是一样。但滚镀一是难以确定允许使用的电流密度范围，二是难以确定零件的有效受镀面积，因而难以像挂镀一样采用数学计算的方法方便、快捷地获得镀槽上所需要施加的电流。滚镀很多时候是采用“按筒计”的方法来给定电流的，这个方法根据镀种、零件规格、品种、装载量等不同，按不同的滚筒给予不同的电流。

例如，采用某滚筒滚镀锌，滚镀某规格螺丝，装载量为滚筒的三分之一，给定电流 200A/筒。这个电流很多时候是根据经验获得的，没有什么依据。大致为根据多次实验或生产实践摸索出其允许使用的电流上限，然后在不超过上限的前提下尽可能使用大一些的电流，可以获得结晶细致、合格的镀层。至于允许使用的电流下限，一般可以不考虑。因为生产时总会使用大的电流以加快镀速，以弥补滚镀施镀时间长的缺陷，没有人会刻意使用近下限的电流。况且何时为电流下限，是低区不亮、发白、发黑时，还是漏镀时？不同的人有不同的认识或标准，比较模糊，不好界定。

不管滚镀还是挂镀，在不产生其他问题（尤其烧焦）的前提下或在允许的范围内，应尽可能使用大的电流密度，这是一般原则。因为大的电流密度可增大阴极电化学极化，利于获得结晶细致的镀层。“电流大镀层会粗”的说法是一种认识误区。电镀是靠电子流使镀液中的金属离子在阴极表面还原、沉积的，没有大的电子流就不会产生大的电化学极化，就不会得到结晶细致的镀层。如果说“电流大镀层会粗”，实际情况是电流过大超过上限造成了镀层粗糙或烧焦。脉冲电流可数倍或十数倍于直流电流，其获得的镀层不是粗而是细或极细。

但应当指出，在普通情况下（如使用普通的直流电流），大的电流密度导致镀层结晶变细的程度并非十分明显。其实在允许使用的范围内，提高电流密度更主要的目的是加快镀层沉积速度，以提高生产效率。

2. 加快镀层沉积速度，提高生产效率

滚镀生产中有一种“小电流长时间”的操作法，可以得到结晶细致的镀层，谓之曰“慢工出细活”。但实际情况是，“细活”主要是滚镀“长时间”的滚光作用所致，未必是“小电流”的功劳。虽然电流大细晶作用并不明显，但电流小也不会使镀层更细致。反而电流小会造成镀层沉积速度慢，施镀时间长，生产效率降低等问题。

镀层沉积速度慢是滚镀的结构缺陷之一，也是造成滚镀比挂镀施镀时间长的原因之一，导致生产效率难以提高。比如，某园区标准件滚镀锌，日滚镀量约几千吨，甚至大几千吨，这么大的量生产效率高或低的影响显然是非常大的。一个钕铁硼厂日滚镀量虽然只有几吨，甚至几百公斤，但因只能采用小滚筒，且施镀时间长，施镀工序多，因此生产效率非常低。因此，滚镀尽可能使用大电流密度的目的，除获得结晶细致、合格的镀层外，更主要是为了加快镀层沉积速度，以缩短施镀时间，提高生产效率。当然，如果加工批量小，品质高，生产效率无多大要求，则可以用小电流慢慢地镀，不一而同。

镀层沉积速度取决于电流密度与电流效率之积，在允许的范围内，使用大的电流密度不会造成电流效率下降或下降过多，则镀速可以加快，施镀时间缩短，生产效率提高。但当电流密度达到或超过上限时，若继续施加电流，无论何种镀液电流效率都会急剧下降，此时不仅不会加快镀速，反而使镀层质量恶化。所以使用大的电流密度，更主要的是提高允许使用的电流密度上限，以加快镀层沉积速度，提高生产效率。

3. 提高复杂零件低凹部位镀覆性能

滚镀复杂零件低凹部位镀覆性能往往不尽如人意，其根本原因在于给定的电流密度小，低凹部位电流密度更小，当低于下限时就不能获得良好或合格的镀层。改善这种状况，除改善零件表面的二次电流分布外，提高电流密度上限是一项重要措施。电流密度上限高，使用更大电流的空间大，以尽可能提高复杂零件低凹部位的电流密度，提高其镀覆性能。这种例子生产中并不少见，比如有人担心镀层粗糙不敢使用大电流，因此复杂零件低凹部位镀层不能令人满意，加大电流后问题改善或解决。

总之，电镀加工时对电流密度进行定量控制，一方面是为“质”，一方面是为“量”，既获得优质镀层，又实现高效生产，简单讲，是为了电镀生产“又好又快”，滚镀挂镀概莫能外。

第二节 挂镀电流密度控制方法

根据工艺给定的电流密度范围确定所用的电流密度，然后乘以阴极零件受镀的总面积，即电镀时挂镀槽上所需要施加的电流，如式(2-2) 所示：

$$I=SD_K \tag{2-2}$$

式中 I——一个镀槽上需要施加的电流强度，A；

S——一个镀槽中负载的总面积，dm^2；

D_K——工艺给定的电流密度，A/dm^2。

一、挂镀负载总面积的确定

挂镀槽中负载的总面积一般由两部分组成，一部分为工作面积即零件的面积，另一部分为非工作面积，即挂具上没有绝缘部分的面积。因此，一个镀槽中负载的总面积 S 为：

$$S=(S_1N_1+S')N_2 \tag{2-3}$$

式中 S_1——一个零件的面积，dm^2；

N_1——一个挂具上零件的数量；

S'——一个挂具上没有绝缘部分的面积（非工作面积），dm^2；

N_2——一个镀槽中带零件的挂具的个数。

一般一个挂具上没有绝缘部分的面积（非工作面积）可按零件面积的5%确定，即 $S'=5\%S_1N_1$，式(2-3) 可转换为：

$$S=1.05S_1N_1N_2 \tag{2-4}$$

例如，自行车手把，一个手把面积 $7.09dm^2$，一个挂具挂两个手把，一个镀槽中有六个挂具，则一个镀槽中负载的总面积 $S=1.05S_1N_1N_2=1.05\times7.09\times2\times6\approx89(dm^2)$。

但是因为电镀时消耗在非工作面积上的电流为无效电流，且此时沉积的金属一方面造成浪费，一方面从挂具上掉落后容易污染镀液，所以生产中总是尽可能将非工作面积做到最小，比如做涂挂具漆、缠塑料带等绝缘处理。当挂具绝缘良好时（除与零件相接触的挂点部位外），非工作面积常常可以忽略不计，此时零件的面积即为负载的总面积，其表达式如式(2-5) 所示：

$$S=S_1N_1N_2 \tag{2-5}$$

上例中，当挂具绝缘良好时，一个镀槽中负载的总面积 $S=S_1N_1N_2=7.09\times2\times6\approx85(\mathrm{dm}^2)$。

二、挂镀电流密度的确定

电流密度是电镀工艺中至关重要的参数，它直接关系到零件的正常受镀、镀层质量及稳定生产等。电流密度的确定，对于特定的镀种，有一种方法是通过经验公式来计算电流密度变化的界限，从而确定该镀种的电流密度范围。比如，通过与溶液主盐浓度的关系式来计算获得，$D_K=0.2\gamma C$，D_K 为获得致密镀层的电流密度上限，γ 为经验系数，C 为镀液浓度。

但直观地确定电流密度范围的方法是通过霍尔槽试验。霍尔槽试验的特点是从阴极试片上能够反映出不同电流密度下镀层的外观质量，因此根据试片上合格镀层的范围很容易确定允许使用的电流密度范围。如图 2-1 所示。

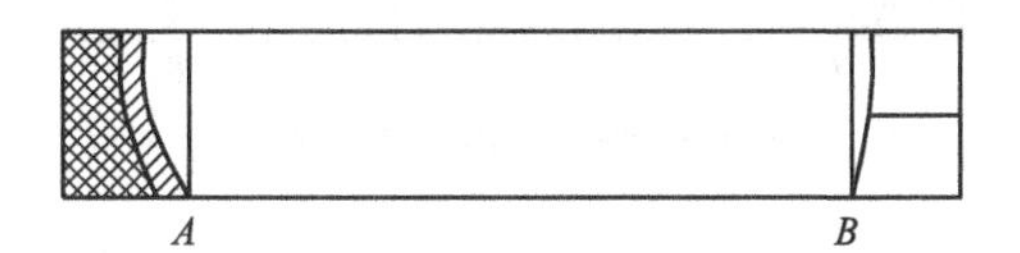

图 2-1 某霍尔槽试片上的镀层外观状况

从图 2-1 中可以看出，试片上 A 以上区域的镀层呈烧焦或粗糙，B 以下区域的镀层呈半光亮或不合格，全光亮或合格镀层的区域为 A 与 B 之间。按常理讲，A、B 对应的电流密度，其范围应为允许使用的电流密度范围。比如，A 对应的电流密度为 $9\mathrm{A/dm}^2$，B 对应的电流密度为 $1\mathrm{A/dm}^2$，则该试验确定的允许使用的电流密度范围应为 $1\sim9\mathrm{A/dm}^2$。

但实际情况不是这样的。因为电镀生产时给定的是平均电流密度，要确定的允许使用的电流密度范围则应为平均电流密度范围。而图 2-1 中 A、B 对应的为实际电流密度，A 为零件上实际能承受的电流密度上限，B 为零件上实际能使用的电流密度下限。如果将 A、B 确定为允许使用的电流密度上、下限，在实际使用两点的电流密度时，零件在高电流密度区电流必然大于上限而使镀层烧焦或粗糙，或零件在低电流密度区电流必然小于下限而使镀层不光亮或漏镀，即不能获得合格的镀层。

例如，图 2-1 中假设 A 对应的电流密度为 $9\mathrm{A/dm}^2$，如果将电流密度上限确定为 $9\mathrm{A/dm}^2$，实际使用 $9\mathrm{A/dm}^2$ 时零件边角处可能远超 $9\mathrm{A/dm}^2$，必然造成该处镀层烧焦或粗糙。电流密度下限道理一样。图 2-1 中假设 B 对应的电流密度为

$1A/dm^2$，如果将电流密度下限确定为$1A/dm^2$，实际使用$1A/dm^2$时零件深凹部位可能远达不到$1A/dm^2$，必然造成该部位镀层质量不佳。所以一般不能直接将霍尔槽试验实际测得的电流密度确定为某工艺允许使用的电流密度范围，实际情况是应做一定幅度的缩减，以给生产时留出足够的余量。

图2-2给出了一种利用霍尔槽试验确定某工艺生产时允许使用的电流密度范围的参考方法。若试验所得阴极试片上的合格镀层范围在AB之间，则在$1/2AB$处画一条线C，再在CB间靠近C端的$1/3CB$处画一条线D。对照“霍尔槽阴极上的电流密度分布表”，根据试验时使用的电流，确定C、D两处的电流密度，则分别为生产时允许使用的电流密度上限和下限。该方法缩减幅度较大，可能过于保守，实际应用时可根据情况调整。

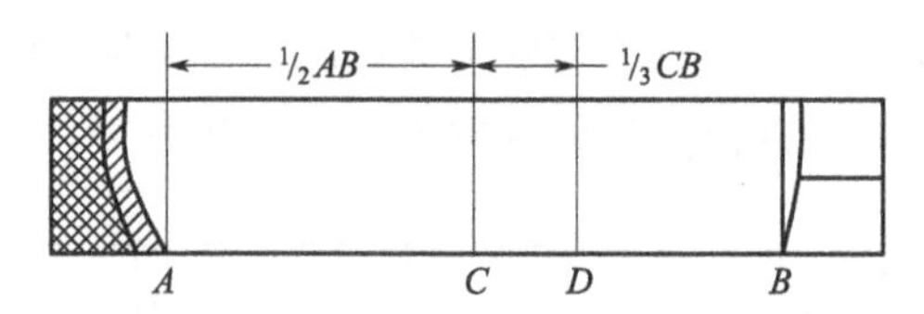

图2-2 霍尔槽试验确定电流密度范围参考方法

镀槽中负载总面积S及电流密度D_K确定后，根据式(2-2)，两者相乘即得挂镀槽上所需要施加的电流。或将式(2-5)代入式(2-2)，可得当挂具绝缘良好时挂镀槽上所需要施加电流的计算公式如式(2-6)所示：

$$I=S_1N_1N_2D_K \tag{2-6}$$

第三节 电流密度“困难户”——滚镀

挂镀电流密度控制方法相对简单，有负载总面积，有电流密度，两者相乘即得挂镀槽上所需要施加的电流。并且挂镀阴极零件与阳极之间没有阻挡，电流阻力小，使用大的电流密度相对轻松。但滚镀电流密度控制方法要困难得多，是实实在在的“困难户”。

一、电流密度定量控制——老大难

电流密度定量控制是实现电镀生产“又好又快”的重要条件，滚镀挂镀概莫能外。但相对而言，挂镀的电流密度定量控制技术简单、成熟，而滚镀很难做到“定量”，是老大难问题，这给滚镀生产带来极大的不便。

1. 难以确定有效受镀面积

挂镀的零件是单独分装悬挂的，每个零件均单独暴露在镀液中，当挂具绝缘良好时全部零件面积就是它的负载总面积，或有效受镀面积。但滚镀不同，滚镀的零件是堆积在一起的，零件之间相互屏蔽、遮挡。滚镀时只有表层零件受镀，而内层零件几乎是不受镀的，因此其面积是无效的。所以滚镀不能将全部零件面积作为它的有效受镀面积。有效受镀面积一般指表层零件上实际受镀部分的面积，理论上可通过几何运算的方法推导得出，但难度较大，问题多多。

① 生产中使用的滚筒形式较多，有六角形滚筒、七（八）角形滚筒、圆形滚筒、钟形滚筒、振动电镀等，若一一进行推导，工作量太大，实用性不强，准确度不高。为简化且实用起见，一般以生产中最常见的六角形滚筒及形状简单的圆形滚筒为例来推导有效受镀面积。

② 对于六角形滚筒来讲，滚镀过程中表层零件的面积是“……最小→最大→最小……”周期性变化的，哪个位置的面积才能代表表层零件面积呢？由于全部零件面积是不变的，因此内层零件面积也是周期性变化的，变化规律与表层零件在同一时间正好相反。另外，圆形滚筒的表层零件面积是不变的。

③ 虽然可以通过几何运算的方法推导有效受镀面积，但需要规定滚筒装载量。滚筒装载量指滚筒内零件占整个滚筒容积的体积比。因为不同的装载量对应不同的计算公式，无法采用统一的公式表达所有装载量下的有效受镀面积。一般在推导有效受镀面积公式时规定滚筒装载量为 1/3、2/5、1/2 等，这给实际操作带来麻烦。

④ 表层零件也并非全部面积受镀，其中表内零件就只有位于筒壁孔眼部位时才是受镀的，而位于非孔眼部位时因受到屏蔽作用可看作是不受镀的。所以表内零件位于非孔眼部位的面积与内层零件一样是无效的。这样表内零件就需要经过一个滚筒开孔率的修正才能得到其真实的受镀面积，进而得到表层零件的真实受镀面积。

⑤ 经滚筒开孔率修正后得到的仅仅是表层零件实际受镀部分的平面面积，但表层零件不可能是完全的平面，而是坑洼不平的凹凸面，它比平面面积要大或大得多。所以表层零件实际受镀部分的平面面积需要经过一个复杂系数的修正才能得到其真实面积，即滚镀的有效受镀面积。

2. 难以确定允许使用的电流密度范围

挂镀允许使用的电流密度范围是通过霍尔槽试验确定的，这是前人根据大量的试验得出的一个科学确定电流密度的方法。霍尔槽试验的特点是，可根据阴极试片上镀层的外观质量确定对应的电流密度，进而根据合格镀层的范围确定合适的电流密度范围。而滚镀由于诸多特殊性，比如零件在封闭状态下受镀、难以确定有效受镀面积等，以目前的技术，霍尔槽试验尚无法确定滚镀允许使用的电流密度范围。

实际生产时，通常靠经验或参考挂镀来对滚镀的电流进行控制，例如按滚筒给电流，按全部零件面积计时采用修正后的电流密度进行控制，按有效受镀面积计时参考挂镀的电流密度进行控制等。几种方法虽可称定量控制，但不尽科学、准确。

二、电流开不大——难兄

滚镀“电流开不大”，是生产中比较常见的现象。比如，有时使用的电流稍微大一点，镀层即烧焦产生“滚筒眼子印”。此为滚镀电流密度的一大难。电流开不大，首先造成镀层沉积速度难以加快，施镀时间长，生产效率低；其次造成零件低电流密度区电流较小，在滚镀复杂零件时，其低电流密度区常常因电流密度达不到下限而不能获得良好的镀层。

滚镀零件运行的三个阶段中，当运行至 t_2 阶段，即表内零件位置时，电流密度相对较大。根据使用的滚筒不同，其孔眼处的瞬时电流密度 D_p 可能是平均电流密度 D_m 的数倍。过大的电流密度会导致金属离子消耗过快，浓度降低过多，受滚筒封闭结构的制约又不能及时补充，因此孔眼处承担着镀层烧焦产生“滚筒眼子印”的巨大风险。所以滚镀所使用的平均电流密度 D_m 不易提高，镀层沉积速度难以加快，且零件低电流密度区镀层常常不尽人意。现以生产中使用较多的圆孔滚筒的孔的正三角形排列方式为例，推导并计算孔眼处的瞬时电流密度到底有多大。

如图 2-3 所示，滚镀件上某点通过孔 1 后，并继续通过孔 1 与孔 2 之间的非孔眼部分为一个工作周期，且通过孔 1 的时间为 t_{on}。通过孔 1 时有较强的电流作用，称此时的电流密度为瞬时电流密度 D_p。通过孔 1 与孔 2 之间的非孔眼部分时电流密度极弱，可近似地视其为零，且通过的时间为 t_{off}。则在一个工作周期内，某点通过孔眼部分的时间 t_{on} 占整个工作周期（$t_{on}+t_{off}$）的比例为该点的工作比，可表达为 $\gamma=\frac{t_{on}}{t_{on}+t_{off}}\times 100\%$。设零件随滚筒转动时与壁板相对运动的速度为 v，则 $t_{on}=\frac{d}{v}$，$t_{off}=\frac{l\tan 60°-d}{v}$，由此可推导出此种开孔排列方式下的工作比 $\gamma=\frac{d}{\tan 60° l}\times 100\%=\frac{0.58d}{l}\times 100\%$。

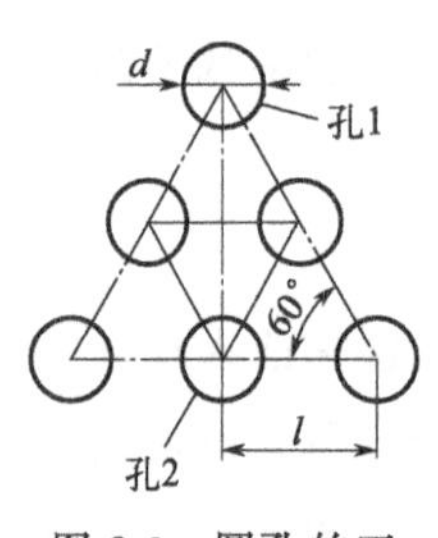

图 2-3 圆孔的正三角形排列方式

滚镀件上某点运行的一个工作周期分为两部分，即该点通过有电流作用的孔眼部分和无电流作用的非孔眼部分。如果不考虑阳极、筒壁厚度或其他因素的影响，工作周期内的平均电流密度 D_m 等于通过孔眼部分的瞬时电流密度 D_p 乘以工作比 γ，即 $D_m=D_p\gamma$，则 $D_p=\frac{D_m}{\gamma}=\frac{D_m l}{0.58d}$。例如，图 2-3 中，设孔眼直径 d 为 2mm，孔中心距 l 为 5mm，给定的平均电流密度 D_m 为 $2.5A/dm^2$，此时孔眼处的瞬时电流密度 $D_p=\frac{D_m l}{0.58d}=\frac{2.5\times5}{0.58\times2}\approx11(A/dm^2)$。

由此可见，虽然给定的平均电流密度不大，但孔眼处的瞬时电流密度却很大。若超过所使用溶液的电流密度上限，镀层即烧焦产生“滚筒眼子印”。减小孔眼处瞬时电流密度或提高孔眼处瞬时电流密度上限，可使给定的平均电流密度上限提高，镀层沉积速度加快，同时“滚筒眼子印”风险减小。措施除从电镀工艺的角度如主盐、添加剂、导电盐、pH 值等入手外，此外还可以从槽外控制的角度入手，打破或改善滚筒的封闭结构，如改进筒壁开孔、向滚筒内循环喷流、采用振动电镀等。

三、电流上不去——难弟

滚镀生产中，常常会出现“电流上不去”的情况。比如，有时即使把电镀电源的电流调节器调到最大，也达不到所需要的电流。此为滚镀电流密度的又一大难，与“电流开不大”可谓难兄难弟。滚镀电流上不去，可能出现镀层亮度差、施镀时间长、零件低电流密度区漏镀、钕铁硼镀层结合力差等问题。

与挂镀使用几近相同的镀液和电镀电源，滚镀电流上不去，主要是由于滚镀使用了滚筒导致其体系内阻增大所致。当电流通过镀槽时遇到的阻力（体系内阻）R，主要由极化电阻 $R_{极化}$、溶液电阻 $R_{电液}$ 和金属电极的电阻 $R_{电极}$ 组成。当电流通过滚镀槽时同样会遇到这三方面的阻力。

滚镀相对于挂镀 R 增大，主要原因来自两方面：①滚筒的封闭结构使零件与阳极之间电流的导通需要通过面积有限的小孔才能实现，这无疑使 $R_{电液}$ 增大；②滚筒的间接导电方式使零件的接触电阻，即 $R_{电极}$ 较大，此时 $R_{电极}$ 不能像挂镀时一样忽略不计。由于 $R_{电液}$ 和 $R_{电极}$ 增大，R 即增大，因此若不增加对滚镀过程的推动力，即施加较高的槽电压，则不易达到所需要的电流，即电流上不去。所以滚镀所使用电源的额定电压总会比挂镀高一些。比如，挂镀常使用额定电压 12V 的电镀电源，而滚镀常使用 15V 或更高的电镀电源。

从滚筒角度采取措施减小滚镀的体系内阻是解决滚镀电流上不去的关键：

①选用透水性更好的滚筒开孔方式，或采取其他改善滚筒封闭结构的措施，如向滚筒内循环喷流、采用振动电镀等，减小 $R_{电液}$，则制约滚镀电流上不去的主要压力减小；②减小滚筒间接导电方式带来的影响，则 $R_{电极}$ 减小，比如针对导电性不好的镀件使用或增加钢球陪镀、防止滚筒内阴极导电装置过小等。

第四节　通行的滚镀电流密度控制方法——按全部零件面积计

滚镀生产中应用较为普遍的电流密度控制方法是一种“按全部零件面积计”的方法，也是一种通行的方法。大致为：将一滚筒零件的全部面积计算出，然后乘以一定的电流密度，即电镀时该滚筒所需要施加的电流。这种方法，一方面可以像挂镀一样通过数学计算的方法得到所需要的结果，形式上是科学的；另一方面可以避免获得有效受镀面积的困难，因为如前文所述，获得有效受镀面积是很难的，而获得全部零件面积要相对容易。这种方法镀槽上所需要施加的电流可按式(2-2) 确定。

一、滚镀负载总面积的确定

挂镀的负载总面积比较好确定，挂镀件一般尺寸大，数量少，形状简单，通过图纸或实际测量及简单的计算即可得零件的总面积，当挂具绝缘良好时即为负载的总面积。但滚镀件一般尺寸较小，且数量较多，在计算全部零件面积时，若采用一个零件面积乘以滚筒内所有零件数量的方法，操作起来复杂，难度大，并且有时根本无法获得一个零件的确切面积（如大小不一的自攻螺丝）。

把数量众多的小零件单元化，只要确定每单元小零件的面积，即可轻松地确定不同单元下的小零件面积。这个单元就是公斤面积。公斤面积指 1kg 零件所具有的面积，它等于一个零件的面积乘以 1kg 该零件的数量。在计算全部零件面积的时候，只要确定了公斤面积，然后乘以一滚筒零件的重量即可。

但负载的总面积除包括全部零件面积（工作面积）外，还包括将电流导入零件的阴极导体的非绝缘部分的面积（非工作面积），如没有做绝缘处理的阴极导电线、导电棒、导电盘、导电环、导电链、导电钉等。因此，一只滚筒中负载的总面积 S 为：

$$S=S_1M+S' \tag{2-7}$$

式中　S_1——零件的公斤面积，dm^2/kg；

M——一只滚筒中零件的重量，kg；

S'——一只滚筒中阴极导体非绝缘部分的面积（非工作面积），dm^2。

一般滚筒中将电流导入零件的阴极导体除末端放电的部位外，其他都是要做绝缘处理的，如从滚筒轴孔伸入滚筒内的导电线、棒等。导电线一般采用耐酸碱的塑胶线，导电棒裸露在镀液中的部分一般做涂绿勾胶处理，因此这部分是不计入面积的。还有，凡是被零件遮盖的阴极导体的部分相当于内层零件，也是不计入面积的，比如大滚筒棒式阴极多点布置的导电环、导电链等。但零件遮不住的部分是要计入工作面积的，如圆盘阴极上露出零件的部分、角阴极翻出零件的时候等。

总之，凡被零件遮盖便可不计入面积，否则要计入。生产中应用最广泛的“象鼻式”阴极的末端导电钉，虽然可看作是表层零件的表内零件，但面积相对于全部零件较小，一般忽略不计。所以，对于普通滚筒来讲，其负载的总面积就是全部零件的面积，即 $S=S_1M$。则式(2-2) 可变换为：

$$I=S_1MD_K \tag{2-8}$$

1. 普通零件公斤面积的确定

对于普通零件或形状简单的零件，可先按图纸或实际测量或其他方法确定一个零件的面积，然后乘以 1kg 该零件的数量即为该零件的公斤面积。

例如，直径 ϕ5mm，高 10mm，密度 7.8g/cm^3 的钢铁小圆柱零件：

一个零件的面积为 $2\pi r^2+2\pi rh=2\pi r(r+h)=2\times3.14\times2.5\times(2.5+10)\approx196(mm^2)=0.0196(dm^2)$；

一个零件的重量为 $\pi r^2h\rho=3.14\times0.25\times0.25\times1\times7.8\approx1.53(g)$；

1kg 零件的数量为 $1000\div1.53\approx654$(个)；

则该零件的公斤面积为 $0.0196\times654\approx12.8(dm^2)$。

但滚镀件往往形状复杂，很多时候很难根据图纸或实际测量确定其准确面积，而有些零件（如螺纹零件），即使有图纸也难以确定其准确面积。现介绍两种常见的不易获得其面积的滚镀件的公斤面积确定方法。

2. 紧固件公斤面积的确定

紧固件指将两个或两个以上构件紧固连接成为一个整体时所采用的一类机械零件的总称，如各种螺丝、螺母等。紧固件螺纹部分常常占很大面积，与其他零件相比，公斤面积更难确定，且准确性也不高。有资料介绍，普通紧固件的公斤面积可粗略地按 1kg 平均折合 0.2m^2 即 20dm^2/kg 来确定。这个似乎不科学。因为不同规格的紧固件，相同重量时其表面积是不同的，大规格的表面积小，小规格的表面积大，很难将其统一确定为某一数值。生产时若采用此方法，只宜作为非特殊情况普通紧固件公斤面积的参考，并应根据情况进行调整。

例如，滚镀某尺寸较小的铁螺丝或自攻螺丝，可先将其公斤面积按 $20dm^2/kg$ 确定，假设得出电流 100A。但 100A 只是参考值，而非准确的滚镀该零件所需要施加的电流，实际生产时还需要作出不同程度的调整。发现电流大了（多表现为镀层烧焦或粗糙）适当调小些，电流小了（多表现为镀速慢）适当调大些。

可以采用图表法确定普通紧固件的公斤面积。图 2-4 列出了不同规格螺丝、螺母所对应的公斤面积。从图中可以看出，不同规格的螺丝、螺母均对应一定的公斤面积数值，查图表即可获得某种规格螺丝或螺母的公斤面积。比如，从图 2-4 中可以查出，ϕ4mm 螺丝的公斤面积为 $12\sim13dm^2/kg$，ϕ4mm 螺母的公斤面积约为 $20dm^2/kg$。需要说明的是，图表法所得紧固件的公斤面积也非确切数据，按此方法确定的每只滚筒需要施加的电流，生产时同样需要根据情况进行调整，否则同样难免出现“滚筒眼子印”或镀速慢等问题。

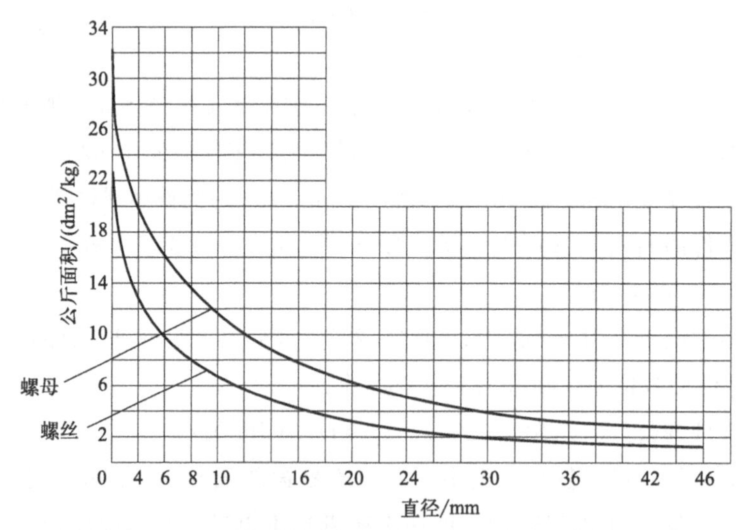

图 2-4　不同规格螺丝、螺母所对应的公斤面积图表

3. 板状冲压件公斤面积的确定

板状冲压件的面积由板面面积和侧面面积两部分组成，如式(2-9) 所示：

$$S^{\mathrm{I}}=S^{\mathrm{II}}+S^{\mathrm{III}} \tag{2-9}$$

式中　S^{I}——板状冲压件的面积；

S^{II}——板状冲压件的板面面积；

S^{III}——板状冲压件的侧面面积。

如果板状冲压件的厚度 h 一定，秤出零件的重量 m，用重量 m 除以零件的密度 ρ 及厚度 h，即可确定零件一个面的板面面积，然后乘以 2 即得零件的板面

面积 $S^{\mathrm{II}}=2m/(\rho h)$。习惯上，零件面积一般以 dm^2 为单位，而厚度以 mm 为单位，重量以 g 为单位。则零件板面面积 S^{II} 的计算公式可演变为：

$$S^{\mathrm{II}}=m/(5\rho h) \tag{2-10}$$

而板状冲压件的侧面面积 S^{III} 等于零件几何图形的总边长 l 与零件厚度 h 的乘积，将各量的单位统一用习惯单位表示后得到如下关系式：

$$S^{\mathrm{III}}=lh/10000 \tag{2-11}$$

将式(2-10) 和式(2-11) 代入式(2-9) 可得一个板状冲压件的面积 S^{I}，然后乘以 1kg 板状冲压件的数量 $1000/m$，即得板状冲压件的公斤面积 S_1 如式(2-12) 所示：

$$S_1=\left(\frac{m}{5\rho h}+\frac{lh}{10000}\right)\times\frac{1000}{m}=\frac{200}{\rho h}+\frac{lh}{10m} \tag{2-12}$$

式中 S_1——板状冲压件的公斤面积，dm^2/kg；

m——一个零件的重量，g；

ρ——零件的密度，g/cm^3；

h——零件的厚度，mm；

l——零件几何图形的总边长，mm。

式(2-12) 中 m 及 ρ 很容易确定，关键是确定 h 和 l。一般来讲，只要零件在机加工过程中拉伸变形程度不是很大，则认为整个零件的厚度是均匀的，用游标卡尺或螺旋测微器可准确测出其厚度 h。而零件几何图形的总边长 l，是指零件外缘和所有内孔周长的总和。简单零件的总边长可通过直尺或游标卡尺测量并计算得到，复杂零件在测总边长时如果存在特殊曲线，可用线绳比划后再进行测量并计算得到。如此板状冲压件的公斤面积可得以确定。

例如，直径 ϕ50mm，内孔 ϕ22mm，厚度 2.3mm，每只重量 28.5g 的铁(密度 7.8g/cm^3) 垫圈，其公斤面积计算如下：

$$S=\frac{200}{7.8\times2.3}+\frac{(50+22)\pi\times2.3}{10\times28.5}\approx13(dm^2/kg)$$

现用实际计算的方法验证一下该例采用公式法计算结果的准确性：

一个铁垫圈的面积为：①零件内外边沿的面积 $\pi(D+d)h=3.14\times(0.5+0.22)\times0.023\approx0.052(dm^2)$；②零件的平面面积 $2\pi(R^2-r^2)=2\times3.14\times(0.25^2-0.11^2)\approx0.317(dm^2)$；①+②即 $0.052+0.317=0.369(dm^2)$；

一个铁垫圈的重量为 $\pi h\rho(R^2-r^2)=3.14\times0.23\times(2.5^2-1.1^2)\approx28.4(g)$；

1kg 铁垫圈的数量为 $1000\div28.4\approx35$(只)；

则铁垫圈的公斤面积为0.369×35=12.915≈13(dm^2)。

两种方法所得结果是一样的，说明用公式法计算板状冲压件公斤面积是准确的。

二、滚镀电流密度的确定

1. D_K 的给出

这种方法给定的电流密度 D_K 称作全部零件电流密度，它等于通过镀槽的电流与滚筒内全部零件面积的比值。其实，全部零件电流密度是不存在的、虚拟的，是为计算方便所设的一个假想值。因为滚镀时实际只有表层零件受镀，内层零件几乎是不受镀的，把不受镀的内层零件也计入受镀面积，其比值必然是不真实的。

真实存在的是作用于实际受镀零件上的电流密度，可称作真实电流密度，它等于通过镀槽的电流与实际受镀零件上时刻有电流作用部分面积（即有效受镀面积）的比值。真实电流密度虽然真实存在，但目前尚无法确定其准确数值，而常常被简单地确定为全部零件电流密度的3～5倍。这个3～5倍一般是由全部零件面积与有效受镀面积的倍数来的。比如，全部零件面积是有效受镀面积的3倍，真实电流密度就是全部零件电流密度的3倍。

这样确定道理上是讲得通的，其等同于按有效受镀面积给电流。但问题是，全部零件面积与有效受镀面积的倍数是怎么来的？滚筒尺寸不同（从小到大或从粗短到细长）、装载量不同（从1/3～2/5）、开孔率不同（从3%～50%）等，有效受镀面积与全部零件面积的比值，即有效受镀面积比变化的跨度可能很大，且无规律可循，怎么能确定两者之间的倍数关系呢？所以这样确定全部零件电流密度是不准确的，是个估计值，实际应用时很难操作。

全部零件电流密度 D_K 通常由工艺给出，一般滚镀配方中的电流密度即指全部零件电流密度 D_K。表2-1和表2-2为部分商品酸性滚镀锌、滚镀镍工艺给出的 D_K 举例。

表2-1 部分商品酸性滚镀锌工艺给出的 D_K 单位：A/dm^2

上海永华CZ-03	厦门宏正921	武汉艾特普雷ATZ-818	武汉风帆
0.5～0.8	0.5～1.2	1～2	1～5

表2-2 部分商品滚镀镍工艺给出的 D_K 单位：A/dm^2

上海永华200#或300#	安美特630	杭州东方BNG	上海长征电镀厂
0.5～0.8	0.5～1	0.5～1	1.5～3

其实，商品滚镀工艺给出的电流密度一般比实际偏大。例如，一般商品酸性滚镀锌的电流密度为0.5～1.2A/dm^2，滚镀镍为0.5～1A/dm^2。而实际生产中，酸性滚镀锌的电流密度常常为0.3～0.8A/dm^2，而滚镀镍为0.2～0.5A/dm^2。

2. 影响D_K的因素

全部零件电流密度D_K给出后，在实际应用时会受到滚筒尺寸、大小、装载量、开孔率、零件规格品种等诸多因素的影响。这些因素不同，有效受镀面积比的变化可能很大，因此全部零件电流密度D_K不能机械地采用某固定的数据，应根据情况适时进行调整或修正。

① 滚筒尺寸的影响　滚筒容积相同但尺寸不同，当装载相同数量的同一种零件时，其有效受镀面积比是不同的。一般细长滚筒比粗短滚筒有效受镀面积比大。所以相同数量的同一种零件（假设全部零件面积相同），在使用容积相同但尺寸不同的滚筒时（比如一个细长一个粗短），电流密度取值应适时变化或调整。

例如，六角形滚筒，滚筒450mm×ϕ180mm（细长些）与滚筒300mm×ϕ220mm（粗短些）容积同样约为9.5L，当装载相同数量的同一种零件时，滚筒450mm×ϕ180mm比滚筒300mm×ϕ220mm有效受镀面积比大，则滚筒450mm×ϕ180mm电流密度取值应大一点，而滚筒300mm×ϕ220mm应小一点。

② 滚筒大小的影响　滚筒大小不同，有效受镀面积比是不同的。滚筒越大有效受镀面积比就越小，反之就越大。所以在采用同一种工艺滚镀同一种零件时，根据使用的滚筒大小的不同，全部零件电流密度D_K的取值应该有所变化，而不能固定为某一数值。

例如，某规格螺丝滚镀锌，采用20kg滚筒时（此时零件重量为20kg）电流为150A。如果电流密度取值不变，采用40kg滚筒时（此时零件重量为40kg）电流应为300A，但实际仅为200A左右。因为采用这两种滚筒时，虽然全部零件面积变化一倍，但有效受镀面积并没有增加一倍，因此使用的电流变化一倍必然是不准确的。这时，使用的滚筒大，电流密度取值应小一点。反之应大一点。比如，使用20kg滚筒时电流密度可采用0.5A/dm^2，而使用40kg滚筒时可采用0.3A/dm^2。

③ 滚筒装载量的影响　同样一只滚筒，零件的装载量不同，其有效受镀面积比是不同的。一般装载量小比装载量大有效受镀面积比大，电流密度取值应大一点。比如，某滚筒装载同一种零件，装载1/3比装载1/2有效受镀面积比大，

则电流密度取值大。

④ 筒壁开孔率的影响　对于某固定的滚筒，在装载一定数量的零件时其全部面积是一定的。此时筒壁开孔率越高，有效受镀面积就越大，电流密度取值就应越大。比如，网孔滚筒的开孔率比其他滚筒大或大得多，有效受镀面积比大或大得多，电流密度取值就应大或大得多。

⑤ 零件规格品种的影响　不同规格（或品种）的零件在使用相同的滚筒时，其电流密度取值不应是相同的。因为此时全部零件面积可能差别很大，但有效受镀面积的差别却并非一样大，而电流实际是随有效受镀面积变化的，因此施加电流的差别也不能一样大。一般公斤面积大的零件电流密度取值应小一点，公斤面积小的零件应大一点。

例如，ϕ4mm 螺母（公斤面积约 20dm^2/kg）比 ϕ12mm 螺母（公斤面积约 10dm^2/kg）约大一倍，但其有效受镀面积却并非大一倍，因此施加的电流也不能大一倍。比如，假设电流密度同样采用 0.5A/dm^2，滚镀 ϕ4mm 螺母公斤电流为 10A，而滚镀 ϕ12mm 螺母公斤电流为 5A，大了一倍，这显然不符合实际情况。此时公斤面积大的 ϕ4mm 螺母电流密度取值应小一点，如 0.3～0.4A/dm^2，而公斤面积小的 ϕ12mm 螺母应大一点，如 0.6～0.7A/dm^2。

三、优缺点

1. 优点

① 这种方法至少从形式上实现了像挂镀一样通过数学计算方便、快捷地获得确切数据或调整电流，比较符合人们的习惯。比如，某零件滚镀锌，首先确定该零件的公斤面积，然后算出一滚筒该零件的全部面积，并根据自己的经验确定电流密度值（或商品工艺厂家提供参考数据），两者相乘即得该滚镀槽上需要施加的电流值。

② 避开了获得有效受镀面积的困难，因为获得全部零件面积要相对容易，比如可按图纸或测量计算获得，或如紧固件及板状冲压件等有数据或经验公式。

③ 当条件变化时，变化的因素在公式中得到体现，如公斤面积体现了滚筒大小、尺寸、装载量及零件等因素，电流密度体现了镀液因素，容易实现通过计算的方法获得数据或调整电流。因此这种方法既适于批量恒定的滚镀生产，也适于临时性或小批量的滚镀生产。

所以如果没有更科学、准确的滚镀电流密度控制方法，这种方法还是有一定优越性的，因而在目前的滚镀生产中应用较为广泛。

2. 缺点

① 关于全部零件面积　因为滚镀时实际只有表层零件受镀，而非全部零件受镀，将不受镀的零件也计入面积是不科学的。比如，采用 20kg 滚筒时（装载零件 20kg）电流为 150A，而采用 40kg 滚筒时（装载零件 40kg）电流应为 300A，但实际仅为 200A 左右，出入还是比较大的。

② 关于电流密度　这种方法的电流密度可由工艺给出，但也仅仅是个参考值，可能与实际出入较大，往往需要作出较大的修正。或由有效受镀面积比来确定，有效受镀面积比乘以真实电流密度就是要确定的全部零件的电流密度。真能如此，这种方法是科学的，相当于按有效受镀面积给电流。但受滚筒大小、尺寸、装载量、开孔率等多种因素的影响，有效受镀面积比可能变化很大，且无法获得其准确数值，这使实际操作变得困难，且计算结果不准确。所以这种方法仅仅从形式上实现了滚镀电流密度的定量控制，实际上名不副实。

第五节　科学的滚镀电流密度控制方法——按有效受镀面积计

科学的滚镀电流密度控制方法应该是按零件有效受镀面积计，并采用霍尔槽试验所确定的电流密度值。因为滚镀时只有部分零件受镀，而非全部零件受镀，所以按受镀零件上实际有电流作用部分的面积（即有效受镀面积）计入，所得滚镀槽上需要施加的电流才是科学的。这种方法将滚筒内零件的有效受镀面积计算出，然后乘以给定的电流密度，若不计滚筒内阴极导电装置的面积，即生产时所需要施加电流的大小，可按式(2-2) 确定。

一、有效受镀面积的确定

零件的有效受镀面积，指受镀零件上实际有电流作用部分的面积。一种比较笼统的有效受镀面积计算方法，是将其确定为全部零件面积的 20%～30%。这个百分比即有效受镀面积比，这大概相当于将真实电流密度确定为全部零件电流密度的 3～5 倍。但这样确定，在滚筒尺寸、大小、装载量、开孔率等因素发生变化后，有效受镀面积比随之改变，且以目前的几何知识无法准确获得有效受镀面积比的数值，则无法用这种方法准确地计算有效受镀面积。

所以，精确地推导有效受镀面积的计算公式是十分必要的。现以生产中应用最广泛的六角形滚筒为例来进行推导。需要说明的是，在推导时需要规定滚筒装载量，比如规定滚筒装载量为 1/2、2/5、1/3 等。

1. 六角形滚筒装载量为 1/2 时

滚镀时实际受镀的是表层零件，内层零件是不受镀的，所以推导过程只在表层零件部分进行。六角形滚筒在转动过程中，滚筒内的表层零件面积是周期性变化的，如图 2-5 所示。当滚筒从（a）转动到（b）位置时，表层零件面积从最大变到最小，当转回（a）位置时，又从最小变到最大……，周而复始。

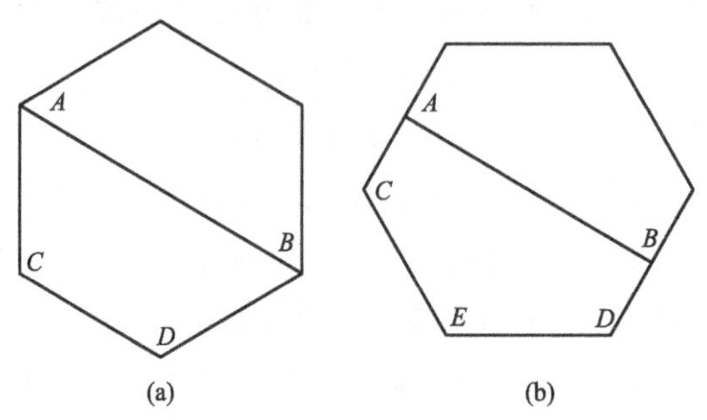

图 2-5　滚筒装载量为 1/2 时表层零件分布示意图

但这样无法获得表层零件的确切面积，而只能获得滚筒在某一位置时表层零件的瞬时面积。在所有瞬时面积中，只有图（a）和（b）两个特殊位置的面积具有简单的几何图形，便于用具体的数学公式表达出来，而其他位置则不易做到。表层零件面积等于表层零件横截面周长与滚筒长度 l 的乘积。（a）位置时表层零件横截面周长为 $AB+AC+CD+DB$，正好为五个滚筒（外接圆）半径即 $5r$，则此时的表层零件面积为 $5rl$。（b）位置时表层零件横截面周长为 $AB+AC+CE+ED+DB$，等于 $2\cos30^\circ r+3r\approx4.732r$，则此时的表层零件面积约为 $4.732rl$。

从计算结果看，两个位置的表层零件面积虽然不同，但差别不大，约 5%，与其他位置差别更小。而电镀时给定的电流密度范围较宽，完全可以抵消零件面积稍微变化对电流控制产生的不利影响。所以可以取以上任一位置的表层零件面积，作为滚筒装载量 1/2 时表层零件的面积。但考虑到取最大表层零件面积给定电流密度，施加的总电流也最大，这样在表层零件面积最小时可能因电流过大产生不利影响，如镀层烧焦或粗糙。而取最小表层零件面积给定电流密度，施加的总电流也最小，这样不会对其他位置产生什么影响，顶多电流小，镀速稍慢一点。所以这里取（b）位置表层零件的面积作为滚筒装载量 1/2 时表层零件的面积，可具体表达为：$S=(2\cos30^\circ r+3r)l=(1.732r+3r)l=4.732rl$。

然而 $S=(1.732r+3r)l$ 仅能表达滚筒装载量 1/2 时表层零件的平面面积，还需要经过两个参数的修正后，才能最终得到零件的有效受镀面积。

① 滚筒开孔率 μ 的修正　图（b）中除 AB 线部分表层零件（即表外零件）

完全与镀液接触外，其他部分表层零件（即表内零件）上只有孔眼部分面积与镀液实际接触。因此表内零件只有孔眼部分的面积才是有效的，它等于表内零件的面积乘以滚筒开孔率 μ，即 $3rl\mu$，则 $S=(1.732r+3r)l$ 应修正为 $S=(1.732r+3r\mu)l$。

② 复杂系数 a 的修正　即使 $S=(1.732r+3r\mu)l$ 也只表达了受镀零件上实际有电流作用部分的平面面积，仍非有效受镀面积。因为受镀零件不可能是完全的平面，而是坑洼不平的凹凸面。这个凹凸面才是受镀零件的真实面积，它比平面面积要大或大得多，因此有效受镀面积也比 $S=(1.732r+3r\mu)l$ 表达的面积要大或大得多。

为准确表达有效受镀面积计算公式，这里引入复杂系数的概念，用 a 表示，它说明滚筒内受镀零件的真实面积比平面面积大的程度。比如，某零件复杂系数为 2.5，说明该零件真实面积是平面面积的 2.5 倍。因此，将 $S=(1.732r+3r\mu)l$ 乘以复杂系数 a 才是最终的有效受镀面积。则当滚筒装载量 1/2 时，有效受镀面积计算公式可精确表达如式(2-13)：

$$S=(1.732+3\mu)arl \tag{2-13}$$

式中　r——滚筒（外接圆）半径或壁板宽度，dm；

l——滚筒长度，dm；

μ——滚筒开孔率，%；

a——复杂系数（>1）。

式(2-13) 中滚筒开孔率 μ 可通过对实际使用的滚筒进行测量并计算获得，或从滚筒生产厂家获得。复杂系数 a 一般根据经验获得。表面褶皱越多的零件复杂系数越大，如螺丝。相同种类的零件，规格越小复杂系数越大，如 ϕ5mm×10mm 螺丝的复杂系数大于 ϕ10mm×20mm 螺丝。带有平面状的零件复杂系数相对较小，且零件上平面面积越大（如垫圈），复杂系数就越小。孔隙大的零件表层零件厚度大，复杂系数大，如鱼钩、二极管等。滚镀生产中常见零件的复杂系数可参考表 2-3。

表 2-3　滚镀生产中常见零件的复杂系数

螺丝、螺母等螺纹状零件	球形零件或无螺纹的杆状、柱状零件(如铁钉)等	板状冲压件
2.4～2.6	2.1～2.3	1.8～2.0

注：表中未涉及零件的复杂系数，可参考表中的零件及数据酌情增减。

2. 六角形滚筒装载量不足 1/2 时

滚筒装载量不足 1/2 时，生产中常用的装载量为 2/5 或 1/3。先来看一下装载量 2/5 时的情况，如图 2-6 所示。这时仍像装载量 1/2 时一样，取表层零件面积最小的（b）位置，来推导有效受镀面积计算公式。此时，滚筒内零件的堆积体积 $V_1=\frac{(AC+EG+GF)AF}{2}\times 2l$，已知 $CE=r$，$EG=\sin30^{\circ}r$，$AF=\cos30^{\circ}r$，设 $AC=GF=X$，则 $V_1=\left(2X+\frac{1}{2}r\right)\cos30^{\circ}rl$。

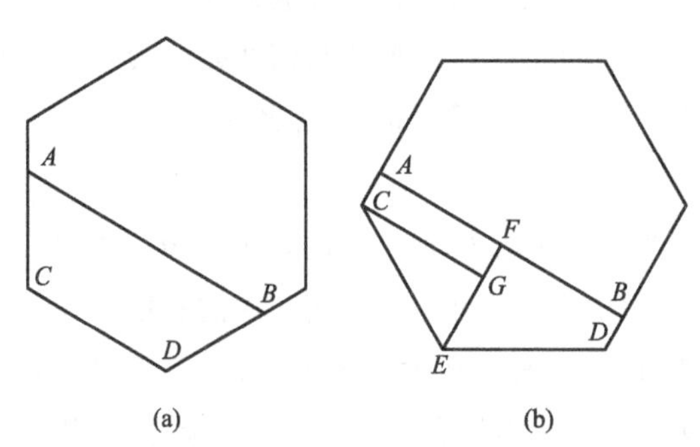

图 2-6　滚筒装载量不足 1/2 时表层零件分布示意图

整个滚筒的容积为 $V=3\cos30^{\circ}r^2l$，则 $\frac{V_1}{V}=\frac{\left(2X+\frac{1}{2}r\right)\cos30^{\circ}rl}{3\cos30^{\circ}r^2l}=\frac{2}{5}$，由此推导出 $X=0.35r$。表层零件的平面面积 $S=(AB+AC+CE+ED+DB)l=(1.732r+2.7r)l$，将其做滚筒开孔率 μ 及复杂系数 a 修正后，得到滚筒装载量 2/5 时有效受镀面积精确计算公式为 $S=(1.732+2.7\mu)arl$。

根据同样的方法，可推导出滚筒装载量 1/3 时有效受镀面积的精确计算公式为 $S=(1.732+2.5\mu)arl$。其实，滚筒装载量 1/3 时表层零件的平面面积，（b）位置要大于（a）位置，但差别很小。（b）位置为 $4.232rl$，（a）位置为 $4.196rl$。这样小的差别足可以忽略，因此实际操作时无论取哪个位置，均不至于对电流控制产生不利影响。因为取（b）位置推导过程相对简单，则取（b）位置推导的结果为零件有效受镀面积精确计算公式。为便于比较，现将不同装载量时两种位置表层零件的平面面积列于表 2-4。

表 2-4　六角形滚筒不同装载量时两种位置表层零件的平面面积

滚筒装载量	(a)位置	(b)位置
1/2	$(2r+3r)l=5rl$	$(1.732r+3r)l\approx 4.732rl$
2/5	$(1.844r+r+2\times 0.844r)l\approx 4.532rl$	$(1.732r+2.7r)l\approx 4.432rl$
1/3	$(1.732r+r+2\times 0.732r)l\approx 4.196rl$	$(1.732r+2.5r)l\approx 4.232rl$

3. 圆形滚筒时

圆形滚筒目前生产中已很少使用，这里仅给出其有效受镀面积计算公式结果，可在用到圆形滚筒时作为参考，但详细推导过程不再多述。另外，与六角形滚筒在转动过程中表层零件面积的不断变化不同，圆形滚筒的表层零件面积是不变的，无最大、最小或其他瞬时面积之分。当规定滚筒装载量时，圆形滚筒的有效受镀面积精确计算公式为：①滚筒装载量 1/2 时，$S=(2+\pi\mu)arl$；②滚筒装载量 2/5 时，$S=(1.975+2.8\mu)arl$；③滚筒装载量 1/3 时，$S=(1.927+2.6\mu)arl$。

4. 振动电镀时

与使用圆形滚筒一样，振动电镀的表层零件面积也是不变的，且无装载量规定。振动电镀的有效受镀面积精确计算公式如式(2-14) 所示：

$$S=\pi\alpha\left[(1+\mu)(r_1^2-r_2^2)+2r_1h\mu\right] \tag{2-14}$$

式中 S——振动电镀有效受镀面积，dm^2；

r_1——振筛外圆半径，dm；

r_2——振筛内圆半径，dm；

h——零件厚度，dm；

μ——筛底、筛壁开孔率，%；

a——复杂系数（>1）。

综合以上推导结果，可得滚镀的有效受镀面积精确计算公式列表，如表 2-5 所示。

表 2-5 滚镀的有效受镀面积精确计算公式

滚筒装载量	六角形滚筒	圆形滚筒	振动电镀
1/2	$(1.732+3\mu)arl$	$(2+\pi\mu)arl$	$S=\pi\alpha\left[(1+\mu)(r_1^2-r_2^2)+2r_1h\mu\right]$
2/5	$(1.732+2.7\mu)arl$	$(1.975+2.8\mu)arl$	
1/3	$(1.732+2.5\mu)arl$	$(1.927+2.6\mu)arl$	

注：表中 r 为滚筒半径（dm），六角形滚筒时 r 为滚筒内对角的 1/2 或壁板宽度；l 为滚筒长度（dm）；μ 为滚筒开孔率（%）；a 为复杂系数（>1）。

二、电流密度的确定

挂镀允许使用的电流密度范围是通过霍尔槽试验来确定的，但目前尚无能够确定滚镀电流密度范围的霍尔槽试验。采用按有效受镀面积计的方法，给定的是真实电流密度，这时理论上应该可以使用挂镀的电流密度，即一般工艺配方中给定的电流密度。但是：①滚镀件的受镀是在封闭状态下进行的；②使用的设施（主要是滚筒）不同，其封闭状态也不同；③即使封闭状态相同，表外零件与表内零件的受镀条件也不同，表内零件所承受的电流密度可能远远大于表外零件。

所以，此时实难采用常规的霍尔槽试验来确定滚镀的电流密度范围。而目前所谓的滚镀用霍尔槽试验主要用于处理镀液故障或其他，却无法用于确定电流密度范围。

但是这种方法给定的电流密度可以参考挂镀来确定。比如，当使用的筒壁开孔率不是很低时，氯化钾滚镀锌可取 2～3A/dm^2，滚镀亮镍可取 2～4A/dm^2。目前来看，这样确定基本是合适的。但是与挂镀相比，虽然都是有效受镀面积，挂镀是完全敞开的，而滚镀是封闭的，尤其不能只考虑筒壁开孔率，还应考虑壁板厚度的重要影响。因此，滚镀阴极区域的金属离子浓度会低或远低于挂镀，电流密度上限也会低或远低于挂镀，则这种方法给定的电流密度应尽可能取挂镀范围的低值。例如，某工艺挂镀的电流密度范围为 1～5A/dm^2，滚镀时可取 1～3A/dm^2。否则在 t_2 阶段，即运行至表内零件位置时，可能因孔眼处瞬时电流密度过大而使镀层烧焦产生“滚筒眼子印”。

以下确定滚镀电流密度上限的方法可供参考：

$$D_{K2}=\mu D_{K1} \tag{2-15}$$

式中 D_{K2}——滚镀的电流密度上限，A/dm^2；

D_{K1}——挂镀的电流密度上限，A/dm^2；

μ——滚筒开孔率，%。

这种方法仅考虑了滚筒开孔率的影响，实际（从设施角度讲）影响滚镀电流密度上限的确切因素是滚筒透水性。而影响滚筒透水性的因素除开孔率外，壁板厚度也很重要。这种方法没有将壁板厚度的因素包含进去。因为滚筒的差别（如圆孔滚筒、方孔滚筒、网孔滚筒等），壁板厚度难以像筒壁开孔率一样量化。且即使量化也难以确定其与电流密度上限的关系，这可能需要大量的试验来确定，因此目前尚无法将其在以上关系式中体现。不包含壁板厚度的因素，计算结果未免有偏差，具体应用时应根据情况修正或调整。至于电流密度下限，因滚镀给电流的原则是，在不超过上限的前提下尽可能使用大电流，一般可以不考虑。

三、应用举例

例 1：一种 ϕ2.2mm 铁钉氯化钾滚镀锌

采用 650mm×ϕ400mm 六角形滚筒，滚筒孔径 ϕ2mm，开孔率 20%；

因铁钉尺寸不大，复杂系数可取 2.3；

当滚筒装载量为 1/3 时，$S=(1.732+2.5\mu)arl=(1.732+2.5\times20\%)\times2.3\times2\times6.5\approx66.7(dm^2)$；

则 $I=SD_K=66.7dm^2\times3A/dm^2\approx200A$，这与生产中的情况基本相符。

例 2：一种 ϕ10mm 左右的钕铁硼磁片滚镀镍

采用 280mm×ϕ170mm 六角形滚筒，滚筒孔 2mm×2.5mm，开孔率 27%；

因每滚筒装载磁片及钢球各一半，零件复杂系数可取 2.1；

当滚筒装载量 1/3 时，$S=(1.732+2.5\mu)arl=(1.732+2.5\times27\%)\times2.1\times0.85\times2.8\approx12(dm^2)$；

则 $I=SD_K=12dm^2\times2.5A/dm^2\approx30A$，计算结果与生产中的实际情况较吻合。

例 3：一种铁垫圈氯化钾滚镀锌

采用 380mm×ϕ240mm 滚筒，滚筒孔径 ϕ2.5mm，开孔率 25%；

铁垫圈为典型的片状零件，复杂系数可取 1.8；

当滚筒装载量 1/3 时，$S=(1.732+2.5\mu)arl=(1.732+2.5\times25\%)\times1.8\times1.2\times3.8\approx19(dm^2)$；

则 $I=SD_K=19dm^2\times2.5A/dm^2\approx48A$，计算结果与生产中的实际情况较吻合。注：片状零件易贴壁，电流密度取值应适当小一点。

生产中常见的螺丝、垫圈滚镀锌、滚镀镍，采用常见的几种规格滚筒，当滚筒装载量 1/3 时，根据有效受镀面积计算公式，计算得到每只滚筒上需要施加的电流如表 2-6 所示。

表 2-6 滚筒装载量 1/3 时几种规格滚筒需要施加的电流

滚筒尺寸/mm	滚筒开孔率/%	镀件有效受镀面积/dm^2		计算所得的电流/A			
				氯化钾滚镀锌		滚镀亮镍	
		螺丝($\alpha=2.5$)	垫圈($\alpha=1.8$)	螺丝	垫圈	螺丝	垫圈
120×ϕ65	15	2.1	1.5	6.3	4.5	5.3	3.8
170×ϕ90	15	4	2.9	12	8.7	10	7.3
280×ϕ120	23	9.7	7	29.1	21	24.3	17.5
280×ϕ170	23	13.7	9.9	41.1	29.7	34.3	24.8

续表

滚筒尺寸/mm	滚筒开孔率/%	镀件有效受镀面积/dm^2		计算所得的电流/A			
				氯化钾滚镀锌		滚镀亮镍	
		螺丝(α=2.5)	垫圈(α=1.8)	螺丝	垫圈	螺丝	垫圈
380×ϕ240	23	26.3	18.9	78.9	56.7	65.8	47.3
550×ϕ280	25	45.4	32.7	136.2	98.1	113.5	81.8
600×ϕ320	25	56.6	40.7	169.8	122.1	141.5	101.8
600×ϕ370	25	65.4	47.1	196.2	141.3	—	—
650×ϕ400	25	76.6	55.2	229.8	165.6	—	—

注：给定的电流密度为氯化钾滚镀锌取 3A/dm^2，滚镀亮镍取 2.5A/dm^2。

表中几种规格滚筒的计算结果与生产中每只滚筒上需要施加的电流较吻合，说明计算公式基本正确，采用这种方法可指导滚镀生产时对电流的控制。

四、优缺点

1. 优点

这种方法除具备按全部零件面积计的优点外，主要是弥补了其科学性不足的缺点，表现在以下几方面。

① 滚镀时只有部分零件受镀，而非全部零件受镀，因此按有效受镀面积计是合理的。不管滚筒尺寸、大小、装载量、开孔率等如何变化，根据有效受镀面积精确计算公式求得零件的实际受镀面积，再乘以给定的电流密度，所得滚镀槽上需要施加的电流是科学的。

例如，假设滚镀锌采用 20kg 滚筒时（装载零件 20kg）电流为 150A，那么按镀件有效受镀面积计的方法，使用 40kg 滚筒时（装载零件 40kg）计算所得电流约 200A，这与实际情况比较相符。

② 对影响滚镀电流变化的因素考虑得最周全，如滚筒尺寸、大小、装载量、开孔率等均在公式中体现，则这些因素变化后的电流均可通过公式计算得到。而按全部零件面积计的方法，有些因素典型的如滚筒开孔率，是不在公式中体现的，因此变化后的电流不能通过公式计算得到。

例如，假设例 1 的滚筒开孔率由 20%变为 40%，则 $S=(1.732+2.5\mu)arl=(1.732+2.5\times40\%)\times2.3\times2\times6.5\approx81.7$（$dm^2$）。可见，滚筒开孔率增大后，受镀面积由 66.7$dm^2$ 相应增加为 81.7dm^2。而按全部零件面积计的方法，滚筒开孔率变化后，是无法通过公式得到变化后的电流的。

③ 因为这种方法给定的电流密度为真实电流密度，所以参考挂镀的电流密度范围来确定滚镀的范围基本是正确的。而按全部零件面积计的方法，其工艺给出的电流密度范围似乎“来历不明”，且按有效受镀面积比确定电流密度也是“大概其”结果，均科学性不足。

2. 缺点

① 上文推导（滚筒装载量 1/2 时）有效受镀面积 $S=(1.732r+3r\mu)l$ 时，其表达的受镀零件上实际有电流作用部分的平面面积仍是精确的，但做复杂系数 a 修正后，出现不同程度的偏差。因为目前 a 尚不能通过精确计算或科学试验获得，而只能根据经验获得，其精确度难免受到质疑，经其修正后的镀件有效受镀面积难免存在偏差。所以如何使 a 更精确是这种方法完善与否的关键所在。

② 这种方法的 D_K 是参考挂镀的电流密度来确定的，其上限比挂镀低，但低多少目前尚不能通过确切方法获得，而只能根据经验获得。

③ 采用这种方法需要规定滚筒装载量，因为不同的装载量对应不同的公式，无法采用统一的公式表达所有装载量下的零件有效受镀面积，不能像按全部零件面积计一样“单元化”。这也是一个麻烦。因为生产中严格控制滚筒装载量是有难度的，比如很多时候零件的品种多、批量小，使用随意性强的手工线等，这可能会增加管理的成本。

按有效受镀面积计的方法为滚镀电流密度的定量控制提供了一个全新的思路，其根据有效受镀面积及霍尔槽试验确定的电流密度给电流，是科学、合理的。它通过在滚镀生产中的具体运用，虽不能说计算结果完全精确，但准确性胜于其他方法。如果能够通过精确计算或科学试验确定复杂系数 a 的数据，将使这种方法更加完善、实用。

第六节 简易的滚镀电流密度控制方法——按筒计

目前来看，按全部零件面积计和按有效受镀面积计两种方法的计算结果均可能有不同程度的偏差，需要经过生产实践修正或调整。大致是，先施于计算所得的电流，发现镀层烧焦或粗糙，说明电流过大超过上限，应下调；发现镀速慢、镀层亮度差、低电流密度区镀层质量差等，说明电流小或过小，应逐步上调至镀层产生烧焦或粗糙为止；如果镀层质量较好，说明电流在合适的范围内，但也要试着逐步上调至镀层产生烧焦或粗糙为止。

总之，对计算结果多次进行修正或调整的目的是摸索出在当前体系下允许使用的电流上限（一般为镀层产生烧焦或粗糙时的电流）：一是在不超过上限的前提下尽可能使用大电流生产，二是作为体系内有因素发生变化时的参考。体系内的因素主要包括滚筒尺寸、大小、装载量、开孔率、零件规格品种、镀液性能等。

例 1：采用按全部零件面积计的方法——氯化钾滚镀锌

零件为一种 ϕ5mm×10mm 铁螺丝，公斤面积约 11dm^2/kg。使用滚筒 280mm×ϕ170mm，圆孔，孔径 ϕ2.5mm，开孔率 25%。装载零件 5kg（此时滚筒装载量 1/3），全部零件面积 55dm^2。

电流密度取 0.5A/dm^2、1A/dm^2 两次。电流密度 0.5A/dm^2 时计算所得电流为 27.5A，电流密度 1A/dm^2 时计算所得电流为 55A。根据上文方法，试验测得 27.5A 偏小，55A 偏大，大概 45A 为极限电流（即电流上限），则在当前体系下电流密度上限为 45/55≈0.8A/dm^2。

在滚筒各因素（包括尺寸、大小、装载量、开孔率等）不变的前提下，在随后遇到相同或相近零件时，可参考 45A 给电流。一般是，在不超过 45A 的前提下尽可能使用大一点的电流。另外，在镀液性能变化时，如主盐浓度低、添加剂缺乏等，应及时调小电流。

例 2：采用按有效受镀面积计的方法——氯化钾滚镀锌

零件、滚筒、零件数量等与例 1 相同。因零件为小规格螺丝，复杂系数 a 可取 2.6。此时的有效受镀面积为 $S=(1.732+2.5\mu)arl=(1.732+2.5\times25\%)\times2.6\times0.85\times2.8\approx15(\mathrm{dm}^2)$。

电流密度取 2A/dm^2 时计算所得电流为 30A。同样根据上文方法，试验测得 30A 偏小，然后摸索出此时的电流上限为 45A，则在当前体系下电流密度上限为 3A/dm^2。这样的话，在随后遇到相同或相近情况时，可参考 45A 给电流。

从例 1 和例 2 中可以看出，不管是采用按全部零件面积计，还是按有效受镀面积计，都有可能对计算结果进行修正或调整，最后得到允许使用的电流上限。然后，在随后遇到相同或相近的情况时，参考该电流上限给电流。这时为省却计算的繁琐，快速地投入生产，往往会用到一种简易的滚镀电流密度控制方法——按筒计，即按滚筒给电流。比如，普通紧固件酸性滚镀锌，采用一种载重量 50kg 的滚筒，电流常常控制在 160～250A/筒，采用 20kg 的滚筒，常常控制在 100～150A/筒，而滚镀镍时采用 20kg 的滚筒，电流常常控制在 80～120A/筒。现将生产中常用的滚筒在滚镀锌、滚镀镍时需要控制的电流大小列于表 2-7。

表 2-7 常用滚筒在滚镀锌、滚镀镍时须控制的电流大小

滚筒载重/kg 镀种	0.5	1	3	5	10	20	30	40	50
滚镀锌/(A/筒)	3～5	6～12	20～30	35～45	50～80	100～150	120～180	140～220	160～250
滚镀镍/(A/筒)	3～5	5～10	15～25	30～35	45～65	80～120	100～150	—	—

注：1. 表中滚筒大小仅简单地以载重量表达，且此时的载重量为普通紧固件占滚筒容积 1/3 左右时的重量。

2. 表中滚镀锌为酸性镀锌，滚镀镍为光亮镀镍，滚镀其他镀种可参考此表适当增减。滚镀贵金属电流有较大幅度降低。例如，光亮氰化滚镀银采用载重量 5kg 滚筒时电流为 15～20A/筒，而滚镀金仅为 6～7A/筒。

3. 表中所列均为经验数据，因生产中的情况多种多样、千变万化，且不同的人有不同的经验，所以此表仅作为一种参考。

4. 表中所列仅以滚筒大小来确定需要控制电流的大小，但同时还应考虑滚筒装载量、开孔率、长度直径比、镀件及镀液等众多因素的影响，当这些因素变化时，电流也应随之适当变化。

按筒计是电镀工作者在长期生产实践中摸索出的一种简易的滚镀电流密度控制方法，它虽然缺乏理论上的依据，但由于是从大量的实践经验中总结得出的，所以往往能够起到较好的作用。它的优点是，避免了确定零件面积（包括全部零件面积和有效受镀面积）的困难，很多时候能够快速地投入生产，尤其适合批量恒定的滚镀生产。缺点是，需要大量的经验，否则在影响滚镀电流的其他因素，如滚筒尺寸、大小、装载量、开孔率、镀件规格品种、镀液性能等变化后，可能会不知所措，这对从业不深者是个考验。其实，即使按全部零件面积计或按零件有效受镀面积计，也有优缺点，目前尚无一个十全十美的滚镀电流密度控制方法，生产中可能会三种方法并用，共同承担滚镀电流密度定量控制的“老大难”任务。

第七节 滚镀电流开不大的绊脚石——“滚筒眼子印”

不管滚镀还是挂镀，镀槽上给电流的原则是，在不产生其他影响的前提下，应尽可能使用大的电流密度。因为电流密度大，最直接的好处就是镀速快，施镀时间短，生产效率高。其次，镀层致密度高、亮度好、低电流密度区镀层质量好等。但是电流密度达到上限后，便应止步，否则镀层会烧焦或粗糙，质量恶化。显然，这个上限制约了电镀使用大的电流密度，影响了诸多好处的获得。

挂镀的电流密度上限很好判别，常常表现为零件高电流密度区镀层发黑、粗糙、疏松或呈结瘤状等烧焦现象。滚镀电流密度达到或超过上限后镀层也会烧焦，但其表现与挂镀有很大的不同，通常是镀层表面出现“滚筒眼子印”。正是“滚筒眼子印”的存在，制约了滚镀使用大的电流密度，既影响镀速，又影响低

电流密度区镀层质量，使得滚镀的结构缺陷加剧。所以，称“滚筒眼子印”为滚镀电流开不大的绊脚石，实不为过。

一、什么是“滚筒眼子印”

“滚筒眼子印”指滚镀，尤其在使用圆孔滚筒时，零件表面镀层上出现的颜色或组织等与其他部位迥异、外形与滚筒孔眼极其类似的斑点。“滚筒眼子印”几乎是滚镀生产中最常见、也是最令电镀工作者头疼的一种镀层故障。它顽劣而不易消除，且没有一定的规律性。同一滚筒内有的零件有，有的零件没有；同一零件上可能出现在高电流密度区，也可能出现在低电流密度区；有时一出槽就有，有时刚出槽没有（或较轻），钝化（或出光）后有，有时刚出槽较轻，钝化（或出光）后消失。它可能出现在酸性镀液中，也可能出现在碱性镀液中；可能出现在简单盐镀液中，也可能出现在络合物镀液中。总之，它可能出现在大多数镀种的镀层中，其中尤以滚镀锌、镍及锌铁合金等最突出。

1. “滚筒眼子印”的外在表现

“滚筒眼子印”的外在表现通常有镀层“黑斑”“白点”及“亮斑”等几种形式。其中以镀层“黑斑”在滚镀生产中最常见，“症状”也最典型，其次为镀层“白点”，而镀层“亮斑”相对于“黑斑”或“白点”比较少见。

① 镀层“黑斑”　指滚镀生产中在使用圆孔滚筒，尤其滚镀锌或滚镀镍时，经常可遇到的光亮镀层表面出现的一种与滚筒孔眼外形（如形状和大小）极其类似的黄黑色或灰黑色斑点。镀层“黑斑”有时表现为暗点子，呈长椭圆形或不规则的弥散状块斑，棕色带彩色；有时表现为明点子，尺寸相对较小，呈黑色或灰黑色，清晰可见。

② 镀层“白点”　当“黑斑”不严重时会呈现出雾白斑状，或白色、灰白色圆点状，俗称“白点”。“白点”部位镀层粗糙，光亮度稍暗，严重时表现为与滚筒孔外形相似的凸起，与其他部位细致、光亮的镀层形成明显差异。

③ 镀层“亮斑”　镀层“亮斑”与“黑斑”或“白点”均表现出相反的“症状”，其“眼子印”部位镀层不是比其他部位“发黑”或“发白”，而是更光亮或色泽更正常。

“滚筒眼子印”部位的镀层与其他部位存在差异，无论轻重，至少是一种外观质量问题。并且镀层结晶粗糙，结构疏松，是一种明显的不合格镀层。

2. “滚筒眼子印”的外部特征

总结以上所列“滚筒眼子印”的几种外在表现，发现不管哪种形式均符合以下两个外部特征。

①“眼子印”部位镀层颜色或组织等与其他部位迥异　比如，“眼子印”部位镀层为黑色或白色，而其他部位为正常颜色；“眼子印”部位镀层粗糙、光亮度差，而其他部位细致、光亮；“眼子印”部位镀层光亮，而其他部位亮度差等。所以，“滚筒眼子印”实际是镀层外观不均匀的一种特殊表现，它不仅严重影响镀层的外观质量，其疏松、粗糙的组织结构对镀层防腐或其他性能也会产生较大的影响。

②“眼子印”外形与滚筒孔眼极其类似　比如，普通螺母氯化钾滚镀锌，假如采用的圆孔滚筒孔径为 $\phi 2.5mm$，螺母外部平面上的镀层“黑斑”也几乎为圆形，大小约 $\phi 2.5mm$。其他带有平面状的零件（如垫圈、自动合页等冲压件）与螺母情况大致相同。但带有曲面状的零件（如钢球、圆柱零件等）其镀层“黑斑”一般比圆孔孔径稍大，形状为近似圆形或长椭圆形。近似程度与圆孔孔径有关，孔径越小近似程度就越大。“滚筒眼子印”的这种外部特征具有非常典型的意义，它为我们搞清楚“滚筒眼子印”产生的原因提供了一定的线索和依据。

二、“滚筒眼子印”溯源

“滚筒眼子印”部位的镀层，无论从外观还是结构上讲，实际是一种不合格镀层，而其他部位镀层是合格的。为什么会这样呢？“滚筒眼子印”从外部特征上看，其外观与正常镀层有差异（如发黑），其结构粗糙、疏松等，实际是一种镀层烧焦。

1. 镀层为什么会烧焦

一般当使用的电流密度超过工艺所能承受的上限时，零件高电流密度区镀层会发生烧焦。其根本原因是阴极表面微区产生较大的浓差极化所致，但不同镀液烧焦现象的形成原因各不相同。

① 弱酸性简单盐镀液　比如酸性镀锌、硫酸盐镀镍等。当电流密度在正常范围内时，阴极上金属的还原、溶液中金属离子的补充会有条不紊地进行。但随着电流密度逐渐增大，金属离子的补充速度越来越跟不上其阴极反应消耗的速度，造成析氢量越来越大，电流效率下降，阴极表面微区 pH 值上升，溶液碱化。当电流密度超过上限时，阴极表面析氢猛增，电流效率急剧下降，产生较大的浓差极化，溶液严重碱化，结果使阴极表面微区金属离子形成氢氧化物或碱式盐沉淀夹附在镀层中，造成镀层粗糙、疏松、发脆、发黑或呈海绵状等，即俗称的烧焦现象。此时，滚镀烧焦典型的表现为产生镀层“黑斑”，而“白点”一般

认为是电流密度超限不大所造成的稍轻一些的烧焦。

② 碱性络合物镀液　比如碱性镀铜、镀仿金、镀锌等。当电流密度过大时，阴极表面微区金属离子浓度降低过多，电流效率下降过大，产生较大的浓差极化。而消耗的金属离子又不能及时补充，造成阴极表面吸附原子数量过少，使原有晶体的成长速度远大于新晶核的形成速度。即为数不多的吸附原子更容易在原有晶核或生长点上快速长大，或者说更容易在金属离子容易扩散到达的那个方向成长，而不易聚集形成新晶核，所获镀层往往呈粗糙、海绵状或呈结瘤、树枝状的烧焦现象。此时，滚镀烧焦常常表现为“眼子印”部位镀层与其他部位相比粗糙，色泽不一致。但电流密度超限过多时，“眼子印”部位镀层也会呈现出“黑斑”现象。

③ 强酸性镀液　比如硫酸镀锡、硫酸镀铜等。这种镀液电流效率极高，电镀时阴极表面极少析氢，甚至不析氢。这时产生的烧焦现象一般解释为，电流密度过大时水合金属离子来不及脱水即沉积到阴极表面，从而阻碍了晶体的正常生长所致。比如，硫酸滚镀锡的镀层“黑斑”或“白点”即属于这种情况。

但是，滚镀烧焦为什么常常表现为与滚筒孔眼极其类似的“滚筒眼”之“印”呢?

2. 为什么是“滚筒眼”之“印”

这是个很有意思的问题。在滚镀零件运行至 t_2 阶段，即表内零件位置时，滚筒外导电离子迁移至孔眼处受阻聚集。聚集的“离子束”增大了从狭窄孔道进筒的电流，巨大的电流作用在孔眼内壁零件狭小的表面上，增大了该部位的电流密度，称之为瞬时电流密度。显然，瞬时电流密度较大，当大到超过工艺所能承受的上限时，电流效率急剧下降，零件表面微区金属离子严重匮乏，随即造成该部位镀层烧焦。因为“离子束”被限定在孔道的范围内，自然而然，孔道是什么形状，烧焦就是什么形状，所以才会是“滚筒眼”之“印”。比如，圆形水管流出的水柱只能是圆的，而不可能是方的。

并且零件越挨近孔眼内壁的部位，烧焦痕迹越接近于孔眼形状。所以尤其极易“贴壁”的平面状零件（如垫片等）“滚筒眼”之“印”会相对明显，且“印”迹部位不分高低区。而相互之间空隙比较大的零件，因离孔眼口部的“高危区域”相对远，“滚筒眼”之“印”不明显，且“印”迹比较青睐零件的高电流密度区。比如，水龙头流出的水柱，越接近口部“力量”越大、越有形，越远离口部越弥散、越不成形。

而在 t_3 阶段，即表外零件位置时，虽然“离子束”也会受阻而聚集，但因孔眼部位离零件较远，聚集的“离子束”进筒后会逐渐分散开来，等作用在零件表面时，已是“强弩之末，势不能穿鲁缟”了。所以，表外零件一般是不会烧焦的，更不会形成“滚筒眼”之“印”。假设把滚筒内的全部零件看作一个零件，表外零件是滚镀的远阴极部位，或零件的中、低电流密度区，相当于挂镀的挂具中心部位的零件，镀层沉积安全、平稳、连续，是比较理想的区域。

综上所述，“滚筒眼子印”是滚镀时因电流密度超限而主要发生在表内零件部位的一种镀层烧焦现象。超限程度不同，“滚筒眼子印”的表象也不同。超限不大时，滚镀锌、镍、锡及锌铁合金等表现为“白点”现象，滚镀碱铜、铜合金等表现为粗糙、色泽不一致，或与滚筒孔眼外形相似的凸起等；而当超限过大时，不管是哪种镀层，一般均表现为“黑斑”现象。“滚筒眼子印”制约了滚镀使用大的电流密度，是滚镀电流开不大的“绊脚石”，危害极大。必须对“滚筒眼子印”说不，以利于使用大的电流密度，提高镀层质量和生产效率。

三、对“滚筒眼子印”说不

根据上文所述，“滚筒眼子印”形成主要在 t_2 阶段表内零件部位，步骤大致为：①滚筒外导电离子迁移至孔眼处受阻聚集；②瞬时电流密度增大；③电流效率急剧下降，金属离子严重匮乏而烧焦。所以，对“滚筒眼子印”说不，应抓住其问题产生的原因，对症下药，从根本上杜绝“滚筒眼子印”现象的发生。

1. 改善滚筒封闭结构，减小瞬时电流密度

与挂镀相比，滚镀零件与阳极之间多了一道滚筒壁板的障碍，这道障碍常常被称作滚筒的封闭结构。因此，滚筒外导电离子迁移至孔眼处时必然受阻聚集，瞬时电流增大。较大的瞬时电流施加在滚筒内壁孔眼处狭小的零件表面上，造成该处镀层烧焦产生“滚筒眼子印”。比如，高速公路行至收费站时，车多聚堆、收费点少就会增大车流密度，造成塞车。

从槽外控制的角度入手，打破或改善滚筒的封闭结构，使导电离子迁移进筒的阻力减小，则导电离子聚集程度减轻，瞬时电流减小。或增加承受较大电流的零件面积，瞬时电流小，受镀面积大，瞬时电流密度必然减小。比如，高速公路增加收费点、提高收费效率等，车流密度减小，塞车便会减轻。改进筒壁开孔、向滚筒内循环喷流、采用振动电镀等均是打破或改善滚筒封闭结构的有效措施。

① 改进筒壁开孔　目前来看，效果显著且实用的改进筒壁开孔的方式有方孔和网孔。两种方式均从开孔率和壁板厚度角度大大改善了滚筒透水性，减小导电离子进筒的阻力，聚集程度减轻，瞬时电流密度减小。比如开孔率，常规情况

下，圆孔滚筒一般为25%以下，方孔滚筒为25%～30%，而网孔滚筒往往可达40%以上。在壁板厚度方面，尤其网孔滚筒的网壁极薄，透水性得到极大的改善，这种优势在与开孔较小的圆孔滚筒比较时尤为明显。

比如，滚镀某细小零件，使用外孔ϕ1.8mm内孔ϕ1.0mm的圆孔滚筒，镀层达到一定的厚度需要1h。而使用网孔滚筒，在电流不变的情况下，达到相同厚度仅需0.5h。说明离子受阻减轻使电流效率提高了一倍，有效遏制了“滚筒眼子印”的产生。所以网孔滚筒在轻微、细小、薄壁、高品质要求的零件滚镀中得到了较好的应用。并且在网孔滚筒的耐磨性大大改善后，适用范围不断扩大，尤其钕铁硼网孔滚筒并不限于细小零件，很多时候用于普通尺寸的零件，对防止“滚筒眼子印”、提高镀层质量等起到了重要的作用。

另外，滚筒开孔率提高后，承受较大瞬时电流的零件面积增加，也会使瞬时电流密度减小。比如，ϕ2mm圆孔若改进为2mm×2mm方孔，圆孔周边的无效面积被利用，单孔开孔率提高，零件上受镀部分的面积增加，同时壁板强度基本不受影响。“倒喇叭孔”虽然开孔率没有增加，内外孔方向颠倒后，零件上承受相同瞬时电流作用的面积增加，则瞬时电流密度减小，因此对防止“滚筒眼子印”起到了较好的作用。在滚筒内壁设置许多微小凸起、凹凸、沟槽等，尤其可防止平面状零件“贴近”孔眼部位，虽然开孔率没有增加，但零件上的实际受镀部位面积增加了，“滚筒眼子印”现象大大减少。

② 向滚筒内循环喷流　即将滚筒外的新鲜溶液强制打入滚筒内，以及时补充滚镀过程中消耗的金属离子，从侧面角度使导电离子进筒的阻力减小，“滚筒眼子印”得到有效缓解。比如，采用载重量20kg的圆孔滚筒氯化钾滚镀锌，滚筒开孔率约23%。滚镀普通标准件，一般电流最大可开到120～130A，再大容易出现“滚筒眼子印”；而增加喷流后，电流可开到约180A，甚至更大。

③ 采用振动电镀　振动电镀的盛料装置——振筛料筐是敞开的，料筐外金属离子向料筐内补充时不受任何阻挡，导电离子迁移的阻力荡然无存，“滚筒眼子印”的形成失去条件。

例如，采用CZD-250型振镀机做振镀锌试验，镀件为ϕ5mm铁垫圈，重量约2kg。电镀开始后直接将电流开至50A，15min后夹取零件抽测，镀层全光亮且无任何瑕疵。为使试验更准确，将电镀时间延长至30min，出槽后零件无一例“滚筒眼子印”现象。但若采用载重量2kg的圆孔滚筒滚镀机做同样试验，电流最大只能开到约20A。

2. 提高电流效率，提高瞬时电流密度上限

镀层沉积速度取决于电流密度与电流效率之积，若单纯提高电流密度致电流效率下降，不仅不能加快镀速，反倒可能造成镀层质量恶化，如烧焦，滚镀则多表现为出现“滚筒眼子印”，尤其在使用圆孔滚筒时。所以在提高电流密度的同时，须使电流效率不致下降，才能真正达到使用大的电流密度的目的。

改善滚筒封闭结构的多项措施，均可使滚筒内金属离子更新的阻力减小，电流效率随之升高，则在电流较大时表内零件紧挨孔眼处部位的金属离子不易匮乏，“滚筒眼子印”减轻，即提高了该部位的瞬时电流密度上限。而从电镀工艺的角度入手，提高电流效率及瞬时电流密度上限的措施，可以从主盐、缓冲剂、添加剂及多项操作条件等方面考虑。

① 主盐　主盐含量低于工艺要求的范围，电流效率下降过多，电流密度上限降低，滚镀时极易出现“滚筒眼子印”。例如，某零件采用 GD-20 型滚筒滚镀锌，开始生产正常，一段儿时间后镀层出现“黑斑”，而前后使用的电流同为 130A。一种可能的原因是，后来体系中某因素发生变化，如氯化锌含量降低，电流效率下降，电流密度上限降低，同样 130A 实际上后来的电流密度仍是超限的。

主盐含量较低引起的镀层“黑斑”，有时可通过减小电流使故障消除。因为电流减小后，电流密度降至允许的范围内，因此不致烧焦。但主盐偏低时，减小电流虽不再产生镀层“黑斑”，却可能产生另一种“滚筒眼子印”——镀层“亮斑”。原因是主盐含量偏低，镀液深镀能力可能下降较多，此时镀件上“眼子印”部位因贴近孔眼，电流密度较正常，因此镀层沉积也正常。而其他部位因远离孔眼，金属离子补充迟缓或不足，镀层沉积不正常，因而产生镀层“亮斑”。

滚镀生产中应严格管理，控制主盐含量在工艺要求的范围内：①首先排除导致主盐含量降低的因素，如阳极钝化、阳极面积减小及溶液带出损失等；②定期对镀液进行分析，发现主盐含量低应及时补充，或养成根据镀活量来补充主盐量的习惯。并且在不产生其他影响的前提下，应尽可能提高镀液的主盐含量，以利于提高电流密度上限和减轻“滚筒眼子印”。

② 缓冲剂及 pH 值　缓冲剂在镀液中的作用是抑制 pH 值升高，含量低，缓冲性能差，溶液 pH 值易升高，电流效率下降。当电流密度较大时，易造成表内零件部位溶液碱化，形成金属氢氧化物或碱式盐沉淀夹附在镀层中，产生“滚筒眼子印”。生产中应严格控制缓冲剂含量在工艺要求的范围内。比如，定期分析缓冲剂含量并使之达标，简易方法如采用滤布包裹一定量的硼酸时刻吊挂在镀液

中自动调节硼酸含量，如氯化钾镀锌溶液根据经验每补充 7 份氯化钾即补充 1 份硼酸，等等。

镀液 pH 值高，在使用大的电流密度时，表内零件部位溶液碱化速度快，镀层易烧焦产生“滚筒眼子印”。控制 pH 值主要应控制缓冲剂含量并不致缺乏，而不能靠频繁添加强酸来解决。因为使用强酸调低 pH 值时，需用数倍水稀释后加入，大量水的加入会使镀液稳定性降低，且强酸调节 pH 值持续性较差。

③ 添加剂　优质添加剂可使电流密度在很宽的范围内使用，滚镀添加剂尤其在提高电流密度上限方面更具特色。所以镀液中若缺乏添加剂，除镀层光亮度欠佳、零件低电流密度区易漏镀或镀层发暗外，电流密度上限也会降低，则零件高电流密度区易烧焦，滚镀时易出现“滚筒眼子印”。

可采用自动添加设备，按工艺给出的千安·小时消耗量来补加添加剂；或根据千安·小时数多次手工添加；或根据经验按镀活量添加，比如采用某品牌氯化钾镀锌添加剂，每镀 1t 标准件添加 2.5kg 添加剂。但不管采用哪种方式，添加剂一定要少加勤加，一次加入过多，会使主光剂含量太高，阴极极化作用过强，以致孔眼处镀件上吸附的主光剂来不及脱附而影响镀层沉积，从而产生镀层“黑斑”的“暗点子”。且越往后镀，因添加剂含量越低，越容易出现镀层“黑斑”的“明点子”。

④ 镀液温度　镀液温度较低时，金属离子活性低，电流密度上限低，不易开大电流，否则镀层易烧焦产生“滚筒眼子印”。例如，采用 GD-20 型圆孔滚筒滚镀锌，镀液温度约 5℃，使用电流约 34A，因电流较小，约 2.5h 镀层才逐渐全光亮，但无“滚筒眼子印”。将电流调至约 70A，镀层还没光亮“滚筒眼子印”已大量出现。而镀液在常温时，采用 GD-20 型圆孔滚筒滚镀锌，电流可开到 120～130A，甚至更大。生产中应将镀液温度控制在合适的范围内。滚镀锌溶液冬天最好能提前适当加温，等温度上去后，可靠电镀过程中的放热维持溶液温度不降。若不具备加温条件，刚开始镀时电流应小一点，等溶液温度上去后再恢复至正常电流。

⑤ 滚筒转速　滚筒转速低，表内零件在孔眼部位滞留时间相对较长，在电流较大时，零件上紧挨孔眼部位的表面，因长时间承受巨大的电流密度而极易烧焦产生“滚筒眼子印”。尤其平面状零件因易紧贴在滚筒孔眼处，使承受相同电流时的面积比其他形状的零件小，承受的电流密度实际比其他形状的零件大，因此在滚筒转速低时更容易烧焦产生“滚筒眼子印”。若适当提高滚筒转速，一方面表内零件承受大电流密度的时间缩短，另一方面孔眼附近的金属离子恢复较

快，则镀层烧焦的概率减小。其道理类似挂镀增加溶液搅拌强度或阴极移动次数。生产中应根据具体情况选择合适的滚筒转速，尤其滚镀平面状零件，一般比其他形状的零件转速适当高一些。

⑥ 滚筒装载量　滚筒装载量过大，零件在滚筒内翻动的难度增加，零件无论位于内层还是表层滞留时间均会较长。当位于表内零件位置时，与滚筒转速低时的道理一样，容易因零件在孔眼部位滞留时间偏长而烧焦。生产中应规范滚筒装载量。一般从防止镀层烧焦的角度讲，普通零件的合适装载量为滚筒容积的1/3左右，个别情况如体积大重量轻的零件可适当大一些，而易粘贴零件和不易离合的零件，在保证导电良好的情况下应尽可能少装。

3. 其他影响或措施

① 重金属杂质　重金属杂质对“滚筒眼子印”的影响以酸性滚镀锌中的Fe^{2+}最典型。霍尔槽试验发现，氯化钾镀锌溶液Fe^{2+}含量达到0.2g/L时，试片高电流端近20mm区域烧焦和粗糙，达到0.3g/L时，几乎有半块试片烧焦和粗糙。这表明因Fe^{2+}的加入明显使电流密度上限降低，当这种溶液用于滚镀时，极易产生严重的镀层“黑斑”。这种“黑斑”往往在滚筒刚出槽时并不见黑，甚至有时还发亮，但一经钝化（或出光）马上出黑点，且比较清晰。

生产中应严格管理，规范操作，从源头控制Fe^{2+}，避免其混入镀液中。根据经验，Fe^{2+}主要有两个来源：a. 零件酸洗后未清洗干净即装入滚筒中电镀，而酸洗液中往往含有大量的Fe^{2+}，这样Fe^{2+}便在不知不觉中混入镀液，此为主要来源；b. 零件的飞边、毛刺等未清理干净滚镀时掉入镀槽，或操作时不小心零件掉入镀槽，铁与镀液反应产生化学溶解带来Fe^{2+}。强化酸洗后的清洗，及时打捞掉入镀槽的零件、铁屑等均可减少Fe^{2+}混入镀液的机会。镀液中少量Fe^{2+}可用锌粉置换过滤去除，大量Fe^{2+}必须用氧化沉淀法去除。氧化沉淀法的氧化剂可采用双氧水或高锰酸钾。

② 导电盐　导电盐含量偏低与主盐含量偏低引起的“滚筒眼子印”现象大致相同，即容易出现镀层“亮斑”。因为导电盐含量偏低，镀液导电性能下降较多，镀件上紧挨孔眼的部位与其他部位电流密度产生差异，因此镀层沉积产生的效果不同，孔眼部位光亮而其他部位亮度稍差或色泽不一致，即出现镀层“亮斑”现象。应控制导电盐含量在工艺要求的范围内。导电盐在镀液中一般不会分解，其消耗主要是溶液带出损失，尤其滚镀更甚。所以要求生产时应尽量减少溶液带出，并养成定期分析补充或根据镀活量来补充导电盐的习惯。

③ 滚筒孔眼堵塞　生产中常见滚筒孔眼堵塞的情况。比如，当圆孔滚筒孔

径较小时，孔眼容易被镀液中的铁屑、皂荚渣等不溶性杂质堵塞。当滚镀边角比较锋利的零件或使用细长条形孔的滚筒时，时间一长，孔眼容易因周围被割磨起的毛边外伸而堵塞或缩小。滚筒孔眼堵塞或缩小后，零件的实际受镀面积减小，却仍要承受正常时相同大小的电流，等于瞬时电流密度加大，大到超过上限则镀层烧焦产生“滚筒眼子印”。生产中应加强管理，对滚筒孔眼堵塞或缩小等现象多注意发现，并及时清理、维护，使孔眼时刻保持畅通，则不易因此引起“滚筒眼子印”。

④ 控制施镀过程前后两阶段的电流　在出现“滚筒眼子印”故障时，减小电流可得到色泽光亮无“眼子印”的合格镀层。但同时带来两个问题：一镀速慢，施镀时间加长，生产效率下降；二尤其复杂零件低电流密度区镀层薄或无镀层。通过控制施镀过程前后两阶段的电流，可使两方面得到兼顾。即前一阶段使用大电流，时间长一点，保证了生产效率和低电流密度区镀层质量；后一阶段将电流减小，时间短一点，保证了镀层无“滚筒眼子印”。这种方法是有效的，生产中也有较多应用，但可能治标不治本。因为前一阶段“滚筒眼子印”无非被后一阶段小电流镀层遮盖，质量问题还在，根本方法还需从改善滚筒封闭结构、提高电流效率等角度入手。

⑤ 单面阳极法　即只在表外零件的一面挂阳极（滚筒向哪面转哪面就是表外零件），而表内零件的一面不挂阳极。这种方法防止“滚筒眼子印”是有效的。因为假设把滚筒内的全部零件看作一个零件，双面阳极时表内零件部位属于近阴极，表外零件部位属于远阴极，烧焦首先会发生在近阴极。只在表外零件的一面挂阳极后，表内零件部位变成了远阴极，不易烧焦。而表外零件部位虽然变成了近阴极，但电流进筒后离零件尚远，会有较大的缓冲，也不易烧焦。但单面阳极的缺点：一是溶液电阻增大，槽电压升高；二是比较适于单槽单筒形式，若是一槽多筒形式阳极布置难度较大。

⑥ 滚筒内阴极导电钉　滚筒内阴极导电装置采用“象鼻式”，若导电钉面积太小，与之接触的零件面积就会较小。电镀时这些零件就会承受较大的电流，因位于巨大电流的“风口浪尖”而极易烧焦形成“滚筒眼子印”。这种故障有一个特点，即同一滚筒内有“滚筒眼子印”零件，也有镀层很薄的零件。应根据具体情况配备合适大小的阴极导电钉。

⑦ 有机杂质　从霍尔槽试验发现，当镀液含有机杂质时，试片高电流端出现黑色条纹，这种镀液用于滚镀易形成镀层“黑斑”，这与 Fe^{2+} 影响镀层“滚筒眼子印”的情况类似。应定期净化镀液，有机杂质可用活性炭吸附去除。

"滚筒眼子印"实质是电流密度超限造成的一种镀层烧焦现象，它涉及的因素很多，生产中应综合考虑这些因素，并积极采用新技术、新装备，加强管理，严格操作，不给"滚筒眼子印"以可乘之机。

第八节 滚镀电流上不去谁之过

滚镀电流上不去是生产中经常会遇到的情况，造成的直接问题是施镀时间长，生产效率低。有时还会出现镀层亮度差、零件低电流密度区镀覆能力差、钕铁硼可能镀层结合力差等问题。这时因镀液各项指标正常，往往容易把责任推给整流器，整流器厂家往往也是有口难辩。其实未必。根据欧姆定律 $I=U/R$，影响电流的因素是电压和电阻，电流与电压成正比，与电阻成反比。因此，在电压一定的情况下若电阻太大，或在电阻一定的情况下电压太低，都容易造成电流小，即所谓的电流上不去。因此凡是影响滚镀电压和电阻的因素就是影响电流的因素。

一、滚筒的封闭结构

与挂镀相比，滚镀的电流更容易上不去，一个主要原因是体系内阻增大了。滚镀槽的体系内阻 R 主要由极化电阻 $R_{极化}$、溶液电阻 $R_{电液}$ 及金属电极的电阻 $R_{电极}$ 组成，即 $R=R_{极化}+R_{电液}+R_{电极}$。滚镀相对于挂镀体系内阻增大，主要是因为：一滚筒的封闭结构使 $R_{电液}$ 增大，二滚筒的间接导电方式使零件的接触电阻 $R_{电极}$ 较大，此时 $R_{电极}$ 不能像挂镀时一样忽略不计。由于 $R_{电液}$ 和 $R_{电极}$ 增大，R 即增大，则在施加相同槽电压的情况下，往往不容易达到所需要的电流。而且主要根据 $R_{电液}$ 增大的程度不同，电流上得去的难易程度不同，$R_{电液}$ 增大的程度越大，电流越不容易上得去。

滚筒的封闭结构是造成滚镀 $R_{电液}$ 增大的根本原因。传统滚筒的结构是封闭的，只在滚筒的每个壁板上设置许多小孔，用作阳极与零件之间电流的导通、滚筒内溶液的更新与气体排出等。这种结构无疑使溶液的电流阻力增大，增加了达到所需要电流的难度。而且滚筒的孔径越小、开孔率越低，准确地说透水性越差，这个难度就越大。

改善滚筒的封闭结构是解决或改善问题的关键。对于传统滚筒而言，改进筒壁开孔是改善滚筒封闭结构的有效措施。传统的筒壁开孔方式是圆孔，改进型筒壁开孔目前来看，效果显著且实用的主要有方孔、网孔等。尤其网孔，开孔率极高，网壁极薄，则透水性极好，对电流导通的阻力大大减小，电流轻松上升如挂镀。除改进筒壁开孔外，向滚筒内循环喷流、采用振动电镀、使用钟形滚筒或敞开式滚筒等都是改善滚筒封闭结构、减小溶液电流阻力的有效措施。

另外，对于使用同一种滚筒而言，孔径的大小应视加工零件的尺寸分别选择，小尺寸零件选择小孔径，大尺寸零件选择大孔径。而不宜一律采用适合小尺寸零件的一种孔径的滚筒，否则在电镀大尺寸零件时，“电流上不去”是难免的。这种情况在生产中屡见不鲜。

例如，某电镀厂需要电镀的零件直径多在 ϕ5mm 以上，仅有部分零件为 ϕ2.2mm。为所谓的操作或管理方便，该厂选择的滚筒孔径全部为 ϕ2mm。这样镀 ϕ2.2mm 零件时不会有问题，但镀 ϕ5mm 以上零件时“电流上不去”是必然的，这时把责任推给整流器就有点“牵强”了。正确的做法是：选择 ϕ2mm 孔径的滚筒镀 ϕ2.2mm 零件，镀 ϕ5mm 以上零件可选择更大孔径的滚筒，如 ϕ3mm、ϕ4mm 等。

但是这时“电流上不去”整流器并非不能有所作为，比如尤其在选型方面，应该选择更适合滚镀的整流器。

二、整流器选型

如果怀疑是整流器造成的电流上不去，可以做两个实验来判断。一、空载实验：设备空载时额定电压能否达到标称值；二、短路实验：设备短路时额定电流能否达到标称值（设备无恒流功能只允许做瞬时短路实验）。两个实验做下来，两个指标都能达到标称值，因此电流上不去不是整流器质量问题，而是选型问题。若两个指标达不到标称值，或能达到标称值，整流器（相对于其他品牌产品）不皮实、不耐用，才是质量问题。

根据欧姆定律，要加大电流，在电阻一定的情况下必须提高电压。滚镀主要由于滚筒的封闭结构，其体系内阻相对于挂镀有较大的增加，阻碍了阳极与滚筒内零件之间电流的导通。所以在滚镀电阻较大的情况下，若不施加较高的槽电压，往往不容易达到所需要的电流。这就是滚镀往往选择额定电压比挂镀高的整流器的原因。比如，一般挂镀选择额定电压 12V 的整流器就够了，而滚镀很多时候选择 15V 或更高的整流器。虽然在滚筒透水性好、镀液导电性好等情况下，滚镀选择 12V 整流器也够，但当某种原因造成体系内阻较大且无法降低时，12V 整流器对提高输出电流往往无能为力。

例如，钕铁硼氯化钾滚镀锌，使用 GD-5 滚筒、12V 整流器，一般情况下电流可以轻松上 30A。但同样是滚镀锌，采用高浓度硫酸盐镀锌打底时，由于该工艺导电性相对差一点，电压调至最大 12V 电流也可能达不到 30A。本来采用该工艺打底的目的之一是使用大电流以加快镀速、提高镀层结合力，电流没有提高

(在电流效率没有提高的情况下）镀速怎么加快？而此时若是15V（或更高）整流器，就可以通过调高电压来达到所需要的30A以上的电流。钕铁硼滚镀镍，一般情况下12V整流器是够用的，但当零件较小，制约滚筒孔径较小（或开孔率较低）时，电流很难上得去。所以不管滚镀锌还是滚镀镍、滚镀铜，不管是氯化钾滚镀锌，还是硫酸盐滚镀锌，建议选择额定电压不低于15V的整流器（滚镀铬则不低于18V）。

三、镀液或操作条件

除滚筒、整流器外，镀液或操作条件也会对滚镀的电流阻力产生一定的影响。镀液的电阻主要由其导电性决定，导电性越好镀液电阻就越小。同一镀种，滚镀液和挂镀液的导电性差别不大，但滚镀可以做得尽可能好一点。影响镀液导电性的因素主要有以下几个方面。

① 镀液本性　镀液中含有的强电解质种类、浓度等不同，其导电性不同。比如氯化钾镀锌溶液含有浓度较高的、导电性极好的 Cl^-、K^+，因此导电性优于硫酸盐镀镍溶液。硫酸盐镀镍溶液尤其受阳极溶解的影响，难以提高导电性好的 Cl^- 的用量，但在不引起过多阳极溶解的前提下，应尽可能提高其用量。另外，如果不引起其他不适，也可以适当加入一些增加溶液导电性能的辅助导电盐，如硫酸镁、硫酸钠等。同样是镀锌液，氯化钾镀锌液比硫酸盐镀锌液导电性好，也是因为含有浓度较高的、导电性极好的强电解质氯化钾的原因。

② 镀液浓度　镀液导电盐浓度高，单位体积内离子的数量多，一般来说导电性好。比如，镀镍溶液中曾使用过的导电盐硫酸钠，含量由80g/L增加到160g/L时，可使镀液电导率增加30%左右。但过高反而可能使导电性下降，因为溶液中离子的运动，会受到周围其他离子吸引或排斥作用的牵制，浓度高溶液中离子的数量多，离子间相互牵制的作用强，使离子运动变得困难。还可能产生其他问题，比如氯化钾镀锌溶液的氯化钾含量过高会降低镀液浊点。所以必须在不产生其他影响的前提下提高导电盐含量，否则可能适得其反。

另外，镀液主盐除主要提供金属离子外，很多时候也兼起导电盐的作用，所以浓度高导电性也会好。比如，硫酸盐镀镍溶液中的硫酸镍即如此。一般新液不会因浓度造成导电性不好，电流上不去，旧液隐患很大，应多加注意。

③ 镀液温度　镀液温度高，离子运动速度快，导电性好。反之亦然。一般情况下，温度每升高10℃，溶液电导率增加10%～20%。新液（或镀液成分正常时）电流上不去，很容易由温度较低引起。滚镀镍不易出现这种情况，滚镀镍属于加温类型，镀液有明确的温度要求，一般不会出错。滚镀锌最容易出现这种

情况，滚镀锌不加温，温度要求为常温或室温，因此可能在镀液温度极低的情况下起镀，此时镀液内阻极大造成电流上不去。尤其北方的冬天，镀液不加温的话可能只有零上几度，这时即使滚筒、整流器、镀液成分等全部正常，也难以达到所需要的电流。

解决办法，镀液适当加温至10～15℃起镀，或不着急的话先小电流慢慢镀，等镀液温度上去后再调整电流正常镀。

滚镀生产中电流上不去的情况比较常见，尤其对于初学者往往第一反应是整流器有问题，其实未必。滚筒的封闭结构造成体系内阻增大，这是阻碍滚镀电流导通的主要原因，是由滚镀的特殊性决定的。解决办法是积极采用新技术、新装备，合理选择滚筒孔径，把滚筒封闭结构的影响降到最低。另外，还应综合考虑滚镀整流器的选型、镀液及操作条件等的影响。

第九节　滚镀到底应该稳流还是稳压

滚镀到底应该使用稳流还是稳压功能，前些年因配备的电镀电源一般采用无稳流稳压功能的硅整流器，这个问题不明显。近些年随着具备稳流稳压功能的开关电源的普及，尤其钕铁硼滚镀因多使用小滚筒，大量配套成熟、稳定的小型开关电源，这个问题越来越突出。从生产实践上看，这时很多人会选择稳流，可能是认为“稳流＝稳电镀质量”，其实未必。

一、稳总电流还是电流密度

电镀时使用的稳流功能，其作用是维持通过镀槽的总电流恒定不变，即稳的是“总电流”。电镀过程中，当电极面积、镀液温度、镀液成分等诸多因素发生变化时，会引起镀液的电阻也发生变化，通过镀槽的总电流随之变化。这时使用稳流功能的意义在于，在阴极面积不变的前提下，总电流不变，则阴极电流密度不变，镀层可以平稳、连续地沉积，从而达到稳定电镀质量的目的。比如，挂 $2dm^2$ 零件，使用电流 4A，电流密度为 $2A/dm^2$，此时使用稳流功能，可保证电镀过程中其他因素（如镀液温度、镀液成分、电网电压等）变化时电流密度 $2A/dm^2$ 不变，以保证镀层的稳定沉积。

但当阴极面积发生变化时，若仍使用稳流功能，不仅不利于镀层的稳定沉积，还可能是有害的。因为阴极面积变化后，总电流不变，电流密度就会变化，这样镀层不但不会稳定沉积，还可能承担因电流密度超限而烧焦的风险。比如，上例 $2dm^2$ 零件，使用电流 4A，电流密度为 $2A/dm^2$，假设镀件变为

$1dm^2$，电流仍恒定为 4A，电流密度增大为 $4A/dm^2$，从而使镀层承担较大的烧焦风险。

所以，电镀时使用稳流功能实质是要稳电流密度，以稳镀层的沉积，从而稳镀层质量。而不是单纯地稳总电流，否则在阴极面积发生变化时，电流密度随之变化，不仅没利，反倒可能有害。

二、如果采用稳流

如上文所述，电镀时的稳流功能在阴极面积不变时是合适的、有利的。而在阴极面积变化时是不合适的，尤其在阴极面积变化较大时可能是有害的。滚镀过程中的阴极面积是不断变化的，所以如果采用稳流至少是不合适的，并且如果某种情况发生较大变化，可能产生较大的危害。

1. 滚镀面积变化的影响

滚镀过程中阴极零件的面积是不断变化的（指使用多角形滚筒时，圆形滚筒不变），现以六角形滚筒为例，说明滚镀时零件面积的变化情况，如图 2-7 所示。

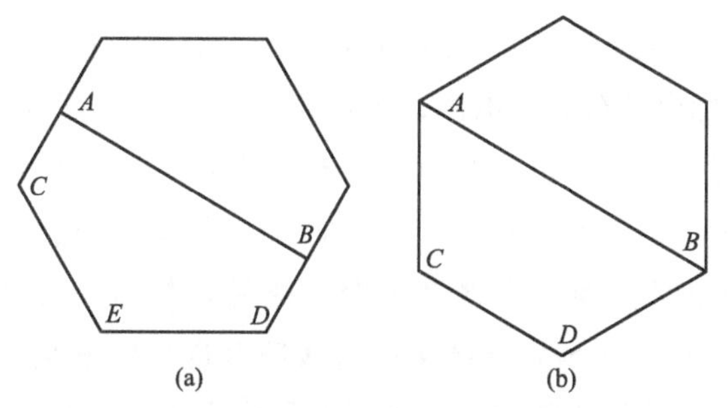

图 2-7　滚镀时滚筒内镀件面积变化示意图

图中，当滚筒从（a）转动到（b）位置时，零件面积从最小变到最大。当转回（a）位置时，又从最大变到最小。因此，滚镀过程中零件面积的变化，是一个从最小到最大、又从最大到最小周期性变化的过程。以滚筒装载量 1/2 为例，（a）位置时表层零件的平面面积为 $4.732rl$，（b）位置时为 $5rl$（r 和 l 分别为滚筒半径和长度）。

既然滚镀过程中零件面积是不断变化的，使用稳流功能时电流恒定不变，只会使零件的电流密度也不断变化，而不会使其恒定不变。这样不仅达不到稳定镀层沉积的目的，还可能在使用极限电流或近极限电流时，零件运行至（a）位置时承担镀层“烧焦”的风险（因此位置零件面积最小，因此电流密度最大）。所以从这个角度讲，滚镀至少是不适合采用稳流功能的。

2. 滚筒盖开孔率的影响

除滚筒内零件面积变化的影响外，还有一个常常容易被忽视的因素，即滚筒盖开孔率的影响。常规六角形（或其他多角形）滚筒六面的开孔率不是完全相同的，多种原因，一般滚筒开口的一面即滚筒盖的开孔率仅为其他面的50%或更低。当滚筒盖一面转动到液面以下后，零件面积会有一个不小程度的降低。这时尤其使用滚筒盖开孔率极低的滚筒，在稳压状态下可观察到电流表上数字（或指针）会有较大的周期性波动。滚筒盖浸没镀液中，零件面积减小，电阻增大，则电流减小；滚筒盖出镀液，零件面积增大，电阻减小，则电流增大。零件面积波动较大，采用稳流功能当然是不合适的，甚至有时是有害的。

例如，生产中有时可以见到一种六角形网孔滚筒，其他五面是网孔的，只有滚筒盖一面是圆孔的。这时若采用稳流功能，当滚筒盖转动到表内零件位置时，会面临“巨大电流”烧焦产生“滚筒眼子印”的风险。这时滚筒盖改成与其他面相同的开孔率或换用稳压功能，故障立马解除。

3. “一对多”的影响

钕铁硼滚筒往往数量较多，配备开关电源一般有两种形式：一种为“一对一”，即每只滚筒配套一台开关电源；一种为“一对多”，即两只或两只以上滚筒共用一台开关电源。上文“1. 滚镀面积变化的影响”“2. 滚筒盖开孔率的影响”针对的是“一对一”的情况。若是“一对多”，采用稳流功能的危害可能更大。

例如，“一对四”，即一个镀槽里四只滚筒，共用一台开关电源，总电流120A，每只滚筒30A。一般，连续生产时滚筒（进）出槽是一只一只接替进行的，当某只滚筒完成施镀出槽后，因采用的是稳流功能，总电流120A不变，剩下的三只滚筒每只电流增大为40A。若超出每只滚筒的极限电流过多，镀层烧焦是不可避免的。若是“一对二”，这时每只滚筒电流变化的幅度更大，镀层烧焦的风险也更大。如果是手工生产，多只滚筒可以同时（进）出槽，采用稳流功能的影响仍大致为上文的“1”和“2”，否则若不能多只滚筒同时（进）出槽，采用稳流功能可能会产生较大的危害。

4. 滚筒内阴极导电的影响

滚镀比较通用的滚筒内阴极导电方式为“象鼻式”阴极，如图2-8所示，即一边一根软导线伸入滚筒内，软导线末端分别连接一颗导电钉。这种方式在滚筒转动时，阴极导电钉与滚筒有相对移动，属于“活动式”阴极。优点是通用性强，适用的零件多。缺点是阴极容易与零件导电不良，导电平稳性差，有时阴极与零件完全接触，有时又完全脱离，造成较大的电流波动。

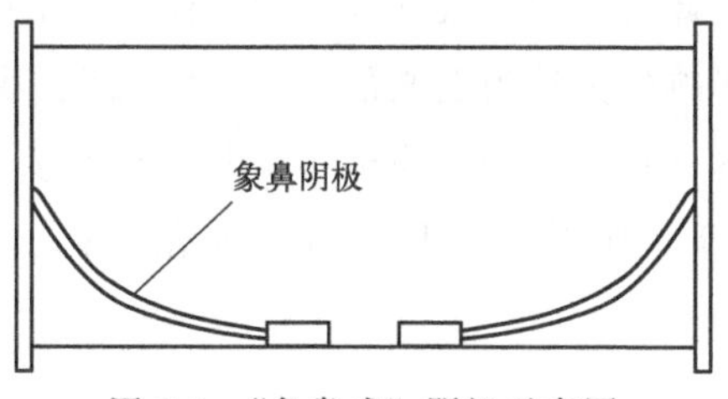

图 2-8 “象鼻式”阴极示意图

轻微的导电不良会造成电流小幅波动，属于正常现象，危害也可忽略。但当滚筒内导电出现较大的异常时，如导电钉翘起与零件完全脱离或阴极线折断等，阴极放电的面积大大减小，阴极电阻大大增加，电流会出现剧烈的变化。此时若使用非稳流功能，从电流表上可观察到电流大幅度波动或电流相对于正常值偏小等。操作工人可通过观察电流表上的变化，了解到滚筒内的导电异常情况，并采取措施及时处理，从而防止因导电不良造成的质量事故。但若使用稳流功能，从电流表上无法观察到因导电异常产生的电流的剧烈变化，则无法及时处理并防止较大的故障风险。有人偏爱稳流，认为通过电压表上的变化也可判断滚筒内的导电情况，若经验足够也未尝不可。

滚镀另一种常用的滚筒内阴极导电方式为“固定式”阴极。如图 2-9 所示的“圆盘式”阴极，为一种典型的“固定式”阴极。这种方式圆盘阴极与滚筒固定在一起，位置不随滚筒的转动而变动，即滚筒与阴极之间无相对移动，所以导电非常平稳，且整个施镀过程不会出现“象鼻式”阴极的滚筒内导电异常情况。滚镀二极管、导针等易缠绕零件的“中心棒式”阴极，阴极与滚筒固定，与滚筒一起转动，也属于“固定式”阴极。滚镀铬的金属丝网滚筒，滚筒就是阴极，零件与滚筒阴极接触良好，导电平稳，是一种比较可靠的“固定式”阴极。

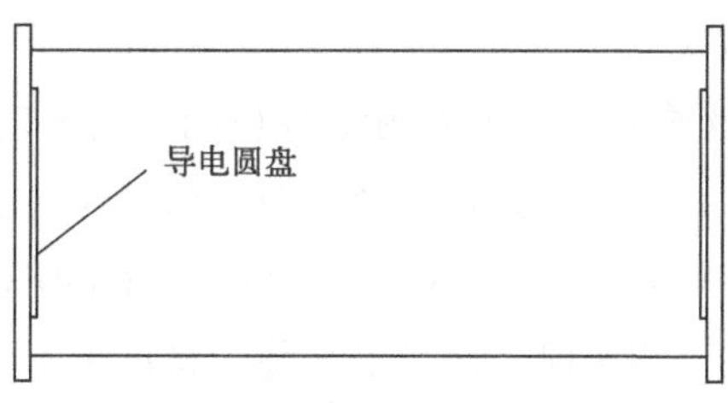

图 2-9 “圆盘式”阴极示意图

当使用“固定式”阴极时，因阴极与零件时刻接触良好，在非稳流状态下，可观察到电流表上的数字（或指针）仅有微小的变化，其状况与挂镀接近，且整个施镀过程始终如此。此时，因阴极导电非常平稳，使用稳流功能不会出现上述较大的故障风险，其影响仍大致为上文的“1”和“2”。尽管如此，还是不能达到稳定电流密度的目的，且此时采用稳压功能电流已足够平稳，稳流仅能稳定因溶液温度、溶液成分等其他因素引起的电流变化，利于镀层质量的意义似乎不大。

三、如果采用稳压

如上文所述，滚镀如果采用稳流功能，在多种情况下不仅没利，反倒可能有害。但如果是稳压，情况会有较大的不同。

① 关于滚镀面积变化　滚镀时随着滚筒内零件面积周期性地变化，电阻就会周期性地变化，在稳压状态下，电流也会周期性地变化。零件面积大，电阻就小，电流就大；零件面积小，电阻就大，电流就小。如果不考虑镀液温度、成分等其他因素的影响，无论零件面积怎样变化，电流密度始终是不变的。所以，此时从形式上看是稳压，实际稳的是电流密度，可达到稳定镀层沉积的目的。

② 关于滚筒盖开孔率　这方面与“①关于滚镀面积变化”是一样的。在稳压状态下，滚筒盖浸没镀液后，零件面积减小，电阻增大，电流减小；滚筒盖出镀液后相反。这时仍可以达到稳电流密度、稳镀层沉积的目的。

③ 关于“一对多”　如果采用稳压功能，在每只滚筒导电良好、装载量相同的情况下，即使生产时滚筒（进）出槽是一只一只接替进行的，电流基本会随着滚筒数量的增减按比例增减，即一只滚筒（进）出槽对其他滚筒的电流基本不造成影响。

比如，“一对四”，四只滚筒总电流 120A，每只滚筒电流 30A。当一只滚筒出槽后，在稳压状态下，总电流按比例降为约 90A，其他三只滚筒电流仍基本为 30A 不变（受阳极布置的影响稍有误差，但可忽略）。如果四只滚筒同时（进）出槽，稳压更没有问题。

④ 关于滚筒内阴极导电　如果采用稳压功能，当滚筒内阴极导电出现较大的异常时，电流表上的数字（或指针）会有较大的反应，操作工人可通过观察电流表变化，随时掌握滚筒内的导电情况，以及时处理因阴极导电不良造成的质量事故。当使用“固定式”阴极时，因导电平稳，稳压更不会有问题。

从上述分析可知，滚镀适合采用稳流功能的情况有：①零件面积不变化；②导电平稳的“固定式”阴极；③同时满足“①”和“②”的“一对一”。比如，滚镀六价铬，圆形滚筒零件面积不变化，筒身阴极属于“固定式”阴极，导电平稳；振动电镀，零件面积不变化，筛底“镶嵌式”阴极属于“固定式”阴极，导电平稳；使用“圆盘式“阴极的普通圆形滚筒，等等。这几种形式在“一对一”时，不仅适合稳流，而且强烈建议使用稳流。至少可以稳定因镀液温度、镀液成分等或其他不可预计的接触不良造成的导电不平稳，对稳定镀层质量是有利的。对于使用“固定式”阴极、各面开孔率一致（如钕铁硼滚镀常见的插板滚筒、全网滚筒等）的多角形滚筒，稳压已足够。但因零件面积变化微弱，非极端情况下影响不大，稳流也无不可。其他情况因受到影响的因素较多，为避免出“娄子”，还是稳压好。

第三章

滚镀混合周期影响利与弊

第一节　概述

滚镀时，将滚筒内的小零件分成内层零件和表层零件两部分，表层零件又分成表内零件和表外零件两部分，参见图 1-7。同时，将滚镀过程中小零件在滚筒内的运行分成三个阶段：t_1 阶段，即运行至内层零件位置时，t_2 阶段，即运行至表内零件位置时和 t_3 阶段，即运行至表外零件位置时（图 1-9）。

当零件运行至 t_1 阶段时，因受到表层零件的屏蔽、遮挡等影响，电化学反应基本停止，可视零件表面的电流密度近似为零。而只有当零件运行至 t_2 和 t_3 阶段时，才是实际受镀的。t_2 阶段零件表面的电流密度是脉冲式的，孔眼处电流密度较大，称作瞬时电流密度，非孔眼处近似为零。t_3 阶段零件表面的电流平稳、连续，但相对稍弱，其实际电流密度小于平均电流密度。三个阶段零件表面电流密度的变化情况，可参见图 1-9。所以为能有机会受镀，内层零件需要争取翻出变为表层零件，但表层零件还会随着滚筒的转动变回内层零件。如此周而复始，从而产生了混合周期的概念。混合周期指滚镀时零件从内层翻到表层，然后又从表层翻回内层所需要的时间。

混合周期对零件出现在表层概率的均等程度和受镀效率产生较大的影响。混合周期越短，零件出现在表层的概率越均等，受镀效率也越高；混合周期越长，零件出现在表层的概率越不均等，受镀效率也越低。而零件出现在表层概率的均等程度和受镀效率，直接关系到滚镀的镀层厚度波动性大小和施镀时间长短，从而关系到产品质量和生产效率的提高。并且零件位于内层时电化学反应近似中断，在很多时候会大大增加滚镀的施镀难度，这是混合周期的另一个重要影响。所以混合周期是滚镀技术的重要研究课题之一。

首先，混合周期对镀层厚度波动性的影响是积极的。小零件挂镀不需要混合，无混合周期，零件在挂具上的位置不同，镀层厚度差别较大，即厚度波动性较大。小零件篮筐镀翻动不连续，镀层厚度波动性与挂镀相近。比如，一种铝合金小零件化学氧化，采用布兜镀不仅镀层厚度差别大，外观差别也很大。一种小螺钉镀银，采用篮筐镀，至少外观就不过关。换用滚镀后问题立马得到解决。

滚镀因混合周期的存在，随着施镀时间的延长，不同零件之间互相混合越来越充分，零件翻出到表层受镀的概率越来越均等，镀层厚度波动性会逐渐变小。所以与小零件挂镀或篮筐镀相比，混合周期的存在对滚镀是有利的。研究混合周期对镀层厚度波动性的影响，实际是要研究如何使这种影响更有利。

其次，相对于镀层厚度波动性来讲，混合周期对施镀时间的影响是消极的。

由于混合周期的存在，滚镀的施镀时间不能像挂镀一样全部用于零件的受镀，而是其中一部分消耗在了零件位于内层时。这无疑使零件的受镀效率不能像挂镀一样达到百分之百，则施镀时间相对于挂镀必然较长。生产中常见挂镀十分八分钟，甚至一二十分钟即可，而滚镀需要四五十分钟，甚至一两个小时或更长时间。这当然不排除其他因素的影响，比如滚镀电流开不大，镀速慢，但混合周期的影响是重要原因之一。施镀时间长，必然造成生产效率低，这无疑使滚镀劳动生产效率高的优越性得不到充分发挥。

另外，当零件位于内层时电化学反应中断，在某些特殊零件或镀种滚镀时，极易造成零件基体或预镀层的腐蚀或钝化。因此与挂镀相比，滚镀施镀难度大大增加。比如，钕铁硼产品表面极易氧化，受混合周期的影响，预镀或直接镀时，当零件位于内层时，因电化学反应中断表面发生氧化腐蚀，等翻到表层时施镀是在氧化的表面上进行的，镀层结合力难免得不到保证。镀铜加厚时，底镍层必须符合一定的厚度要求。太薄在零件位于内层时，因孔隙率高，基体会受到通常采用的焦铜加厚溶液的腐蚀；太厚产品热减磁指标受到影响。基体腐蚀不仅对镀层结合力、耐蚀性能，甚至外观产生影响，腐蚀产物也会将镀液污染。钕铁硼直接滚镀无氰碱铜比普通材质的产品难度大，混合周期的影响是重要原因之一。而钕铁硼挂镀因混合周期是零，无电流中断期，也就无如此多的“故事”。

采用普通镀铬液滚镀铬，铬尤其在强氧化性的铬酸溶液中极易钝化。受混合周期的影响，当零件位于内层时，已沉上铬层的表面因电化学反应中断发生钝化，等翻到表层再镀时镀层发灰。挂镀铬混合周期是零，不存在此问题。所以滚镀铬总会看到，偌大的滚筒装载零件只有薄薄的一层，目的是尽可能减少零件位于内层的时间，减小混合周期的影响。并且滚镀铬溶液还会使用一定含量的铬层活化剂，主要作用是在已沉铬层钝化后对其表面进行活化。因为混合周期是由滚镀的特殊性决定的，不可避免，减少零件装载量只能尽可能减小，而不能从根本上杜绝混合周期的影响。所以铬层钝化也是不可避免的，使用活化剂是必须的，是滚镀铬成功的重要保障之一。

无氰碱铜，挂镀比滚镀相对轻松、容易，是因为挂镀的零件全部、时刻与镀液充分接触，可有效防止钢铁（或锌合金）基体由于置换镀造成的镀层结合力不良。而滚镀受混合周期的影响，当零件位于内层时电化学反应中断，此时若无氰碱铜溶液的络合能力不足，钢铁（或锌合金）基体会瞬间产生置换镀，翻出再镀时造成镀层结合力不良。零件活化后不水洗直接入槽镀，这对挂镀可能是有效的，滚镀在零件位于内层时，零件表面的活化液可能因“滞留”时间过长先于镀层沉积而失效。钕铁硼预镀或直接镀时，“活化后直接入槽”也是一样的道理，一样难以有效解决零件表面氧化造成的镀层结合力问题。而即使使用强络合剂的氰化镀铜，镀液中游离氰含量低的话，滚镀也会有结合力问题，同样的镀液挂镀却没问题。

滚镀酸铜不易成功，难以在生产中推广应用，未必是酸铜工艺的问题，主要是滚镀的特殊性——混合周期的问题。钢铁（或锌合金）基材镀酸铜前必须预镀，一般是预镀铜或预镀镍。挂镀预镀层不用太厚（锌合金基材需适当厚一些），完后零件入酸铜槽会很快上镀，基体不会被强酸性溶液所腐蚀，且不会产生置换镀层。滚镀不行，滚镀预镀层不厚的话，受混合周期的影响，零件在内层时因电化学反应中断，预镀层会被酸性极强的酸铜溶液“掀开”而将基体腐蚀，这种情况下得到的镀层质量当然不会有保证。尤其复杂零件，低凹部位的预镀层很难镀厚，尤其不适合滚镀酸铜。但形状简单、品种单一、生产固定的零件滚镀酸铜是相对容易做好的，也是有意义的，毕竟酸铜工艺电流效率高、整平性好、使用寿命长。

滚镀碱性锌镍合金，实际生产中镀速慢的一个重要原因是受混合周期的影响，在零件位于内层时因电化学反应中断而发生已沉镀层中“锌”和“镍”的电池腐蚀、溶解。黄铜件滚镀亮镍，若不预镀，受混合周期的影响，在内层时会发生基材中“锌”和“铜”的电池腐蚀和“锌”与镀液中氢的置换腐蚀，镀层往往发黑或一段时间后返黑，质量不合格。塑料零件滚镀，打底的化学镀铜或镀镍层，在加厚镀时，受混合周期的影响，零件位于内层时会受到镀液的腐蚀。因此，塑料滚镀的加厚镀溶液酸、碱性都不宜太强，比如酸铜、氰铜都不行。弱碱性的焦铜可以。但塑料零件挂镀酸铜、氰铜都没问题。

可见混合周期在滚镀中的影响，既有有利的一面，也有不利的一面。尤其不利的一面，是滚镀在节省劳动力、提高劳动生产效率等的同时产生的“副作用”。这种“副作用”几乎无处不在，危害甚大，所以需要采取措尽可能减小其不利影响。因混合周期是使用滚筒后产生的，措施也一般从滚筒的角度入手，如选用合适的滚筒尺寸、大小、装载量、开孔率、转速、横截面形状，采用振动电镀等，这主要属于槽外控制的内容。

第二节 混合周期对镀层厚度波动性的影响

一、两个容易混淆的概念

镀层厚度波动性和镀层厚度均匀性是滚镀的两个容易混淆的概念，两者所表达的意义不同，产生的原因不同，采取的应对措施也不同。

1. 镀层厚度波动性

镀层厚度波动性指零件与零件之间镀层厚度的接近程度，是整体零件镀层厚度的均匀性问题。镀层厚度波动性小，说明零件与零件之间的镀层厚度均匀，即厚度差别小。镀层厚度波动性是滚镀零件的一个重要指标，它关系到产品合格率的问题，镀层厚度波动性小，产品合格率高。比如，某零件镀层厚度要求 6μm，但某批该零件厚的厚，薄的薄，厚的有 6～7μm，薄的有 3～4μm，甚至更薄，说明该批零件的镀层厚度波动性较大，产品合格率低。如果基本都在 6μm 上下，很少有过厚或过薄的，说明镀层厚度波动性小，产品合格率高。

影响滚镀镀层厚度波动性的因素是零件出现在表层概率的均等程度。零件出现在表层的概率越均等，零件的受镀机会越均等，镀层厚度波动性就越小。而影响零件出现在表层概率均等程度的因素是混合周期，混合周期越短，零件出现在表层的概率越均等，受镀机会越均等，镀层厚度波动性就越小。所以采取措施缩短零件的混合周期，就可以使镀层厚度波动性减小。比如，滚筒尺寸或大小等合理化、提高滚筒转速、采用振动电镀等，都是缩短零件混合周期的有效措施，镀层厚度波动性减小，产品合格率提高。

2. 镀层厚度均匀性

镀层厚度均匀性指单个零件上镀层厚度分布的均匀程度，是单体零件镀层厚度的均匀性问题，常常简称“镀层均匀性”。镀层均匀性好，说明零件上高、低电流密度区的镀层厚度分布均匀，镀层均匀性不好就是不均匀。比如，某零件镀层厚度要求 9μm，但高电流密度区 9μm 时，低电流密度区只有 4～5μm，而低电流密度区 9μm 时，高电流密度区已经很厚了，这就是镀层均匀性不好。生产中总是希望零件的镀层均匀性好一些，这是对镀层的基本要求之一，它在很大程度上决定了镀层的防腐蚀性能。比如，一个制件的镀层薄处锈蚀后，其他部位再厚也无多大意义，反倒过厚处实际上造成了镀层金属的浪费。而为了使薄处不容易锈蚀，需要加大镀层的平均厚度，增加了电镀成本。

金属的“尖端效应”决定了电流在零件上的分布是不均匀的，因此镀层厚度也不均匀。高电流密度区电流大，镀层厚，低电流密度区电流小，镀层薄，这是造成镀层均匀性差的主要原因。影响电流在阴极上分布的因素有溶液极化度、溶液电阻率、近阴极与阳极之间的距离、远近阴极与阳极之间的距离差等。另外，电流效率随电流密度的变化关系、基体金属的本性、基体金属的表面状态等，也对镀层均匀性产生一定的影响。

而对于滚镀来讲，主要是由于滚筒的封闭结构造成滚筒内导电离子浓度降低，溶液电阻率增大。因此电流分布均匀性下降，镀液分散能力下降，镀层均匀性变差。所以采取措施改善滚筒的封闭结构，比如改进筒壁开孔、向滚筒内循环喷流、采用振动电镀等，就可以使镀层均匀性得到改善。

镀层厚度波动性和镀层厚度均匀性字面相近，所以容易混淆。它们的意义不同，一个是整体均匀性问题，一个是单体均匀性问题。产生的原因不同，一个直接与混合周期相关，一个是滚筒的封闭结构造成的。应对的措施不同，一个采取措施缩短零件的混合周期，一个解决或改善滚筒的封闭结构。

二、对镀层厚度波动性的影响

混合周期对镀层厚度波动性的影响是通过影响零件出现在表层概率的均等程度来实现的。混合周期越短，单位时间内零件的混合次数越多。比如，混合周期为 6s，1min 内零件混合 10 次；若混合周期为 3s，则 1min 内零件混合 20 次。混合次数越多，零件出现在表层的概率越均等，镀层厚度波动性就越小。而如果混合周期较长，零件翻进内层后长时间不出来，或翻到表层后又长时间进不去，则无法保证一定时间内零件出现在表层的概率均等性。

比如，滚筒转速 7r/min 比 14r/min 混合周期长一倍，则在相同时间内零件出现在表层的概率就降为原来的 1/2，镀层厚度波动性就会较大。虽然延长施镀时间，可减小镀层厚度波动性，因为时间越长，零件翻进翻出的概率越均等，受镀的概率就越均等。但靠牺牲施镀时间来换取零件的充分混合，显然是不明智的。所以在一定的甚至缩短的时间内减小镀层厚度波动性，只有缩短零件的混合周期。

但镀层厚度波动性是个定性概念，不便于在生产中作具体运用，这里用厚度变异系数将其量化，以便用数学运算的方式来表达混合周期对镀层厚度波动性的影响。厚度变异系数的大小反映镀层厚度波动性的大小，厚度变异系数越小，镀层厚度波动性就越小，零件与零件之间镀层厚度的均匀性就越好。混合周期 θ_m 与厚度变异系数 σ 的关系如式(3-1) 所示：

$$\theta_m \propto \sigma \tag{3-1}$$

从式中可以看出，零件的混合周期与厚度变异系数成正比关系。也就是说，零件的混合周期越短，厚度变异系数越小，镀层厚度波动性就越小。反之亦然。图 3-1 给出了单位时间内零件的混合次数与厚度变异系数之间关系的一个实例。

从图中可以看出，单位时间内零件的混合次数越多，镀层厚度变异系数就越小。而零件在单位时间内的混合次数多，说明零件的混合周期短。所以图 3-1 从

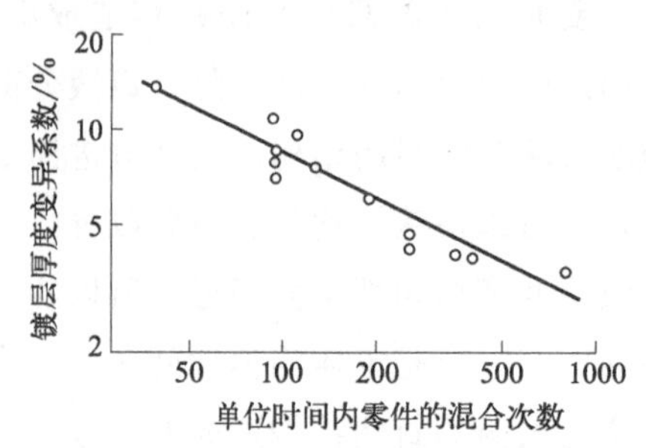

图 3-1 单位时间内零件的混合次数与厚度变异系数的关系

实例角度证明了混合周期与厚度变异系数的正比关系。

滚镀生产中经常使用的细长形滚筒，主要就是利用其零件混合周期短的特点，对减小镀层厚度波动性作用显著。比如，钕铁硼零件滚镀，使用细长形滚筒可明显提高产品合格率，尤其对于质量要求高的零件，其作用更重要。集成电路陶瓷外壳密封用盖板又薄又轻，尺寸也较小，采用普通滚镀，镀层厚度变异系数大于 35%，而采用振动电镀仅为 4.7%。这是因为对于某些特殊零件，采用振动电镀的方法，零件的混合周期远小于普通滚镀，镀层厚度波动性也就远优于普通滚镀。

综上所述，混合周期对镀层厚度波动性的影响主要体现在影响零件出现在表层概率的均等程度上。混合周期越短，零件出现在表层的概率越均等，镀层厚度波动性越小，产品合格率越高。所以滚镀生产中总会采取措施缩短零件的混合周期，以达到减小镀层厚度波动性和提高产品合格率的目的。

三、厚度变异系数

厚度变异系数也叫厚度相对标准偏差，用来表示各零件镀层厚度与平均厚度的变异程度，它能科学、准确地反映出各零件之间镀层厚度波动性的大小。计算方法如下：

$$\sigma=(S/d)\times 100\% \qquad (3\text{-}2)$$

式中 σ——厚度变异系数；

S——标准偏差；

d——平均厚度。

1. 平均厚度 d 的计算

平均厚度 d 很容易得出，只需将各个厚度数据相加后除以数据总数即可。计算方法如下：

$$d=(d_n+d_{n-1}+\cdots+d_1)/n \tag{3-3}$$

式中　$d_n, d_{n-1}, \cdots, d_1$——各零件的镀层厚度数据；

n——数据总数。

例如，一组5个厚度数据（单位μm）：6.2　6.1　5.8　5.9　5.5，该组数据的平均厚度 $d=(6.2+6.1+5.8+5.9+5.5)/5=5.9\mu m$。

2. 标准偏差S的计算

标准偏差又叫均方根偏差，用来表示各零件镀层厚度的精密度。根据被测零件的数量是有限还是无限，标准偏差的计算方法也略有不同。但在实际操作中，总是从批次产品中随机抽出一组零件进行测量并作相应运算，一般不会将无限多的产品全部测出。所以用有限测定数量时的计算公式来表达标准偏差更有实际意义。计算方法如下：

$$S=\sqrt{\frac{(d_n-d)^2+(d_{n-1}-d)^2+\cdots\cdots+(d_1-d)^2}{n-1}} \tag{3-4}$$

根据式(3-4)，上述5个厚度数据的标准偏差计算如下：

$$S=\sqrt{\frac{(6.2-5.9)^2+(6.1-5.9)^2+(5.8-5.9)^2+(5.9-5.9)^2+(5.5-5.9)^2}{5-1}}$$

$$\approx 0.27$$

根据式(3-2)，上述5个厚度数据的镀层厚度变异系数可作如下计算：$\sigma=(S/d)\times 100\%=(0.27/5.9)\times 100\%\approx 4.6\%$。说明该组零件镀层厚度偏离平均厚度的幅度为4.6%左右。

3. 实际运用

厚度变异系数能够比较准确地反映镀层厚度的波动情况。但为了做到更准确、可靠，在实际操作中，一般应尽可能多地抽测一些零件。因为厚度数据越多，得出的结果就越能说明问题。并且像这样的测量往往不止1次，可以多做几次，次数越多，结果就越准确。

例如，一批零件，需要了解其镀层厚度波动情况，第一次抽测10个零件，得出 $\sigma_1=5.5\%$；第二次又抽测10个零件，得出 $\sigma_2=5.2\%$；如此一共做了5次，其他三次分别为：$\sigma_3=5.0\%$，$\sigma_4=5.1\%$，$\sigma_5=5.3\%$。则该批零件比较真实的镀层厚度变异系数为：

$$\begin{aligned}\sigma &=(\sigma_1+\sigma_2+\sigma_3+\sigma_4+\sigma_5)/5\\ &=(5.5\%+5.2\%+5.0\%+5.1\%+5.3\%)/5\\ &\approx 5.2\%\end{aligned}$$

厚度变异系数除用来表示整体零件之间的镀层厚度波动情况外，还可用来表示单个零件表面的镀层厚度均匀性。

例如，某针状零件从头部到尾部五个测试点镀层厚度（单位：μm）分别为5.35 5.25 4.86 5.26 5.36，则该零件的镀层厚度变异系数可作如下计算：

① 平均厚度 $d=(5.35+5.25+4.86+5.26+5.36)/5\approx 5.22\mu m$

② 标准偏差

$$S=\sqrt{\frac{(5.35-5.22)^2+(5.25-5.22)^2+(4.86-5.22)^2+(5.26-5.22)^2+(5.36-5.22)^2}{5-1}}$$

≈ 0.21

厚度变异系数 $\sigma=0.21/5.22\approx 4\%$，说明该零件表面镀层厚度偏离平均厚度的幅度为4%左右。

厚度变异系数在电镀生产中具有实际指导意义，它可以帮助我们准确了解产品的镀层厚度波动情况。生产中常见对批次产品的镀层厚度波动性做抽测检验时，往往只限于测出一组或几组数据，然后做简单比较，或用最大值与最小值之差来说明问题。检测某零件镀层厚度均匀性时，也是仅在零件上的不同部位测出几个或多个数据，然后做简单比较。这样的检测结果难以说明问题。厚度变异系数是一个将镀层厚度波动性量化的、科学的、准确的标准，且方法并不复杂，可应用于实际生产。

第三节　混合周期对施镀时间的影响

一、受镀效率

与小零件挂镀相比，施镀时间长是滚镀的一个主要缺陷，这除滚镀难以使用大的电流密度外，混合周期的影响也是一个重要因素。由于混合周期的存在，滚镀的镀层沉积是个不连续的过程，当零件位于表层时有镀层沉积，这部分时间为零件的有效受镀时间；当零件位于内层时电化学反应基本停止，这部分时间不能算有效受镀时间。将零件的有效受镀时间占整个施镀时间的百分比，称作滚镀的受镀效率，其关系表达式如式(3-5) 所示：

$$\eta=\frac{\theta_1}{\theta}\times 100\% \tag{3-5}$$

式中　η——受镀效率；

θ_1——有效受镀时间；

θ——施镀时间。

从式中可以看出，滚镀的受镀效率不能像挂镀一样达到百分之百，因此即使能够使用大的电流密度，也不易在短时间内沉积一定厚度的镀层，即施镀时间相对较长。尽可能增加零件位于表层的时间即有效受镀时间，受镀效率才能提高，镀层才能尽快沉积，施镀时间才能尽可能缩短。

二、有效受镀面积比

混合周期影响了滚镀的受镀效率达不到100%，因此减小其不利影响是解决或改善问题的关键。减小混合周期的不利影响就是缩短零件的混合周期。但混合周期不能为零，只能尽可能减小，否则就无所谓滚镀了。在滚筒转速一定的情况下，零件的混合周期短，有效受镀面积占全部零件面积的比例大，这个比例即有效受镀面积比，其关系表达式如式(3-6)所示：

$$\lambda=\frac{S_1}{S}\times 100\% \tag{3-6}$$

式中　λ——有效受镀面积比；

S_1——有效受镀面积；

S——全部镀件面积。

有效受镀面积比大，零件的有效受镀时间与全部施镀时间的比例即受镀效率就高，则施镀时间短，生产效率高。比如，相同容量的细长形滚筒比粗短形滚筒零件的混合周期短，其有效受镀面积比大，滚镀相同数量的同一种零件时受镀效率高，施镀时间短。小尺寸滚筒与大尺寸滚筒比、滚筒装载量少与装载量多比，之所以施镀时间短也是一样的道理。

另外，在其他因素（如滚筒尺寸、大小、装载量等）一定的情况下，高滚筒转速下的混合周期缩短，不是靠影响有效受镀面积比，而是靠影响镀层厚度波动性来影响施镀时间的。滚筒转速高，零件的混合周期短，混合充分，镀层厚度波动性小，在一定厚度要求的情况下施镀时间必然缩短。比如，滚镀薄金转速很高，就是要在很短的时间内得到很薄的、镀层厚度波动性小的镀层。转速低是做不到的。

三、对施镀时间的影响

缩短零件的混合周期，可增大有效受镀面积比，或减小镀层厚度波动性，则施镀时间缩短。混合周期 θ_m 与施镀时间 θ 的关系表达式如式(3-7)所示：

$$\theta_m \propto \theta \tag{3-7}$$

从式中可以看出，零件的混合周期与施镀时间成正比关系。也就是说，零件的混合周期越短，施镀时间就越短。反之亦然。

例如，生产中经常遇到这样的情况：滚镀同样一种零件，达到相同的镀层厚度，使用大滚筒比使用小滚筒施镀时间长，且使用的滚筒越小，施镀时间就越短。一种 ϕ3mm×20mm 自攻螺丝氯化钾滚镀锌，镀层厚度要求 5～6μm。采用载重量 20kg 的滚筒，需要时间 40～50min；而在实验室做试验时，采用载重量 0.5kg 的滚筒，仅需 10～15min。一种 ϕ3mm×15mm 自攻螺丝滚镀亮镍，镀层厚度无要求，目测亮度合格即可。采用载重量 20kg 的滚筒，需要时间 90～120min；而采用载重量 0.5kg 的滚筒，仅需约 45min。其主要原因是：大滚筒零件混合周期长，受镀效率低，施镀时间长；而小滚筒则相反。

钕铁硼电镀滚筒一般较小，载重量多为 3～5kg。其重要原因之一是钕铁硼材质电位负，表面极易氧化。所以要求尤其预镀或直接镀时，电镀开始后应尽快上镀，以阻止其氧化进程。否则上镀越慢，零件氧化就越严重，镀层与基体的结合力就越差。而使用小滚筒时，因混合周期短，零件能尽快翻到表层受镀，镀层也就能尽快沉积，零件氧化程度小，镀层与基体的结合力就容易得到保证。

当然，以上举例旨在说明道理，并非说只有使用小滚筒才能缩短零件的混合周期。除滚筒大小外，零件的混合周期还与滚筒的结构、形状、尺寸、装载量、开孔率、转速等多种因素有关。比如，滚筒装载量对零件混合周期的影响也很大，当滚筒装载量超标时，零件的混合周期较长，因此为了保证镀层质量，其施镀时间必须有不同程度的加长。

综上所述，混合周期是影响滚镀施镀时间的重要因素。混合周期越短，受镀效率越高，施镀时间就越短。所以滚镀生产中总会采取措施缩短零件的混合周期，以达到缩短施镀时间和提高生产效率的目的。

四、混合周期关系式

混合周期是影响滚镀镀层厚度波动性和施镀时间的重要因素，将式(3-1) 和式(3-7) 综合后可得如下关系式：

$$\theta_m \propto \sigma\theta \qquad (3\text{-}8)$$

式中 θ_m——零件的混合周期；

σ——厚度变异系数；

θ——施镀时间。

从式中可以看出，混合周期与厚度变异系数和施镀时间均成正比关系。据此可知，混合周期影响了滚镀零件的镀层厚度波动性和施镀时间，混合周期长，会增大滚镀零件的镀层厚度波动性和加长施镀时间。

例如，在普通情况下，普通零件的滚筒装载量以滚筒容积的三分之一左右为宜，若过多，比如生产中经常会遇到超过二分之一，甚至更多的情况，结果施镀时间比正常装载量长或长很多，且镀层质量也不尽人意。因为当滚筒装载量超标时，零件在滚筒内的堆积变得严重，混合周期加长。则在与正常装载量相同的施镀时间内，镀层厚度波动性必然加大，镀层厚度也达不到要求，产品质量下降。而要达到与正常装载量相同的镀层厚度，施镀时间必然加长，且有时需要时间很长才能达到令人满意的效果。增加装载量是为提高生产效率，但施镀时间同时加长，效率等于没有提高，且镀层质量还可能下降，得不偿失。

另外，混合周期加长后，零件暴露在外层的时间加长，则可能因承受较大的电流密度而使镀层烧焦或结晶变粗；或埋在内层的时间加长，则可能因电化学反应停止而发生化学溶解或化学钝化现象（如钕铁硼零件或塑料零件滚镀），从而对镀层质量产生不利影响。

以上现象不仅存在于滚筒装载量超标时，凡是能引起零件混合周期加长的因素，如滚筒尺寸、大小、转速、横截面形状等不合适，都可能出现类似情况。所以，滚镀生产中总是会采取措施缩短零件的混合周期。混合周期短，在相同的施镀时间内镀层质量好，或达到相同的镀层质量施镀时间短，从而减小了对镀层厚度波动性、施镀时间及镀层质量等产生的不利影响。

第四节　减小混合周期不利影响的措施（一）——增大有效受镀面积比

减小混合周期的不利影响，就是缩短零件的混合周期。根据式(3-8)，零件的混合周期越短，厚度变异系数越小，施镀时间越短，产品质量和生产效率越高。缩短零件的混合周期，从增大有效受镀面积比的角度讲，在滚筒转速一定的情况下，可采取的措施有：选择合适的滚筒尺寸、滚筒大小、滚筒装载量，提高滚筒开孔率等。

一、滚筒尺寸

滚筒尺寸不同，滚镀时零件的混合周期是不同的。在滚筒容积、滚筒开孔率、装载零件的品种和数量相同的情况下，在滚筒转速一定时，滚筒细长些比粗短些有效受镀面积比大，则内、表层零件的变位速度快，单位时间内零件的混合次数多，混合周期短。所以生产中在不产生其他影响（比如滚筒使用寿命、电流分布等）的前提下，总会尽可能选择尺寸细长些的滚筒。一般滚筒长度是内切圆直径的1.3～1.8倍，细长形滚筒更大，比如目前生产中不乏长径比3或以上的滚筒，这是利用了细长形滚筒混合周期短的特点，取得了较好的应用效果。

图 3-2 所示为某细长形滚筒。

图 3-2　某细长形滚筒

例如，滚筒 1（300mm×ϕ120mm）和滚筒 2（220mm×ϕ140mm）容积同样为 2.8L，设定其滚筒开孔率相同。当同样装载 1/2 滚筒的同一种零件时，若不包含滚筒两端开孔时紧贴滚筒两端的表层零件，滚筒 1 的表层零件平面面积约为 9dm^2，而滚筒 2 约为 7.7dm^2。若包含滚筒两端开孔时紧贴滚筒两端的表层零件，滚筒 1 的表层零件平面面积约为 10dm^2，而滚筒 2 约为 9dm^2。可见在滚筒容积相同时，滚筒细长些比粗短些表层零件面积大，此时因装载零件的种类、数量相同，其全部零件面积是相同的，则滚筒 1 比滚筒 2 的有效受镀面积比大，用于生产时受镀效率高。

再如，滚筒 1（450mm×ϕ180mm）和滚筒 2（300mm×ϕ220mm）容积同样为 9.5L，设定其滚筒开孔率 μ 为 25%，同样装载 1/3 滚筒的直径 ϕ50mm、内孔 ϕ22mm、厚度 2.3mm、每只重量 28.5g 的铁垫圈，垫圈的复杂系数 a 可取 1.8。此时，滚筒 1 和滚筒 2 的有效受镀面积分别为：

$S_1=(1.732+2.5\mu)arl=(1.732+2.5\times25\%)\times1.8\times1.8/2\times4.5\approx17.2(dm^2)$；

$S_2=(1.732+2.5\mu)arl=(1.732+2.5\times25\%)\times1.8\times2.2/2\times3\approx14.0(dm^2)$。

由此可知，在装载相同数量的同一种零件时，滚筒 1（细长些）比滚筒 2（粗短些）的有效受镀面积大，此时因全部零件面积是相同的，则滚筒 1 比滚筒 2 的有效受镀面积比大，用于生产时受镀效率高。

钕铁硼滚镀使用细长形小尺寸滚筒较为广泛，零件的混合周期短，预镀或直接镀时上镀快，表面氧化程度小，镀层与基体的结合力好，产品质量高。如果是粗短形滚筒，零件的混合周期长，零件“滞留”内层的时间长，表面氧化程度大，镀层结合力差。镀铜加厚时，使用细长形小尺寸滚筒，因混合周期短，可减缓焦铜溶液对薄底镍层的腐蚀，既提高了产品质量，又减轻了底镍层太厚对产品热减磁的影响。钕铁硼直接滚镀无氰碱铜，使用细长形小尺寸滚筒道理一样，因混合周期短，可有效减缓置换镀的发生，提高镀层结合力。

电池壳等深、盲孔零件的滚筒长径比通常较大，目的是尽可能缩短零件的混合周期，以尽快变位到表层，加快腔内溶液更新，并有更多的机会受镀，从而达到一定的镀层质量要求。

所以选择合理的滚筒尺寸可减小混合周期的不利影响，提高镀层质量和受镀效率。生产中不乏有提出滚筒尺寸 600mm×ϕ500mm，甚至 100mm×ϕ150mm 的例子，其理由是增加直径比增加长度使得滚筒容量增加显著，这是没有考虑粗短形滚筒对镀层质量和受镀效率造成的影响。或为迎合现有的镀槽、场地等而这样做。

例如，某电镀厂为迎合现有镀槽，制作的滚筒较短，但为增加容量把滚筒直径加粗。起初使用这种滚筒总镀不出理想的产品来，后来减少了装载量，才使产品质量得到提高。这种现象其实不难解释，粗短形滚筒零件的混合周期长，产品质量和施镀时间必然受到影响。装载量减少后，零件的混合周期缩短，产品质量也就得到提高。但减少装料量，一是滚筒产能降低，二是滚筒利用率降低，达不到“又好又快”的目的，采用细长形滚筒才是明智之举。

二、滚筒大小

滚筒大小不同，滚镀时零件的混合周期是不同的。一般滚筒越小，零件的混合周期越短，有效受镀面积比越大，受镀效率高且镀层质量也较好。

例如，比较两种不同大小的滚筒 1（280mm×ϕ180mm）和滚筒 2（380mm×ϕ240mm）在装载量 1/3 时的有效受镀面积比。设定滚筒开孔率 μ 为 25%。零件仍为上文的铁垫圈（密度 7.8g/cm^3，每个重 8.5g），其公斤面积 $S=\frac{200}{\gamma h}+\frac{lh}{10M}=\frac{200}{7.8\times2.3}+\frac{(50+22)\pi\times2.3}{10\times28.5}\approx13.0(\text{dm}^2/\text{kg})$。

① 滚筒 1（280mm×ϕ180mm）：此时铁垫圈重约 5kg。

全部零件面积 $S=5\text{kg}\times13\text{dm}^2/\text{kg}=65\text{dm}^2$；

有效受镀面积 $S_1=(1.732+2.5\mu)arl=(1.732+2.5\times25\%)\times1.8\times1.8/2\times2.8\approx10.7(\text{dm}^2)$；

有效受镀面积比 $\lambda=S_1/S\times100\%=10.7/65\times100\%\approx16.56\%$。

② 滚筒 2（380mm×ϕ240mm）：此时铁垫圈重约 10kg。

全部零件面积 $S=10\text{kg}\times13.0\text{dm}^2/\text{kg}=130\text{dm}^2$；

有效受镀面积 $S_1=(1.732+2.5\mu)arl=(1.732+2.5\times25\%)\times1.8\times2.4/2\times3.8\approx19.3(\text{dm}^2)$；

有效受镀面积比 $\lambda=S_1/S\times100\%=19.3/130\times100\%\approx14.9\%$。

由上述计算结果可知，滚筒小比滚筒大有效受镀面积比大。这是因为随着滚筒尺寸的增大，其全部零件面积增大的幅度比有效受镀面积增大的幅度大，有效受镀面积比减小，受镀效率降低。所以生产中滚镀精密零件或高品质要求的零件时，总会尽可能选择尺寸小一点的滚筒，以利于缩短零件的混合周期。比如，钕铁硼滚筒不仅细长，而且尺寸小，是为一大特色，从“细”和“小”双重角度为产品质量提供了保障。图 3-3 所示为某规格钕铁硼“细”“小”滚筒。

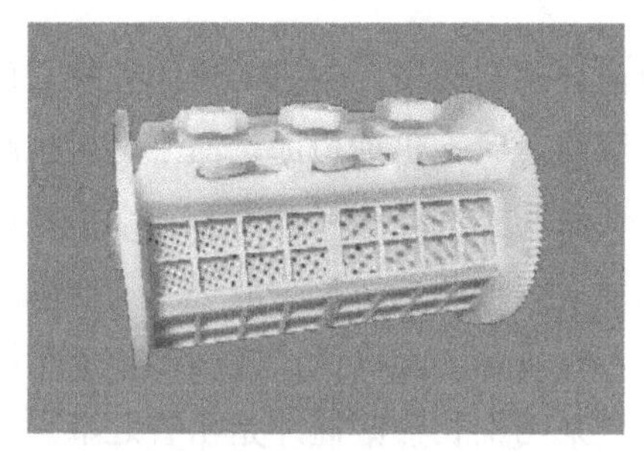

图 3-3　某规格钕铁硼“细”“小”滚筒

但滚筒小产能低，这样可能带来很多问题。比如，为完成产量需要增加滚筒数量，导致设备投资大、占地多，需要的操作工人多，劳动生产效率低等。所以生产中又总是希望使用的滚筒大一些，以尽可能提高产能，提高生产效率。滚筒小产能低，滚筒大混合周期长，所以应根据具体情况选择合适大小的滚筒，既提高生产效率，又减小混合周期的不利影响。下面主要根据镀种不同，介绍生产中常规情况下合适大小滚筒的选择方法。需要说明的是，文中仅简单地以载重量来表达滚筒的大小，且此时的载重量为普通紧固件占滚筒容积 1/3 左右时的重量。

1. 滚镀锌的滚筒大小

生产中滚镀锌的滚筒往往较大。因为一方面滚镀锌的加工量较大，另一方面滚镀锌多采用电流效率高的酸性镀锌工艺，弱化了混合周期的影响，为其使用较大的滚筒提供了一定的条件。从平衡“质量”与“产量”的关系角度讲，批量生产的滚镀锌滚筒的载重量 50～60kg 比较合适。太小产能低，产量得不到满足；太大看似产能提高，因零件混合周期加长致使施镀时间延长，不仅未必能提高生产效率，反倒可能使镀层质量下降，得不偿失。尤其零件尺寸不大时，因筒壁开孔尺寸无法加大，本来施镀时间已经很长，再使用太大的滚筒会更长。所以这时滚筒不仅不能加大，还要比平时小。如果是共线生产，可保持滚筒长度不变只缩小直径，这样滚筒变成了细长形，零件混合周期缩短，镀层质量提高。

但零件尺寸较大（尤其体积大、重量轻）时，使用更大的滚筒是可行的。比如，玛钢件、双头铆栓等滚镀锌，常常会使用载重量 100kg，甚至更大的滚筒。一方面这些零件的电镀加工量的确很大，滚筒产能低无法与之相适应；另一方面不高的镀层质量要求、出色的电镀工艺性能和较大的零件尺寸等也使其使用更大的滚筒成为可能。甚至生产中不乏载重量 300～500kg 的滚筒，实在没办法，量太大了，场地也有限，只能退而求其次了。但这并非值得效仿，应根据具体情况，比如电镀加工量、镀层质量要求、镀种工艺特点及零件特点等来确定合适大小的滚筒。图 3-4 所示为某大载量镀锌滚筒。

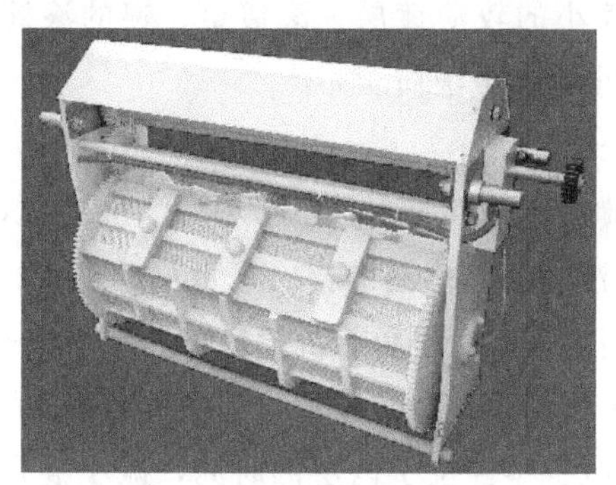

图 3-4　某大载量镀锌滚筒

2. 滚镀镍、铜的滚筒大小

与滚镀锌相比，滚镀镍的滚筒往往会小一点。因为一滚镀镍的电镀加工量小得多，二镀液导电性差，电流开得小，滚筒太大的话，不仅生产效率未必能提高，镀层质量还可能下降。滚镀铜常常作为滚镀镍的底层或中间层，电镀加工量与滚镀镍相当，施镀时间常常比滚镀镍短或相当，所以滚筒一般不会比滚镀镍大。一般滚镀镍、铜的滚筒载重量不超过 30kg，滚筒容积不超过 40L。

但在重量轻的零件滚镀镍、铜时，可根据零件的电镀加工量、镀层质量要求等情况适当加大滚筒容积。比如打火机风帽滚镀镍，使用的滚筒会比普通 30kg 滚筒大。因为体积大、重量轻的零件，在相同堆积体积时零件数量少，更容易从内层翻出到表层，即变位快，因此使用大滚筒时零件混合周期的影响相对较小。

3. 滚镀锡的滚筒大小

与滚镀镍、铜相比，滚镀锡的滚筒往往会小一点。因为：①滚镀锡的电镀加工量相对较小，载重量不大的滚筒一般能满足产量要求，只是有时需要根据情况适当增加滚筒数量；②滚镀锡镀层多为可焊性，厚度较薄，且多采用镀速快的酸性镀锡工艺，不需要太长时间就能达到要求的镀层厚度，若零件的混合周期较长，不利于在不长的时间内获得薄且厚度波动性小的镀层。而滚筒小一些，更容易满足滚镀锡零件混合周期短的要求。滚镀锡的滚筒载重量一般以不超过5～10kg为宜。

4. 滚镀金、银的滚筒大小

与滚镀锡相比，滚镀金、银的滚筒往往更小。因为：①滚镀金、银的电镀加工量往往更小；②滚镀金、银的镀层质量要求较高；③滚镀金、银的溶液昂贵。尤其滚镀薄金、银使用的滚筒更小。因为滚镀薄金、银施镀时间极短，如滚镀薄金可能只有1～2min，滚筒太大，零件混合周期长，难以在较短的时间内充分混合，并得到厚度波动性小的较薄镀层。滚镀金、银的滚筒载重量一般为0.5～5kg。图3-5所示为某小型镀金滚筒。

5. 滚镀铬的滚筒大小

生产上使用的滚镀铬滚筒尺寸并不小，比如400mm×ϕ400mm，若是常规镀种载重量15～20kg没问题。但滚镀铬时载重量并不大，约5kg。因为铬层极易钝化，滚镀的混合周期又不可避免，沉上铬层的零件位于内层时钝化，翻出再镀时镀层发灰。使用大滚筒而减小装载量，是要增大零件的摊开面积（准确地说是有效受镀面积比），减少零件位于内层的时间，减小混合周期的影响。并且金属丝网滚筒阴极也使小装载量时的导电得到保障。当滚筒尺寸为400mm×ϕ400mm时，装得不多的零件摊开在滚筒底部只有薄薄的一层，重约5kg。

6. 化学滚镀的滚筒大小

化学滚镀的滚筒大小主要受零件加工量的影响。与其他镀种相比，化学滚镀的零件加工量较小，滚筒往往也较小，载重量一般为3～5kg。但即使零件加工量大，也不宜使用太大的滚筒。因为：①化学镀较高的溶液温度会影响滚筒的强度和使用寿命；②尽管零件在内层时镀层也能沉积，貌似混合周期影响较小，但毕竟不如在表层充分，滚筒小的话，混合周期短，更利于镀层的快速沉积。图3-6所示为某化学镀滚筒，载重量约5kg。

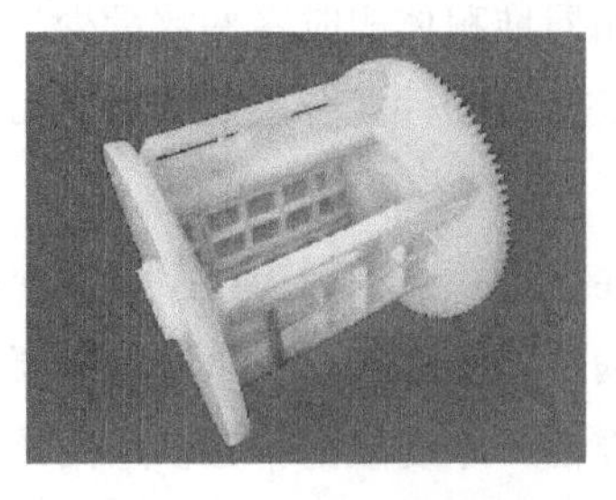

图3-5 某小型镀金滚筒

图3-6 某化学镀滚筒

7. 零件特点对滚筒大小的影响

零件特点往往对选择合适大小的滚筒产生重要的影响。例如，钕铁硼滚镀虽然加工量大，施镀时间长，但多使用载重量 3～5kg 的小滚筒。这主要是由钕铁硼材质的表面物理化学性质决定的：①表面极易氧化，大滚筒零件混合周期长，零件“滞留”在内层的时间长，表面氧化程度大，镀层与基体的结合力难以保证；②材质脆性大，大滚筒零件间相互磨削的程度大，零件表面受损程度大，尤其尺寸大的零件易产生“磕角”“磕边”等现象。图 3-7 所示为某易“磕角”的钕铁硼镀镍方块。

滚镀二极管、导针、鱼钩或类似的易缠绕零件，零件不易离合与变位，混合周期可看作无穷大。这时表层零件自能正常受镀，内层零件因不易翻出主要依赖于镀液深镀能力的好坏。若滚筒太大，零件抱的团就大，深镀能力差的镀液不易“惠及”内层零件，增加了其受镀难度。而滚筒小一些，情况就会好一些。所以滚镀易缠绕零件的滚筒一般不宜太大，如滚镀二极管通常使用载重量不超过 10kg 的滚筒，滚镀鱼钩通常使用不超过 5kg 的滚筒。图 3-8 所示为某二极管。

图 3-7 某钕铁硼镀镍方块

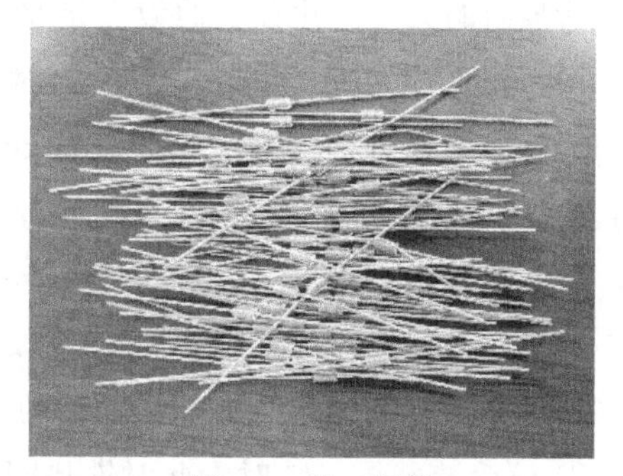

图 3-8 某二极管

滚镀小尺寸零件总会比滚镀普通零件的滚筒小，因为在同一滚筒内装载相同体积的零件时，小尺寸零件比普通零件的数量多，零件的堆积、重叠情况严重，混合周期长。滚筒小一些，混合周期就会短一些，利于滚镀小尺寸零件时施镀时间的缩短和镀层质量的提高。

总之，选择合适大小滚筒的原则是，若不受其他因素（如镀层质量要求、镀种工艺特点及镀件特点等）制约，应尽可能采用大滚筒，以提高产能，提高生产效率。但若受到制约，应酌情减小滚筒载重量，以减小混合周期的不利影响，此时的产量缺失，可通过适当增加滚筒数量来弥补。否则一味追求产能而盲目选用大滚筒，可能会适得其反。现将生产中常规情况下合适的滚筒大小列于表 3-1，新产品或新项目上马做设备选型时参考此表或能少走一些弯路。

表 3-1 生产中常规情况下合适的滚筒大小

镀种	载重量/kg	
滚镀锌	普通零件/mm	≤50～60
	大尺寸零件/mm	≥50～60
滚镀镍、铜	≤30	
滚镀锡	≤10	
滚镀金、银	0.5～5	
滚镀(六价)铬	≤5	
化学滚镀	3～5	
钕铁硼滚镀	3～5	

三、滚筒装载量

滚筒装载量指滚筒内的零件占整个滚筒容积的体积比，它与滚筒载重量的概念不同。滚筒载重量指滚筒能够盛装零件的重量，它一般习惯地被人们用来简单地表示滚筒的大小。比如，假设一定量普通铁螺丝在 650mm×ϕ400mm 滚筒内的堆积体积占该滚筒容积的 1/3，此时的滚筒装载量为 1/3，滚筒载重量约为 50kg，且该滚筒常常被称作载重量 50kg 的滚筒。滚筒装载量不同，滚镀时零件的混合周期是不同的。一般装载量小比装载量大混合周期短，有效受镀面积比大，受镀效率高。

例如，设定滚筒开孔率 μ 为 25%，零件仍为上文的铁垫圈，比较 380mm×ϕ240mm 滚筒在装载量 1/3 和 1/2 时的有效受镀面积比。

① 滚筒装载量 1/3 时：此时铁垫圈重约 10kg。

全部零件面积 $S=10\text{kg}\times13.0\text{dm}^2/\text{kg}=130\text{dm}^2$；

有效受镀面积 $S_1=(1.732+2.5\mu)arl=(1.732+2.5\times25\%)\times1.8\times2.4/2\times3.8\approx19.3(\text{dm}^2)$；

有效受镀面积比 $\lambda=S_1/S\times100\%=19.3/130\times100\%\approx14.9\%$。

② 滚筒装载量 1/2 时：此时铁垫圈重约 15kg。

全部零件面积 $S=15\text{kg}\times13.0\text{dm}^2/\text{kg}=195\text{dm}^2$；

有效受镀面积 $S_1=(1.732+3\mu)arl=(1.732+3\times25\%)\times1.8\times2.4/2\times3.8\approx20.4(\text{dm}^2)$；

有效受镀面积比 $\lambda=S_1/S\times100\%=20.4/195\approx10.4\%$。

由上述计算结果可知，滚筒装载量小比装载量大有效受镀面积比大。这是因为随着装载量的增大，全部零件面积增大的幅度比有效受镀面积增大的幅度大，有效受镀面积比减小，受镀效率降低。比如，在全部加工快完成时，剩余零件不足以分装成两滚筒去镀，便全部装在一个滚筒里镀。结果在相同的施镀时间内镀层质量大不如前，于是不得不加长时间再镀，但最终也不能取得令人满意的效果。剩余零件分装成两滚筒稍显不足，但装在一个滚筒里镀显然装载量超标了，导致混合周期加长，在相同的时间内镀层质量相对较差。并且有时即使加长施镀时间，也可能难以达到令人满意的效果。所以生产中应选择合适的滚筒装载量，从而既提高滚镀的生产效率，又减小零件混合周期的不利影响。

一般普通零件的滚筒装载量以滚筒容积的 1/3～2/5 为宜，过多过少均不合适。小于 1/3，滚筒装载量过小，不仅生产效率低，还可能因零件过少无法与阴极导电钉正常接触；大于 2/5，滚筒装载量过大，一方面零件混合周期较长，生产效率未必能提高，另一方面因滚筒内溶液量相对减少使金属离子浓度下降过快，从而对镀液稳定性产生不利影响。但对于体积大重量轻的零件（如冲压件），滚筒装载量超过 2/5 是可行的。因为这种零件与普通零件相比，在相同堆积体积时零件数量少，混合周期对镀层质量的影响也小；并且因零件总表面积小，消耗的金属离子数量相对较少，滚筒内镀液成分变化也就相对较慢。

在 1/3～2/5 范围内，装载量小一些，零件的混合周期短，利于镀层质量的提高，但产量会降低；装载量大一些，产量高，但零件的混合周期长，不利于镀层质量的提高。一般从平衡“质量”与“产量”的关系角度讲，普通零件的最佳滚筒装载量为滚筒容积的 1/3 左右。

上例中如果剩余零件不足以分装成两滚筒，切不可图省事全部装在一只滚筒里镀。正确的做法是：可仍按照正常的滚筒装载量操作，最后剩余不足一滚筒的零件时再换成小一些的滚筒来镀。这样操作上并不繁琐，却使产品质量得到保证。实际上，很多电镀厂除用于正常生产的大滚筒外，一般都还备有机动性很强的小滚筒。

四、滚筒开孔率

当零件位于表层时，并非全部面积都是有效的。其中表内零件的非孔眼部分面积，因受到壁板的屏蔽可近似认为电化学反应中断，是无效的，这部分面积等同于内层零件的面积。滚筒开孔率扩大，零件上非孔眼部分的面积减小，有效受镀面积增大，而全部零件面积是一定的，因此有效受镀面积比增大。

例如，零件仍为上文的铁垫圈，比较 380mm×ϕ240mm 滚筒在装载量 1/3 时，滚筒开孔率 25％和 35％的有效受镀面积比。

① 滚筒开孔率25%时：此时铁垫圈重约10kg。

全部零件面积 $S=10\text{kg}\times13.0\text{dm}^2/\text{kg}=130\text{dm}^2$；

有效受镀面积 $S_1=(1.732+2.5\mu)arl=(1.732+2.5\times25\%)\times1.8\times2.4/2\times3.8\approx19.3(\text{dm}^2)$；

有效受镀面积比 $\lambda=S_1/S\times100\%=19.3/130\times100\%\approx14.9\%$。

② 滚筒开孔率35%时：此时铁垫圈重仍为约10kg。

全部零件面积 $S=10\text{kg}\times13.0\text{dm}^2/\text{kg}=130\text{dm}^2$；

有效受镀面积 $S_1=(1.732+2.5\mu)arl=(1.732+2.5\times35\%)\times1.8\times2.4/2\times3.8\approx21.4(\text{dm}^2)$；

有效受镀面积比 $\lambda=S_1/S\times100\%=21.4/130\times100\%\approx16.5\%$。

可见增加滚筒开孔率可直接增大有效受镀面积比，受镀效率提高。另外，滚筒开孔率提高后更重要的一点是，滚筒的透水性改善，滚筒内金属离子补充的阻力减小，电流效率提高，电流密度上限提高，镀层沉积速度加快。

综上所述，从增大有效受镀面积比角度缩短零件的混合周期，可从滚筒尺寸、滚筒装载量、滚筒大小、滚筒开孔率等多方面采取措施。然而生产中难免存在零件产量高、要求低的情况，可能无法顾及某些原则，比如滚筒小一点、装载量少一点等，这需要具体问题具体分析，不好一以贯之。但必须对缩短零件混合周期、提高受镀效率的措施做到心中有数，便于实际操作时根据情况灵活运用。另外，因目前的滚镀件面积计算方法存在缺陷，文中的某些计算结果可能不精确，但不妨碍对比，对比结果是准确的。

第五节　减小混合周期不利影响的措施（二）——减小镀层厚度波动性

缩短零件的混合周期，从降低镀层厚度波动性的角度讲，在其他因素（滚筒尺寸、大小、装载量、开孔率等）一定的情况下，可采取的措施有：选择合适的滚筒转速以及滚筒横截面形状等。

一、滚筒转速

1. 滚筒转速对混合周期的影响

在滚筒尺寸、大小、装载量、开孔率等因素一定的情况下，滚筒转速不同，零件的混合周期不同。转速越高，混合周期越短。因为转速高，单位时间内零件的混合次数多，混合周期短。比如，滚筒转速7r/min，假设1min内零件混合10次；若滚筒转速14r/min，1min内零件混合20次。而单位时间内零件的混合次数越多，混合周期就越短。

例如，有时在预期时间内各零件之间镀层的一致性不佳，有的亮度好一些，有的差一些（即镀层厚度波动性大）。改善的办法：一是加长施镀时间；二是缩短混合周期。加长施镀时间一般不易于被人们接受。缩短混合周期的办法很多，在滚筒尺寸、装载量等因素固定的情况下，提高滚筒转速不失为一个行之有效的办法。所以，在适当提高滚筒转速后，在预期时间内各零件之间镀层的一致性大为改观。

钕铁硼滚镀要求零件表面应尽快上镀，以抑制基体过快氧化，避免镀层结合力不良。缩短零件的混合周期，使零件有更多及更均等的机会出现在表层，是使镀层尽快沉积的有效措施，而提高滚筒转速又是缩短混合周期的有效措施。所以，钕铁硼滚筒有时转速很高，就是为了缩短零件的混合周期，使其表面尽快上镀。但钕铁硼材质脆性大，高转速可能造成零件表面受损。缩小滚筒直径，在角速度一定的情况下线速度减小，零件之间相互磕碰的强度减弱，表面受损程度也就减轻了。

滚镀锌生产线钝化工位的滚筒转速要比其他工位高很多。因为钝化的处理时间较短，在较短的时间内，要使零件均等地翻到表层接受处理，只有尽可能缩短零件的混合周期。否则，可能出现零件之间钝化膜厚薄不均、颜色不一致或锌层溶解多少不均等质量问题。而提高滚筒转速可缩短零件的混合周期，所以钝化的滚筒转速往往很高，如 20r/min 或以上。尽管这样，在短时间内使滚筒内的零件充分混合也非易事，所以如果量不是很大，最好将钝化放在线外进行，或采取其他更合理的方法，如采用改良的钝化工艺、特殊的钝化设备等。

所以提高滚筒转速，有利于缩短零件的混合周期。根据 $\theta_m \propto \sigma\theta$，混合周期短，在一定的施镀时间内镀层厚度波动程度小。反过来，由于镀层厚度波动程度减小，与转速低时相比，施镀时间缩短，生产效率提高。

2. 滚筒转速的选择

提高滚筒转速，对缩短零件的混合周期是有利的。但滚筒转速的提高会受到多种因素的影响或制约，如镀层硬度、镀种工艺特点、滚筒尺寸、零件特点等，因此生产中应根据具体情况选择合适的滚筒转速。

① 镀层硬度的影响　滚镀时零件之间、零件与滚筒壁板之间存在相互磨削作用，如果滚筒转速过高，磨削作用太强，抵消了混合周期缩短带来的电镀时间缩短红利。所以滚筒转速要视不同镀种的镀层金属硬度不同而不同。镀层硬度不同，滚镀时零件之间的磨削程度不同，采用的滚筒转速也不同。一般，滚镀硬度

低的金属转速低一点，反之高一点。

例如，滚镀硬度较低的金属（如锌、镉等），转速一般为 6～8r/min，而滚镀硬度较高的金属（如镍、铜等），转速一般为 10～12r/min。金和银与锌、镉等同属硬度不高的金属，常规情况下滚镀金、银可采用 6～8r/min 的转速。但滚镀金、银一般使用的滚筒较小，小滚筒转动时零件之间的磨削程度较轻，所以滚筒转速也可适当提高，如 10～12r/min。

但在滚镀薄金、银时，因施镀时间较短，转速往往很高，如 25r/min，以使零件能在较短的时间内充分混合，得到整体均匀性较好的薄镀层。同样，滚镀锡因镀速较快且一般不厚，施镀时间也不长。而要在较短的时间内使零件充分混合，尽管锡镀层的硬度不高，转速往往也会适当提高，如 8～12r/min。

② 镀种工艺特点的影响　除镀层硬度外，不同镀种的工艺特点对滚筒转速也有影响。例如，滚镀铬转速只有 1r/min 左右，因为镀铬要求电流平稳、连续，中途不能断电，否则镀层钝化造成零件表面“挂灰”。但滚镀的间接导电方式，使零件短时断电不可避免。滚镀铬转速越快，越容易造成零件断电镀灰。而转速慢一些，虽然不能完全避免零件断电，但会尽可能减少或减轻，尽可能使零件接触良好。所以，尽管铬镀层的硬度非常高，也只能采用极低的滚筒转速。

化学镀层与电镀层相比，化学镀层靠化学反应沉积，生成速度快，但因无阴极极化的作用，生长速度慢。电镀层靠电化学反应沉积，阴极需要达到一定的极化才能沉积合格的镀层，所以生成速度慢，但因有阴极极化的作用，生长速度快。简单讲，化学镀层“生”得快，“长”得慢，电镀层“生”得慢，“长”得快。比如，高磷化学镍镀速约 0.13～0.17μm/min，光亮化学镍镀速约 0.25～0.3μm/min，而电镀镍在电流密度为 2.5A/dm^2 时镀速约为 0.5μm/min。为减小滚筒转动对化学镀层“长高”的影响，一般化学滚镀的转速低于电镀转速，一般采用 3～5r/min。

③ 滚筒尺寸的影响　根据镀层硬度选择滚筒转速比较适用载重量不大的小滚筒。当滚筒直径较大时，零件的混合周期加长，从这个角度讲，转速应该比小滚筒时高。但零件运行的线速度加大，零件之间的磨削程度加大，这时提高滚筒转速，尽管可缩短零件的混合周期，但未必会使电镀时间缩短。所以生产中使用大滚筒未必就比小滚筒转速高，比如滚镀锌，大滚筒小滚筒一般都采用 6～8r/min 的转速。

但在采用细长形滚筒时，不管滚筒大小，因直径减小，零件运行的线速度减小，零件之间的磨削程度减轻，因此可采用比同类别滚筒更高的转速。比如，钕铁硼滚镀当使用普通小滚筒时，因产品脆性大转速不宜太高。但为缩短混合周期尽快上镀，又要提高转速，采用细长形小滚筒可使这个问题得到解决。

④ 零件特点的影响　零件表面的物理化学性质、零件形状等，也会对滚筒转速产生较大的影响。比如，钕铁硼产品表面易氧化，材质脆性大，所以比普通零件的滚筒转速讲究更多。滚镀片状零件往往转速较高，因为片状零件易“贴片”，镀层容易产生“滚筒眼子印”“发花”等缺陷，提高滚筒转速是解决或改善这一问题的有效措施。

另外，若对镀层亮度要求较高，可使用比常规情况下高的滚筒转速。因为滚筒转速高，零件之间相互抛磨的作用大，镀层亮度就高。当滚筒孔径较小时，应适当提高滚筒转速。因为孔径越小，表内零件就越容易烧焦，适当提高滚筒转速，可减少零件在滚筒内壁的停留时间，降低镀层烧焦的概率。

总之，选择合适滚筒转速的原则是，在不产生其他影响的前提下，滚筒转速越高越好。比如，钕铁硼滚镀当使用细长形小滚筒时，就把零件之间的磨削作用降到了最低，这时在保证零件表面不受损或受损较轻的前提下，可采用较高的滚筒转速，以缩短零件的混合周期。常规情况下滚筒转速的选择方法见表3-2，供生产时参考。

表3-2　常规情况下的滚筒转速

镀种	滚筒转速/(r/min)		
滚镀锌、镉	6～8(使用小滚筒时取上限，使用大滚筒时取下限)		
滚镀镍、铜	使用小滚筒时	普通型小滚筒	10～12
		细长形小滚筒	可10～12以上
	使用大滚筒时	普通型大滚筒	6～8
		细长形大滚筒	10～12
滚镀金、银	滚镀厚金、银		6～12
	滚镀薄金、银		15～25
滚镀锡	8～12(使用小滚筒时取上限，使用大滚筒时取下限)		
滚镀铬	0.3～1.2(零件小数量多时取下限，零件大数量少时取上限)		
化学滚镀	3～5		
钕铁硼滚镀	使用普通型小滚筒时		6～8
	使用细长形小滚筒时		可视情况使用高转速

二、滚筒横截面形状

卧式滚筒的横截面形状最常见的有六角形，其他有七（八）角形、圆形等。

横截面形状不同，滚镀时零件的混合周期是不同的。一般，面越少混合周期越短，比如六角形滚筒比七（八）角形滚筒混合周期短。因为面越少，滚筒两个壁板之间的夹角越小，当滚筒从一个角转动至另一个角时，平面壁板对零件翻动的强度大，零件的混合充分，混合周期短。比如，六角形滚筒两个壁板之间的夹角为120°，小于八角形滚筒的135°，壁板对零件的翻动强度大，零件的混合周期短。

圆形滚筒不像多角形滚筒一样是平面壁板，可看作无数个壁板之间夹角为180°，所以零件的混合周期最长。圆形滚筒几乎无法使零件翻滚，不仅混合周期长，零件之间相互抛磨的作用也弱，镀层表面质量差。所以，尽管圆形滚筒比相同外形尺寸的六角形滚筒装载量大，生产中也只是在特殊情况下才使用。五角形滚筒虽然壁板之间夹角更小，零件的混合周期更短，但翻动强度过大，容易使零件磨损，磕碰严重，且装载量小，也是在特殊情况下才使用。

综合来看，六角形滚筒在混合周期、装载量、镀层表面质量等多方面比较平衡，因此在生产中应用最广泛。其他形状滚筒在某些特殊情况下才使用。比如，一般八角形滚筒在直径较大时才使用；圆形滚筒用于某些怕磕碰的大尺寸零件，效果较好；针对易翻滚的钕铁硼零件，采用小尺寸七角形滚筒可减轻对零件的磕碰，增加装载量；等等。

在不产生其他影响（零件磨损、磕碰严重）的前提下，尽可能缩小滚筒壁板之间的夹角，可缩短零件的混合周期。曲壁滚筒在六角形滚筒基础上，从每个壁板长度方向的中心线向内折一定角度（图3-9）。内折后原来壁板之间的夹角缩小，壁板对零件的翻动强度增大，混合周期缩短，同时不像五角形滚筒一样装载量减小过多。曲壁滚筒在某些特殊零件的滚镀中得到了较好的应用。比如，碱性锌锰、镍镉、镍氢等电池壳滚镀镍，使用曲壁滚筒比普通六角形滚筒更容易使内、表层零件快速变位，使内腔的溶液快速更新，从而达到一定厚度的符合要求的镀层。

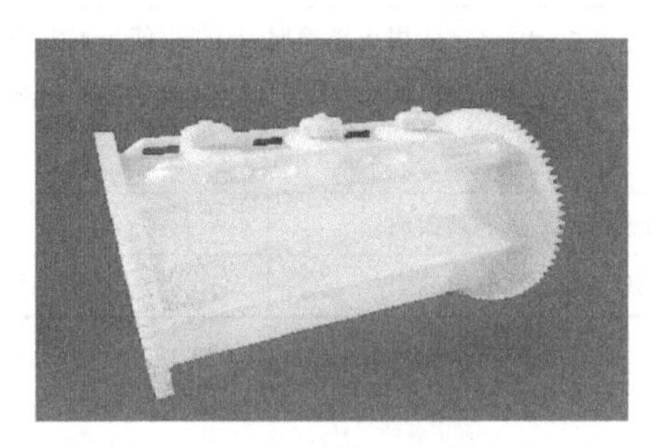

图3-9 某曲壁滚筒

综上所述，从减小镀层厚度波动性角度缩短零件的混合周期，可从滚筒转速、滚筒横截面形状等方面采取措施。一般，在不产生其他影响的前提下，应尽可能提高滚筒转速。并且，若无其他特殊情况或要求，应尽可能选用六角形滚筒，以尽可能减小混合周期的不利影响，提高产品质量，提高生产效率。

第六节　减小混合周期不利影响的措施（三）——采用振动电镀

根据零件的具体情况选择合适的滚镀方式是缩短混合周期影响的有效措施。采用振动电镀，可同时从增大有效受镀面积比和减小镀层厚度波动程度两个角度缩短零件的混合周期，以减小混合周期的不利影响。

例如，振动电镀，振筛外径 ϕ300mm，内径 ϕ100mm。零件为 ϕ2mm 钢球，单个零件重 0.033g，振筛总载重 1.5kg。

（1）全部零件面积 S 的计算

单个零件面积为 $S_0=\pi R^2=3.14\times0.02^2=0.001256$（$dm^2$）；

1.5kg 零件数量为 $1.5\times1000\div0.033=45455$（个）；

则：$S=0.001256\times45455\approx57$（$dm^2$）。

（2）有效受镀面积 S_1 的计算

已知：振筛外圆半径 r_1 为 1.5dm，内圆半径 r_2 为 0.5dm，筛底和筛壁开孔率 μ 为 15%，零件在筛内的厚度 h 为 0.1dm，钢球的复杂系数可取 2.2。则：

$$\begin{aligned}S_1&=\pi\alpha\left[(1+\mu)(r_1^2-r_2^2)+2r_1h\mu\right]\\&=3.14\times2.2\left[(1+0.15)(1.5^2-0.5^2)+2\times1.5\times0.1\times0.15\right]\\&\approx16.2\ (dm^2)\end{aligned}$$

（3）有效受镀面积比 λ 的计算

$\lambda=S_1/S\times100\%=16.2/57\times100\%\approx28\%$。

可见，振动电镀的有效受镀面积比相对于普通滚镀是比较大的。如果进一步减小零件装载量，相当于减小全部零件面积，则有效受镀面积比会进一步增大。另外，振动电镀通过控制零件的振动频率或振幅等振动条件来控制零件在振筛料筐内的混合条件，以减小零件混合周期，从而达到控制镀层厚度波动程度的目的。振动电镀如果选择的振动条件适当，可将镀层厚度波动程度控制到最小。尤其对于某些特殊零件（如薄壁件），采用振动电镀其镀层厚度波动程度比传统滚镀小得多。

例如，集成电路陶瓷外壳密封用盖板的电镀。该产品薄而轻，一般尺寸只有6mm×9mm×0.1mm，在进行平行缝焊密封时要求气密性高，且表面镀层应具有抗盐雾试验能力24h以上。若采用普通滚镀，产品易变形且镀层厚度极不均匀，成品率只有50%左右，更重要的是镀层耐腐蚀性无法满足要求。而采用振动电镀后情况大为改观。该产品需要经过电镀镍→化学镀镍→镀金三步镀覆，每步均采用振动电镀。表3-3为盖板采用“氨基磺酸盐镀镍工艺+周期换向脉冲电流”振动镀镍的镀层厚度测试结果。

表3-3 盖板振动镀镍镀层厚度测试结果

产品名称	集成电路陶瓷外壳封盖		工艺种类	电镀镍		处理时间/min	30
盖板数量/片	3000		镀件规格/mm	6×9×0.1		测试数量/片	10
项目	A面厚度测试三点/μm			B面(A的反面)厚度测试三点/μm			每片平均厚度/μm
盖板序号	1	2	3	1	2	3	
1	5.54	5.65	5.57	5.52	5.53	5.69	5.58
2	5.58	5.50	5.49	5.25	5.51	5.53	5.48
3	5.32	5.44	5.51	5.55	5.77	5.72	5.55
4	5.63	5.18	5.51	5.66	5.58	5.57	5.52
5	5.54	5.43	5.69	5.35	5.29	5.46	5.46
6	5.57	5.63	5.65	5.95	5.75	5.91	5.74
7	5.58	5.49	5.51	5.53	5.63	5.54	5.55
8	5.73	5.53	5.18	5.41	5.30	5.68	5.47
9	5.42	5.44	5.29	5.72	5.45	5.74	5.51
10	5.33	5.28	5.40	5.41	5.48	5.47	5.40
平均厚度/μm	5.53						
厚度变异系数/%	1.7						

化学镀镍仍采用振动电镀，同样取得了较好的效果。表3-4为盖板在电镀镍后采用振动化学镀镍的镀层厚度测试结果。化学镀镍后采用酸性镀金工艺进行振动镀金，时间30min，金层厚度1.02μm，厚度变异系数4.7%。而采用普通滚镀，厚度变异系数大于35%。镀金后的盖板与陶瓷外壳封接可经受400℃、15min高温考核，24h盐雾试验镀层不变色，不起皮，内腔气密性R1≤1×10^{-3} $(Pa\cdot cm)^3/S$（R1为漏气率），产品合格率为95%。

表 3-4 盖板振动化学镀镍的镀层厚度测试结果

产品名称	集成电路陶瓷外壳封盖		工艺种类	化学镀镍		处理时间/min	20
盖板数量/片	3000		镀件规格/mm	6×9×0.1		测试数量/片	10
项目	A 面厚度测试三点/μm			B 面(A 的反面)厚度测试三点/μm			每片平均厚度/μm
盖板序号	1	2	3	1	2	3	
1	4.57	4.64	5.00	4.62	4.61	4.66	4.68
2	4.47	4.17	5.01	4.87	4.83	4.49	4.64
3	4.65	4.50	4.23	4.56	4.29	4.31	4.42
4	4.64	4.58	4.46	4.43	4.38	4.46	4.48
5	4.43	4.43	4.45	4.58	4.51	4.52	4.52
6	4.73	4.63	4.52	4.62	4.48	4.46	4.57
7	4.53	4.43	4.63	4.63	4.43	4.47	4.52
8	4.84	4.88	4.65	4.52	4.42	4.52	4.64
9	4.49	4.53	4.45	4.45	4.38	4.38	4.45
10	4.28	4.38	4.49	4.60	4.41	4.47	4.44
平均厚度/μm	4.54						
厚度变异系数/%	2.0						

振动电镀从增大有效受镀面积比和减小镀层厚度波动性两个角度缩短零件的混合周期，收效显著，在减小零件混合周期的不利影响上优于普通滚镀，尤其适于高品质要求的电子产品及针状、片状、细小、易变形、易缠绕等异型零件的电镀。

另外，减小零件混合周期的不利影响，有时还根据情况辅之以相应的技巧，从而起到事半功倍的效果。比如，片状零件的滚镀，因零件容易“贴片”，混合周期的影响比其他零件严重。针对这种情况，生产中除采取提高滚筒转速等措施外，还常常加入一定比例的陪镀物，以促进零件之间更加充分地混合。用作陪镀物的常常是一些翻动性良好且能导电的球状小零件，如大小不一的钢球。这些钢球小的像米粒，甚至更小，大的如轴承的滚珠，它们在片状零件的滚镀中均起到不可忽视的作用。比如，片式电子元器件及钕铁硼片状零件的滚镀，均需加入大小不一、比例不等的钢球作陪镀。否则因零件混合周期的影响较大，镀层质量难以满足要求。

第七节 滚镀防“贴片”措施知多少

滚镀片状零件时，“贴片”一直是个令人头疼的问题。“贴片”分两种情况，一种是零件与零件之间粘贴，一种是零件与滚筒壁板之间粘贴，实际是零件离合不清、变位不畅、混合周期加长的一种表现。“贴片”可以造成镀层（局部）发花、不均、粘连以及“滚筒眼子印”等多种弊病，必须采取措施解决或改善。图3-10所示为某易“贴片”的薄壁月牙片、方片。

图3-10 某薄壁月牙片、方片

1. 提高滚筒转速

提高滚筒转速，可增加单位时间内零件的混合次数，缩短零件的混合周期，是减轻“贴片”的有效措施。但滚筒转速的提高受到镀层金属硬度、镀种工艺特点等多种因素的制约。选择滚筒转速的原则是：在不产生其他影响（如镀层磨损、磕角或磕边等）的前提下，尽可能使用高转速。所以，针对“贴片”，如果不产生其他“副作用”，应尽可能提高滚筒转速。

比如，滚镀锌通常使用7r/min的转速，但在滚镀垫片时通常会使用11r/min或更高。尤其在采用小滚筒时，零件运行的线速度降低，镀层磨损、磕角等减轻，通常会使用15r/min或更高。另外，滚筒转速高也利于减少片状零件在孔眼处的“滞留”时间，从而在使用大电流时，一定程度上避免了镀层烧焦产生“滚筒眼子印”的现象。

2. 采用细长形滚筒

使用高转速的前提是不产生其他“副作用”，但高转速不可避免地会产生诸如镀层磨损、磕角或磕边等“副作用”，尤其滚镀质脆的零件，比如钕铁硼。所以，在相同容量的情况下，可以采用细长形滚筒使这个问题得到一定程度的补救。细长形滚筒与粗短形滚筒比，在相同角速度（转速）的情况下，因滚筒直径小，线速度小，镀层磨损、磕角或磕边等相对较轻，因而更利于使用高转速。比如，滚镀钕铁硼很多时候使用的是一种长径比较大的细长形小滚筒，多年来取得了较好的效果。图3-11所示为某钕铁硼产品用细长形小滚筒。

3. 使用陪镀

使用陪镀几乎是防止“贴片”最常见的措施。钢球是比较常用的陪镀材料，比如滚镀钕铁硼、片式电子元器件等，总会使用大小和比例不等的钢球作陪镀，

图 3-11　某钕铁硼细长形小滚筒

效果较好。钢球大小和比例，应根据零件情况选用或调整，比如零件小钢球也小，零件“贴片”严重，钢球比例也大。若是密度较小的质轻零件（如基体材质为玻璃或陶瓷的电子元器件），可选用密度相近的材料（如镀镍陶瓷球）作陪镀，以减轻零件与陪镀分层问题，增强防“贴片”效果。滚镀贵金属应选用导电、密度相近但不上镀的材料作陪镀。图 3-12 所示为某陪镀钢球。

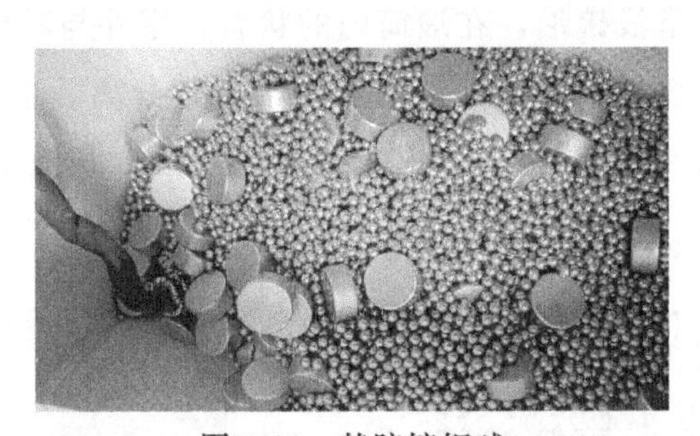

图 3-12　某陪镀钢球

4. 滚筒壁采取防粘贴措施

滚镀片状零件，往往会采用具有防“贴壁”措施的滚筒。这种滚筒的筒壁和侧轮有许多微小凸起、凹凸或一道道沟槽，使零件不粘贴在筒壁上，远离了孔眼部位。实际是增大了零件上受镀部位的面积，瞬时电流密度减小，镀层烧焦产生“滚筒眼子印”的风险降低，是一个效果显著的防“贴片”措施。图 3-13 所示为带微小凸起的滚筒内壁。

5. 采用网孔滚筒

片状零件容易贴在筒壁上的一个重要原因，是因为（无防“贴壁”措施的）筒壁也是平面。而网孔滚筒的筒壁是密密麻麻的筛网，不形成平面，且筛网从微观看实际是凹凸不平的，所以零件不会贴在筒壁上，效果非常好。并且，网孔滚筒透水性极好，导电离子聚集的程度轻，瞬时电流密度小，镀层烧焦产生“滚筒眼子印”的风险低。图 3-14 所示为网孔滚筒的筛网局部。

图 3-13 带微小凸起的滚筒内壁

6. 采用曲壁滚筒

曲壁滚筒是在现行六角形滚筒的基础上，从每个壁板长度方向的中心线向内折一定角度而成。因内折后原来壁板之间的夹角减小，对零件的翻动强度增大，利于减轻零件之间的“贴片”问题。图 3-15 所示为采用曲壁滚筒镀镍的电池壳负极端片。这种零件呈浅碗形，在滚筒内的状态，零件与零件之间吸在一起，像一条条长长的弹簧。普通滚筒的翻转强度很难使其分离，也就很难在零件“公”“母”两面获得质量合格的镀层。采用曲壁滚筒并配合其他措施，使这个问题得到较好的解决。

图 3-14 网孔滚筒的筛网局部

图 3-15 镀镍的镍镉电池壳负极端片

7. 选用合适的滚筒横截面形状

生产中使用的卧式滚筒以六角形滚筒居多。七（或八）角形滚筒、圆形滚筒等虽然在相同外形尺寸时装载量大，但零件混合周期长，不利于防“贴片”。五角形滚筒虽然利于缩短零件的混合周期，但翻滚强度过大，装载量也小。应根据具体情况选择合适的滚筒横截面形状，以利于减轻“贴片”问题。

8. 使用换向（脉冲）电流

微小片状零件滚（振）镀锡，往往会多片零件镀（粘连）在一起，不能分离，实际是一种锡镀层的延伸，是由零件易“贴片”、镀锡镀速较快等原因所造成。使用换向（脉冲）电流，周期性的反向剥离作用使零件上的锡镀层不能或不易延伸，可有效遏制“贴片”（粘连）现象的产生。图 3-16 所示为典型的周期换向（脉冲）电流波形。

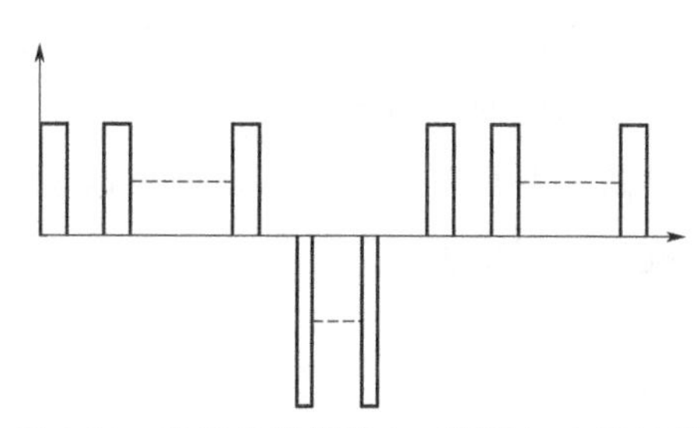

图 3-16 典型的周期换向（脉冲）电流波形

9. 采用振动电镀

振动电镀时，通过控制振动频率或振幅等振动条件，可加快零件的离合速度，尤其对锡镀层的延伸较少创造机会，零件粘连问题较轻，比较适于微小片状零件（如集成电路盖板、半导体制冷器件导流条等）的电镀。比如，振动电镀集成电路盖板，可以做到不使用钢球或其他陪镀，也可以达到零件“贴片”较轻的效果。

10. 不同零件混镀

将容易分拣的、不易相互粘贴的零件混在一起施镀，对促使片状零件充分混合效果较好，是一个不错的防“贴片”措施，还不会像加钢球陪镀一样造成镀层金属的浪费。

11. 控制倾斜式滚筒角度

如果采用倾斜式滚筒，必须控制滚筒的倾斜角度不能太大，否则不利于零件充分混合、翻滚，更不利于减轻零件之间的“贴片”现象。其实，由于倾斜式滚筒翻滚不好的缺陷，不适合片状零件滚镀，因此不建议选择。

12. 选用滚筒内硬阴极导电方式

生产中常用的“象鼻式”阴极适合普通零件，镶嵌式阴极适合易缠绕零件，两种方式对防“贴片”均无作用。滚筒内硬阴极导电方式，硬阴极会对片状零件起到一定的搅拌作用，因此对防“贴片”具有一定的效果。

13. 控制主盐浓度

尤其在滚镀锡时，主盐浓度太高，会进一步加快镀速，微小片状零件离合速度稍慢即可能被镀在一起，随后锡镀层越长越大，最后粘连在一起。因此，尤其在微小片状零件滚（振）镀锡时，应控制主盐浓度不要太高。

14. 采用新工艺

有些工艺（如酸锡、焦铜等）溶液黏度较大，会加剧片状零件“贴片”，即使采用多种措施也不易解决或改善。这时可考虑换用新工艺，如滚镀焦铜，可考虑其他无氰碱铜新工艺，问题可迎刃而解。

总之，滚镀片状零件防“贴片”措施很多，可根据情况选择多种措施并用，以减轻“贴片”弊病，提高镀层质量。

第四章

滚镀结构缺陷的危害与应对措施

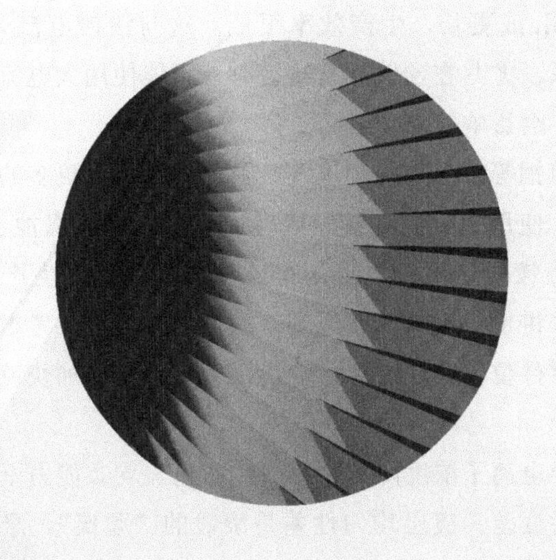

第一节 概述

滚镀由于使用了滚筒，实现了小零件的集中化电镀处理，节省了劳动力，提高了劳动生产效率。但同时也会产生“副作用”，这个“副作用”除混合周期的不利影响外，还另有其“害”，即滚镀结构缺陷的危害。卧式滚筒的结构是封闭的，只在壁板上留有面积有限的小孔，供滚筒内的零件与外界“沟通”。与挂镀相比，这无疑增大了滚筒内溶液更新的阻力。因此在滚镀过程中，当零件运行至 t_2 和 t_3 阶段，即表内零件和表外零件位置时，不可避免地会带来一些问题，如电流开不大、镀速慢、镀层均匀性差、槽电压高等，将这些由滚筒封闭结构造成的缺陷，称作滚镀的结构缺陷。与混合周期一样，滚镀的结构缺陷同样关系到产品质量和生产效率的提高，是滚镀技术的重要研究课题之一。

滚镀的结构缺陷，首先表现为允许使用的电流密度上限难以提高，从而镀层沉积速度难以加快，施镀时间加长，生产效率下降。比如，钕铁硼在采用细长形小尺寸滚筒后，已尽可能减小了混合周期的影响，但施镀时间，单镀层在 1.5～2h 或更长，组合镀层在 5～6h 或更长，生产效率很低。这与滚镀电流开不大、镀速慢的缺陷有脱不开的关系。尤其在预镀或直接镀时，不能使用大电流，在零件位于表层时不能尽快上镀，会影响镀层结合力。

钕铁硼加厚镀铜、直接镀铜等也是一样的道理。首先零件要有更多的机会和时间位于表层；其次“赶紧”使用大电流上镀，减轻或抑制了基体腐蚀、氧化，提高了镀层结合力；最后，上镀快，同样重要的是施镀时间缩短，生产效率提高。这一点对普通零件滚镀来讲也很重要。普通零件滚镀，首先也要考虑减小混合周期的不利影响，其次在零件位于表层时尽可能使用大电流，以加快镀速，缩短施镀时间，提高生产效率。

其次，滚筒内阴极区域导电离子浓度降低，造成二次电流均布能力下降，镀液分散能力下降，镀层均匀性变差。镀层均匀性差是滚镀的“顽疾”，严重且不易根治，尤其给高精度、高品质要求的小零件滚镀带来较大的烦扰。比如，一种轿车公里表针轴，长 34mm，腰部直径 ϕ1mm，两端直径 ϕ0.5mm，要求镀层总厚度 20μm，两端与腰部差别不超过 2μm。一种接插件插针，长 30～40mm，直径 ϕ1mm，要求金镀层厚度腰部不小于 1.27μm，端部不大于 1.36μm，厚度差别不超过 0.09μm。一种接插件插孔，孔内金层厚度 0.3μm，孔外不要求但达到了 1.1μm，浪费巨大。某航空标准件，高电流密度区镀层厚度达到了 12μm，而低电流密度区仅有 5μm。某钕铁硼零件，高电流密度区镀层厚度 9μm，而低电流密度区 4～5μm。这些都是滚镀的结构缺陷之一——镀层均匀性差惹的祸，是对滚镀技术的巨大挑战。

再次，二次电流均布能力下降，除造成镀液分散能力下降外，再加上电流开不大的影响，还造成镀液深镀能力下降。这在滚镀复杂零件时，常常使低电流密度区镀层质量不佳。一种汽油桶的桶盖，氯化钾滚镀锌，桶盖的“凹儿”内镀层不能满足要求，要么“凹儿”内没镀层，要么镀层较薄，一经出光或钝化就漏底。但采用挂镀，“凹儿”内镀层质量很好。一种内螺纹膨胀螺栓，滚镀很难满足螺纹全部上镀的要求，但挂镀可以。滚镀深、盲孔零件孔内的镀覆能力不佳，是比较典型的难题，也是对滚镀技术的巨大挑战。

此外，滚筒的封闭结构增大了溶液的电流阻力，滚镀过程中放出的热量增多，溶液温升加快。温升快造成了溶液不稳定及镀层质量的要求隐患，尤其给常温型镀种夏天连续滚镀生产带来麻烦。同时槽电压升高，电能损耗增加，达到所需要的电流密度的难度增加，需要选择额定电压高的整流器，加大设备成本，等等。

最后，很多时候滚筒的封闭结构也造成了与挂镀相比，滚镀的施镀难度增加。比如，氯化钾滚镀锌，当镀液中有铅离子时，轻则零件低电流密度区镀层不亮或不合格，重则零件刚出槽时仅高电流密度区有亮度，但出光或钝化后消失。当镀液中有铜离子时，零件出槽镀层亮度尚可，出光或钝化后发黑。但同等情况下，挂镀时铜、铅等离子的影响小得多。这是因为铜、铅等重金属杂质电位较正，容易在电流密度较小时优先于电位较负的锌离子沉积。滚镀因滚筒封闭结构的影响，使用的电流密度较小，铜、铅等极易沉积，从而对镀层质量产生影响。而挂镀使用的电流密度较大，镀层沉积以锌为主，铜、铅等沉积的概率较低，对镀层产生的影响较小。滚镀镍的重金属杂质的影响类似。

滚镀合金时，由于面积有限的筒壁开孔的屏蔽作用，滚筒内外溶液中的组分（尤其合金比例）可能差别较大，因此镀出的产品在镀层合金成分、外观等方面可能差别较大。比如，滚镀碱性锌镍合金，滚筒内镀液组成变化较大，镀层中可能达不到要求或预期的镍含量，镀层耐蚀性会打折扣，这对本来镍含量不易提高的碱性锌镍合金镀层是“雪上加霜”。滚镀仿金，生产中经常会发现，滚筒出槽后零件表面色泽达不到理想的 24K 或 18K 等，这是因为滚筒内镀液组成发生了较大的变化。此时，往往需要做“补色”处理，即将零件装篮筐后在挂镀槽中“闪镀”数秒，可获得理想的色泽。这些问题在滚镀其他合金时也常常会出现，而挂镀合金则较少出现。

可见，与混合周期的不利影响一样，结构缺陷在滚镀中的危害也是无处不在的。这种危害也是滚镀在节省劳动力、提高劳动生产效率等的同时产生的“副作用”，需要采取措施解决或改善。因结构缺陷是滚筒的封闭结构造成的，措施除从电镀工艺的角度如主盐、添加剂、导电盐、pH 值等入手外，重要的一点是打破或改善滚筒的封闭结构，如改进筒壁开孔、向滚筒内循环喷流、采用振动电镀等，这些属于槽外控制的内容。

第二节 金属电沉积过程

在电镀体系中，金属电沉积过程指当电流通过镀槽时发生在镀液内部、镀液与阴极界面间以及阴极表面的一系列物理和化学变化的总和。

一、金属电沉积步骤

金属电沉积过程一般由一系列性质不同的单元步骤串联组成，除了接续进行的步骤外，还可能存在平行的步骤，但以下三个接续进行的步骤是必不可少的。

1. 液相传质步骤

指反应物粒子（金属离子或它们的络离子）自溶液内部向阴极表面附近传递的单元步骤。这个过程属于典型的离子导电，它与电子导电的根本区别是，既有传导电能的作用，又有物质自身的传递。反应物粒子带正电荷，在电场的作用下向阴极做定向移动，叫做电迁移。但传质的作用不只有电迁移，此外还有对流和扩散的作用。

2. 电子转移步骤

指反应物粒子在阴极与溶液两相界面间得电子还原成金属原子的单元步骤，也叫电化学步骤，是整个阴极反应中最为本质的步骤。这个过程的电子转移与其他场合电子的移动不同，它将电流与化学反应联系在一起，使电能转化为化学能，即发生了电化学反应。其他场合的电子转移未必发生电化学反应，比如 Fe^{2+} 被氧化成 Fe^{3+}，只是溶液中 Fe^{2+} 的电子转移给了其他离子，并不形成电子的定向移动即电流，因此只是普通的氧化-还原反应。

3. 新相生成步骤

指反应物粒子经过电子转移步骤后在阴极表面形成新相的单元步骤，比如金属晶核的形成与晶体的生长即电结晶，或气体的析出。有新相生成是金属电沉积过程的最终结果，也是最后一个步骤。这个过程中，反应物粒子得电子还原后形成的吸附原子，重新排列成金属晶体并逐渐长大，最后形成金属镀层。这种金属镀层是电结晶作用形成的一种新相，与冶金学的金属结晶有所不同。冶金学的金属结晶是高温熔融状态下金属原子的重新排列，受冷却速度的影响较大。电结晶是操控电子使金属离子还原形成金属结晶的过程，其出现的变化比冶金学复杂得多。

打个不恰当的比方，金属电沉积过程好比瓦工垒砖、砌墙，首先需要运砖工人从放砖处将砖运送来，此过程相当于液相传质步骤；然后由递砖工人将砖递送给垒砖工人，此过程相当于电子转移步骤；最后由垒砖工人将接到的砖一块一块地垒放在适当位置，此过程相当于新相生成步骤。运砖，递砖，垒砖，三个过程周而复始，直到最终将墙垒成。液相传质，电子转移，新相生成，三个步骤接续进行并循环往复，直到最后得到合格的镀层。

二、金属电沉积速度

任何过程的进行都需要有推动力，比如水流需水压，电流需电压。但同时也不可避免地存在一定的阻力，比如水管中的摩擦阻力、导体中的电阻。正是这两个力的作用使该过程以一定的速度连续进行。如果只有推动力没有阻力，过程的速度将是无穷大；如果只有阻力没有推动力，速度将为零。

金属电沉积过程也需要有推动力，且同时也存在一定的阻力。该阻力存在于各个步骤进行时，但每个步骤的阻力并不一样大，因此每个步骤进行的速度也不一样大。三个步骤中，新相生成步骤速度较快，快到几乎与电子转移步骤同时进行。而电子转移和液相传质步骤速度相对较慢。正是由于电子转移和液相传质步骤速度缓慢，使阴极发生了极化。所谓极化，是指当电流通过电极时，电极电位偏离其平衡电位的一种现象。因电子转移步骤速度缓慢发生的极化叫电化学极化，因液相传质步骤速度缓慢发生的极化叫浓差极化。

1. 电化学极化

当镀槽通电后，假定电子转移步骤的速度无限大，那么尽管阴极电流密度很大，由外电路流过来的电子也会立即被金属离子的还原反应消耗掉。如此阴极表面无多余的电子堆积，电荷仍与未通电时一样，原来的双电层保持不变，阴极反应仍在平衡电位下进行。

但实际情况是，电子转移步骤的速度不仅不是无限大，而且往往在外电源将电子供给阴极后，金属离子并不能立即将这些电子完全消耗掉。阴极表面与通电前的平衡状态相比，就出现了多余的电子堆积。电子堆积的结果是使电场作用加强，从而促使金属离子更快地进行还原反应。随着还原反应的进一步加快，当其速度与外电源供给阴极的电子的速度相当时（即有多少电子输送到阴极表面，立刻就有多少金属离子与之结合还原），就达到了一个稳定状态。显然，这个稳定状态下的阴极表面的双电层与通电前相比发生了变化，即双电层的电荷数量比通电前增多了，此时的电极电位偏离了其平衡电位而发生了极化。这种因电极上的电化学反应速度小于外电源供给电极电子的速度而引起的极化，称之为电化学极化。

2. 浓差极化

已知在通电前，镀液中各部分金属离子的浓度是均匀的。通电后，镀液中首先被消耗掉的反应物必然是阴极表面微区的金属离子，从而使该部位的金属离子浓度降低，与溶液深处形成浓度差异。此时，溶液深处浓度高的金属离子会扩散至阴极表面附近，以补充因阴极反应造成的金属离子浓度的不足。

但由于扩散（液相传质步骤）的速度跟不上阴极反应消耗金属离子（电子转移步骤）的速度，遂使阴极表面微区的金属离子浓度进一步降低，与溶液深处的浓度差异进一步加大。随着电流密度的不断加大，这种浓度差异还会不断加大，直到阴极表面微区的金属离子维持在一个较低的浓度下达到电极反应的稳定（即扩散来多少金属离子就有多少金属离子被阴极反应消耗掉）。此时因阴极表面微区的金属离子浓度降低，使电极电位发生了负移，偏离了其平衡电位而发生了极化。这种因电极表面微区的金属离子浓度与溶液深处存在差异而发生的极化，称之为浓差极化。

3. 速度控制步骤

对阴极而言，电化学极化或浓差极化大，电极电位偏离其平衡电位向负方向移动的程度大，说明阴极表面双电层的负电荷数量多，则吸引溶液中金属离子放电还原的动力大，因而在阴极表面形成吸附原子的速度快、数量多。而数量众多的吸附原子在排列形成金属晶体时，必然不易在某个方向持续生长，而是会不断地形成新的晶体。也就是说，晶核的形成速度大于原有晶体的生长速度，因此形成的晶体体积小，数量多，镀层细致。反之，如果电化学极化或浓差极化小，则形成的晶体体积大、数量少，镀层粗糙。所以，电化学极化和浓差极化大，对细化镀层结晶是有利的。

在一定限度内，提高电流密度可增大电化学极化，因而容易得到结晶细致的镀层。但另一方面，电流密度的提高也使浓差极化加大。虽然浓差极化大在一定程度上利于细化镀层结晶，但更主要的是造成了电流效率下降，制约了电流密度上限的提高，因而制约了镀层沉积速度的加快。所以，生产中总会采取措施减小浓差极化，以减小对镀层沉积速度的制约。显然，这个制约作用发生在速度缓慢的液相传质步骤，它往往比电子转移、新相生成步骤慢得多，因而控制了整个金属电沉积过程的速度，成为速度控制步骤。

速度控制步骤在电镀过程中的意义重大，它关系到镀层沉积速度的快慢，因而关系到生产效率的高低。采取措施使其速度加快，可加快整个金属电沉积过程的速度，因而可提高生产效率。比如电镀车间的各道生产工序，假设酸洗速度较慢，尽管电镀速度较快，也只能按酸洗所能完成的工件数量进行电镀。此时，酸洗相当于整个生产的速度控制步骤，只有加快酸洗的速度，才能使整个生产速度加快。

实际电镀生产中，常常采取加温、搅拌等措施加快液相传质的速度，以减小浓差极化，使用大电流，加快镀速。而对滚镀来说，因滚筒的封闭结构加大了液相传质的阻力，加快其速度往往更加复杂。

三、液相传质步骤

液相传质是金属电沉积过程中最基本的组成步骤，它包括三种迁移方式：电迁移、扩散和对流。以硫酸铜含量 200g/L 及硫酸含量 60g/L 的光亮硫酸铜镀液为例，通过计算可知，溶液中 H^+、SO_4^{2-}、Cu^{2+} 的离子迁移数分别为 0.58、0.30、0.12（离子迁移数指镀液中某种离子所迁移的电量占通过该镀液总电量的比值）。为简便计，该硫酸铜溶液的阴、阳极电流效率可视为 100%。

1. 电迁移

电迁移指在电场力推动下溶液中离子的定向移动（阳离子向阴极、阴离子向阳极移动）。根据法拉第定律，当通过镀槽的电量是 1F 时，电极上有 1g 当量的物质发生反应。上述硫酸铜溶液，首先，阳极上有 1g 当量的金属铜溶解，生成了 1g 当量的 Cu^{2+}。因为 Cu^{2+} 的离子迁移数为 0.12，说明在通电 1F 后，Cu^{2+} 从阳极区域溶液中电迁移出去 0.12g 当量，相当于 Cu^{2+} 增加了 1－0.12＝0.88g 当量。又知 H^+、SO_4^{2-} 的离子迁移数分别为 0.58、0.30，说明在通电 1F 后，H^+ 从阳极区域电迁移出去 0.58g 当量，相当于增加了 0.58g 当量的 SO_4^{2-}。而 SO_4^{2-} 从溶液内部电迁移至阳极区域 0.30g 当量，那么 SO_4^{2-} 共增加了 0.58＋0.30＝0.88g 当量。在通电 1F 后，对于阳极区域溶液来说，因为 Cu^{2+} 和 SO_4^{2-} 同样增加了 0.88g 当量，所以仍然呈电中性（相当于阳极区域增加了 0.88g 当量的 $CuSO_4$）。

其次，阴极上有 1g 当量的金属铜沉积，阴极区域溶液中就减少了 1g 当量的

Cu^{2+}。但因此时从溶液内部电迁移过来0.12g当量的Cu^{2+}，则实际上Cu^{2+}减少了1−0.12=0.88g当量。又知从溶液内部电迁移过来0.58g当量H^{+}，相当于阴极区域减少了0.58g当量SO_4^{2-}。而从阴极区域电迁移出去的SO_4^{2-}为0.30g当量，那么SO_4^{2-}共减少了0.58+0.30=0.88g当量。这样的话，在通电1F后，对阴极区域溶液来说，因为Cu^{2+}和SO_4^{2-}的量同样减少了0.88g当量，所以仍然呈电中性（相当于阴极区减少了0.88g当量的$CuSO_4$）。

这样在通电1F后，阳极区域增加了0.88g当量$CuSO_4$，同时阴极区域减少了0.88g当量$CuSO_4$，整个溶液仍然呈电中性。那么，随着电镀时间的延长，是否会出现阳极区域$CuSO_4$越来越多、阴极区域$CuSO_4$越来越少，以至于最后为零而镀不出铜来呢？当然不会的。因为电镀过程的离子迁移方式除电迁移外，同时还有另外两种方式：扩散和对流。正是由于扩散和对流这两种运动的作用，使电迁移造成的电极附近与溶液内部间物质的不平衡得以再平衡，从而维持电镀过程的正常进行。

2. 扩散

当溶液中的某一种成分存在浓度差异时，由于分子热运动的结果，即使在溶液完全静止的情况下，也会发生该成分从高浓度区向低浓度区的移动。这种移动，就称为扩散。比如，在一杯静止的清水里滴入一滴墨汁，墨汁会从滴入处慢慢地分散到清水的每一个角落，直到清水全部变成墨汁的颜色，这就是一种扩散现象。扩散是因浓度场的存在而产生的一种物质迁移现象。

上述硫酸铜溶液在通电后，随着阳极区域$CuSO_4$浓度的不断增大，造成与其他区域的浓度差不断增大，势必发生Cu^{2+}和SO_4^{2-}成对地向溶液内部扩散，进而向阴极区域扩散，从而使电迁移造成的溶液各区域间物质不平衡得以减缓。由于是阴、阳离子成对地一起扩散，所以这种移动不会引起电流的传送。

3. 对流

所谓对流，是指溶质的粒子随溶液的流动而迁移的一种现象，溶质与溶液之间没有相对移动（而扩散的溶质与溶液之间有相对移动）。比如，封闭房间的空气里含有不洁的成分，当把房间前后窗户打开后，流通的空气会把原房间的空气及其所含的不洁成分一块儿赶走。这就是一种对流现象。对流是因速度场的存在而产生的一种物质迁移现象。

镀液中的对流是由于通电或加热等原因，使局部区域产生浓度和温度的差异，引起溶液密度不同而自然流动，并带动溶质粒子一起运动。这种对流属于自然对流。电极反应时析出气泡带动的溶液翻动，也是一种自然对流。还有一种对流叫强制对流，指人为地使溶液流动而产生的对流，比如挂镀的阴极移动、空气搅拌，滚镀的向滚筒内循环喷流等。在溶液的对流过程中，能把电极反应的一些反应物或生成物带过来或带过去，从而起到传送物质、再平衡溶液各区域间物质不均的重要作用。因通电时各部分溶液都是电中性的，故对流不会引起电流的传送。

综上所述，当电流通过镀槽时，电迁移造成了电极附近与溶液内部间物质的不平衡，而扩散和对流使这种不平衡得以再平衡，从而保证了电镀过程的正常进行。显然，液相传质的三种方式速度越快，越利于维持阴极区域金属离子和其他导电离子的浓度，从而利于使用大电流以提高镀速及改善镀层均匀性。滚镀由于滚筒的封闭结构，使离子从滚筒外向滚筒内迁移时受到较大的阻碍，采取措施减小这种阻碍是滚镀技术的重点工作之一。

第三节　滚镀结构缺陷的危害（一）——镀层沉积速度慢

一、镀速慢的原因

镀层沉积速度是单位时间内在阴极表面沉积的镀层金属的量。根据法拉第定律，这个量取决于通过电极的电量，具体地说是电流密度。但通过电极的电量并非全部用于沉积镀层金属，或多或少会有一部分用于比如氢气析出等副反应。所以，实际上镀层沉积速度除与电流密度有关外，还与电流效率密不可分。

$$v \propto D_K \eta_K \tag{4-1}$$

式中　v——镀层沉积速度；

D_K——电流密度；

η_K——电流效率。

从式(4-1) 中可以看出，镀层沉积速度正比于电流密度与电流效率的乘积。也就是说，要想加快镀层沉积速度，必须提高电流密度与电流效率的乘积，或者说在提高电流密度的同时电流效率不致下降。各种电镀液在允许使用的电流密度范围内，电流密度与电流效率的关系存在三种情况，如图 4-1 所示。

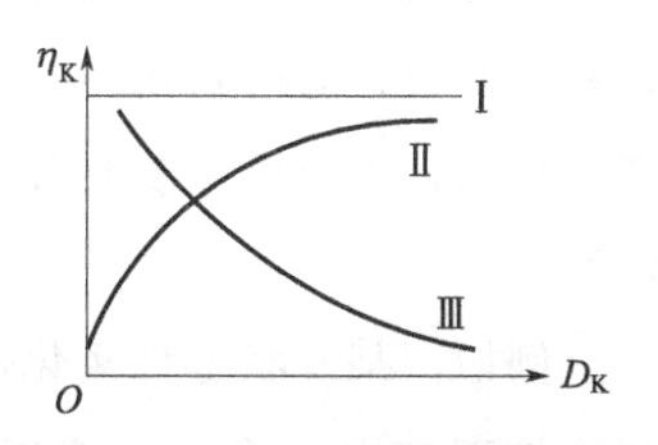

图 4-1　允许使用的电流密度范围内 η_K—D_K 关系示意图

① 电流效率不随电流密度改变而改变（图中曲线Ⅰ），如硫酸盐镀铜电解液；

② 电流效率随电流密度增加而增加（图中曲线Ⅱ），如镀铬电解液；

③ 电流效率随电流密度增加而降低（图中曲线Ⅲ），如常见的氰化物电解液。

但当电流密度达到允许使用的上限时，若继续增加，则无论何种电解液，电流效率都会随着电流密度的增加而降低。因为在金属电沉积过程中，随着电流密度逐渐增加，阴极表面电子转移和新相生成的速度越来越快，由于液相传质步骤是速度控制步骤，越来越跟不上这种“节奏”的加快。当电流密度达到上限时，液相传质输送金属离子的能力达到极限，若继续增加，阴极表面微区的金属离子会严重匮乏，电流效率大幅度下降，严重时阴极只有氢气析出。这时，单纯提高电流密度不仅不能加快镀层沉积速度，反而会使镀层质量恶化，典型的表现为粗糙、烧焦等。

所以，要想加快镀层沉积速度，必须解决提高电流密度到一定限度时电流效率开始下降的矛盾。而电流效率急剧下降，根本原因是液相传质速度慢，导致阴极反应消耗的金属离子不能及时补充，造成阴极表面微区金属离子严重匮乏。滚镀由于滚筒的封闭结构，液相传质的制约作用更甚。

滚镀时当零件运行至 t_2 阶段，即表内零件位置时，滚筒外的导电离子迁移至孔眼处受阻聚集，增大了孔眼处的电流。巨大的电流作用在零件孔眼部位狭小的表面上，瞬时电流密度增大，金属离子过快消耗。此时，受滚筒封闭结构的影响，液相传质速度跟不上，必然导致孔眼处电流效率下降。当达到一定的限度时，电流效率急剧下降，镀层烧焦产生“滚筒眼子印”。受此限制，滚镀不易使用大的电流密度，严格讲是电流密度上限低，镀层沉积速度难以加快。

二、应用举例

1. 氯化钾滚镀锌

一般情况下，氯化钾滚镀锌的施镀时间多为 40～50min。滚筒小，透水性好，时间可短一些，如 20～30min；滚筒大，透水性差，时间长一些，如一两个小时，甚至更长。而挂镀锌的施镀时间常常为 10～20min，甚至更短。显然，滚镀锌比挂镀锌时间长得多。当然，这不排除混合周期的影响，但即使没有混合周期的影响，因滚镀不易使用大的电流密度，镀速慢，仍然会造成施镀时间相对较长。

例如，某片状零件氯化钾滚镀锌，其全部零件电流密度上限约 0.38A/dm^2。如果按真实电流密度是全部零件电流密度 5～7 倍算，其真实电流密度上限约 1.9A/dm^2 或 2.5A/dm^2。而普通挂镀锌通常会使用 2～4A/dm^2 的电流密度或更大，从电流密度角度讲，滚镀锌的镀层沉积速度相对慢，施镀时间相对长。图 4-2 所示为某钕铁硼镀锌方片。

某 ϕ2.3mm 铁钉氯化钾滚镀锌，采用 650mm×ϕ400mm 滚筒，滚筒孔径 ϕ2mm，开孔率 20%。当滚筒装载量 1/3 时，有效受镀面积 $S=(1.732+2.5\mu)arl=(1.732+2.5\times20\%)\times2.3\times2\times6.5=66.7(dm^2)$。生产中，这种情况大致使用电流 180A/筒，此时的电流密度上限约 2.7A/dm^2。本来，氯化钾镀锌电流密度使用 2.7A/dm^2 不算小，但因为是上限就不大了。而氯化钾挂镀锌使用这样的电流密度属于平常，生产中使用 4～5A/dm^2 甚至更大的情况也有。电流密度上限不同，镀层沉积速度必然不同，因此滚镀锌即使不受混合周期的影响，施镀时间也不能与挂镀锌相比。图 4-3 所示为某出口镀锌铁钉。

图 4-2 某钕铁硼镀锌方片

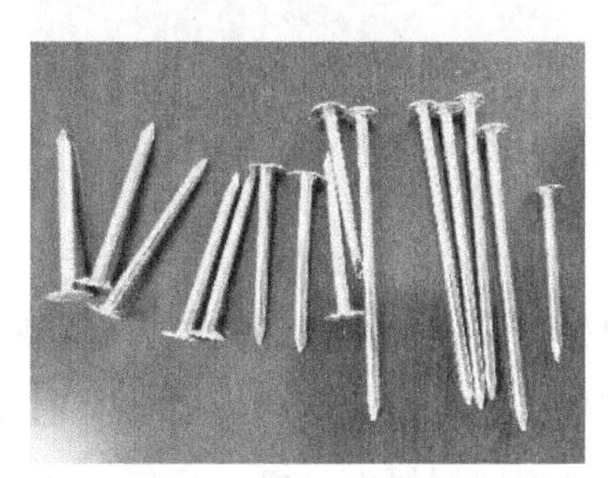

图 4-3 某出口镀锌铁钉

有时零件尺寸较小，筒壁开孔无法加大，开孔率会受到较大的影响，比如甚至只有百分之几。此时，假设滚筒规格、转速、装载量等因素均相同（混合周期相同），电流密度上限远不像普通开孔率时那样可达到 2～3A/dm^2，低的时候可能只有 1A/dm^2 不到。使用只有 1A/dm^2 不到的电流密度，必然造成镀层沉积速度慢、施镀时间长，比如生产中滚镀小尺寸零件需要 2～3h/筒甚至更长时间的情况并不少见。可见，在混合周期影响相同的情况下，滚筒的封闭结构不同，对镀层沉积速度的影响不同，施镀时间也就不同。图 4-4 所示为某出口镀镍自攻螺丝。

2. 钕铁硼滚镀

钕铁硼滚镀多使用小尺寸滚筒，好处是降低了混合周期的影响，减轻了零件的“磕角、磕边”等问题。但钕铁硼滚镀量大、镀层要求较厚，小尺寸滚筒产能低，严重制约了生产效率的提高。比如，钕铁硼滚镀量 1～2t/d 很平常，镀层厚度滚镀锌 8～10μm，滚镀组合镀层 15～20μm 甚至更多。施镀时间，单镀层往往每筒1.5～2h或更长，组合镀层可达5～6h或更长。所以，经常可见到钕铁硼滚镀生产现场滚筒数量多、生产线多、操作工人多等，劳动生产效率较低。采取措施加快镀层沉积速度，缩短施镀时间，一可以减少滚筒或生产线数量，二可以缩短工作时间，减少操作工人数量，则劳动生产效率提高，意义重大。图4-5所示为某钕铁硼镀镍圆片。

图4-4 某出口镀镍自攻螺丝

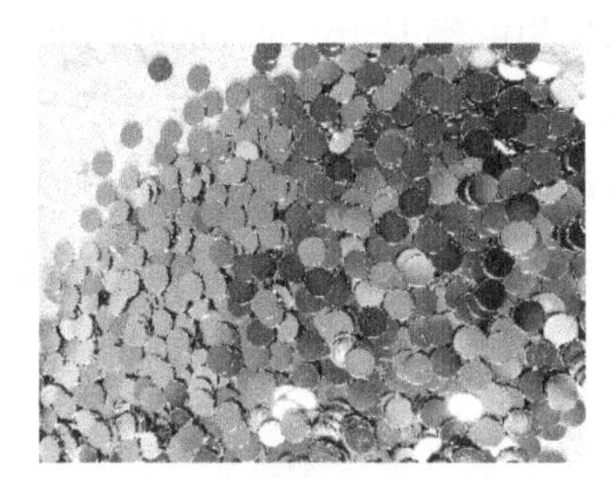

图4-5 某钕铁硼镀镍圆片

3. 电烙铁头滚镀铁

电烙铁头镀铁是要利用纯铁镀层吸锡性好的优势，镀层往往较厚，且较厚的镀层耐蚀性也好。一般是先镀上约1mm厚的镀层，因金属尖端效应的影响，此时零件表面镀层厚度已极不均匀。然后将镀好的零件经过磨床加工，最后得到厚度0.3～0.4mm均匀的纯铁镀层。电烙铁头镀铁一般采用滚镀，若镀层厚度约1mm，大概需要20h。有时因不得已采用挂镀，同样达到约1mm厚度，大概需要10h，比滚镀的时间整整缩短一半。

综上所述，滚筒的封闭结构，造成滚镀的液相传质速度比挂镀更加难以加快，制约了阴极反应消耗的金属离子更加难以补充。因此，电流密度上限难以提高，镀层沉积速度难以加快。这是造成滚镀施镀时间长、生产效率低的重要原因之一。

第四节 滚镀结构缺陷的危害（二）——镀层均匀性差

一、二次电流分布

零件表面的镀层厚度均匀性，常常简称“镀层均匀性”，很大程度上决定了镀层的防护或其他性能，是衡量镀层质量优劣的一个关键指标。若不考虑电流效率的影响，零件表面镀层均匀性的好坏取决于二次电流分布的均匀程度。二次电流分布越均匀，镀液的分散能力越好，镀层均匀性就越好。二次电流分布关系表达式如式(4-2)：

$$\frac{I_1}{I_2}=1+\frac{\Delta l}{\frac{1}{\rho}\frac{\Delta\varphi}{\Delta I}+l_1} \tag{4-2}$$

式中　I_1——通过近阴极（或高电流密度区）的电流；

I_2——通过远阴极（或低电流密度区）的电流；

$\frac{\Delta\varphi}{\Delta I}$——阴极极化度；

ρ——镀液的电阻率；

Δl——远阴极、近阴极与阳极之间的距离差；

l_1——近阴极与阳极之间的距离。

从式中可以看出，要使$\frac{I_1}{I_2}=1$（此时的电流分布最均匀），应使$\frac{\Delta l}{\frac{1}{\rho}\frac{\Delta\varphi}{\Delta I}+l_1}$趋近于零。也就是说，能使$\frac{\Delta l}{\frac{1}{\rho}\frac{\Delta\varphi}{\Delta I}+l_1}$趋近于零的因素，就能促使电流在阴极表面均匀分布。而要使$\frac{\Delta l}{\frac{1}{\rho}\frac{\Delta\varphi}{\Delta I}+l_1}$趋近于零，应使 Δl 和 ρ 越小越好，$\frac{\Delta\varphi}{\Delta I}$和 l_1 越大越好。

二、镀层均匀性差

与挂镀相比，滚镀件的镀层均匀性差，根本原因在于零件表面的二次电流分布均匀性差。首先，假设使用的镀液相同，滚镀与挂镀的阴极极化度$\frac{\Delta\varphi}{\Delta I}$是相同的。其次，滚镀零件上的远、近阴极与阳极之间的距离差 Δl，与挂镀是没有差异的，所以可忽略。再次，实际生产中，滚镀零件近阴极与阳极之间的距离 l_1，与挂镀是大体相当的，或至少不会因此造成两者溶液的分散能力有较大的差别。

所以，$\frac{\Delta\varphi}{\Delta I}$、$\Delta l$、$l_1$ 均不是造成滚镀二次电流分布均匀性变差的因素，只有镀液的电阻率 ρ 与挂镀相比发生了较大的变化。滚镀时当零件主要处于 t_3 阶段，即表外零件位置时，滚筒内溶液中的导电离子浓度随着时间的延长逐渐降低。而受滚筒封闭结构的影响，滚筒外的新鲜溶液又不能及时补充，因此溶液电阻率 ρ 逐渐增大。根据式(4-2)，ρ 增大，二次电流分布在阴极表面变得不均匀，此时溶液分散能力下降，镀层均匀性变差。当零件处于 t_2 阶段，即表内零件位置时，同样存在此种效应，但 t_2 阶段更主要的影响是，镀层烧焦产生“滚筒眼子印”的风险制约了电流密度上限的提高，致使镀层沉积速度难以加快。

挂镀随着时间的延长，虽然阴极区域导电离子浓度也会逐渐降低，但溶液内部的离子迁移不受任何物体的阻挡，会比滚镀更容易向阴极区域补充，导电离子缺失相对较少。所以，挂镀溶液阴极区域电阻率的变化不会像滚镀一样大，二次电流分布在阴极表面的变化不会像滚镀一样明显，溶液的分散能力也就比滚镀好。

滚镀螺纹类零件（如螺丝），高、低电流密度区的镀层厚度差别确实可能比挂镀小，但这不能作为滚镀比挂镀镀层均匀性好的理由。因为滚镀螺纹类零件时，零件之间相互抛磨的作用使高电流密度区镀层不易长大，而螺纹内低电流密度区镀层不会被磨削掉。这仅仅对螺纹类或类似零件，在一定程度上弥补了滚镀镀层均匀性差的缺陷，滚镀其他零件仍是滚镀的结构缺陷之一——镀层均匀性差在起决定作用。例如，滚镀针状零件时，高、低电流密度区镀层被磨削掉的概率是一样的，镀层厚度差别仍很大。

三、低电流密度区镀层质量差

滚镀的二次电流分布均匀性差，造成溶液的分散能力差，同时也造成深镀能力差，零件低电流密度区镀层质量差。分散能力也叫均镀能力，指镀液所具有的使零件表面镀层厚度均匀分布的能力。分散能力越好，镀层均匀性越好。深镀能力也叫覆盖能力，指镀液所具有的使零件表面低凹部位沉积上镀层的能力。深镀能力不同于分散能力，它仅关注零件表面低凹部位有无镀层，而不考虑镀层是否均匀。一般分散能力好深镀能力一定好，但深镀能力好分散能力不一定好。

滚镀的分散能力差，同时造成深镀能力也差，但这不是唯一的原因。任何镀液都有一个允许使用的电流密度范围，在这个范围内才能得到良好的或符合要求的镀层。而在这个范围外，当电流密度大于上限时，镀层会烧焦或粗糙；当低于下限时，阴极沉积不上镀层或沉积的镀层不符合要求。所以，深镀能力差的另一个重要原因是零件低电流密度区电流小，以至于达不到获得良好镀层所需要的电流密度下限。并且，此时重金属杂质（如铜、铅等）极易在零件低电流密度区沉积，从而对其镀层质量进一步产生影响。

滚镀的“滚筒眼子印”风险制约了电流密度上限的提高，因此零件低电流密度区电流相应较小，当低于下限时不能获得质量好的镀层。所以，滚镀的深镀能力差，除二次电流分布均匀性差造成分散能力差外，另一个重要原因是电流开不大造成零件低电流密度区电流小。两者均由滚筒的封闭结构所造成。

但对于深、盲孔零件，如小型接插件的插孔、晶体谐振器外壳、电池壳等，其孔内镀层质量差除以上两个原因外，更主要的是孔内溶液更新困难使金属离子匮乏所致。没有或缺乏欲镀金属的离子，好比“巧妇难为无米之炊”。这时，采取措施促使孔内溶液快速更新、使金属离子维持必要的浓度更重要。例如，曲壁滚筒对零件的翻动力较大，可促使深、盲孔零件孔内溶液快速更新；振动电镀对零件施加频率很高的振动作用，可促使尤其是小型深、盲孔零件的孔内溶液快速更新。

某些特殊深、盲孔零件孔内镀层质量差，可能还有别的原因。比如，钕铁硼空心杯，如图 4-6 所示，孔内镍层质量差，易锈蚀，仅仅提高孔内镀覆能力，恐怕难以解决问题。

图 4-6 某钕铁硼空心杯

钕铁硼材质表面粗糙、疏松，电镀前须进行光整、研磨处理，即平常所说的倒角。但孔内是无法研磨的，难以做到像孔外一样光滑、平整，因此即使镀液深镀能力好，也难以获得质量好的镀层。需要首先从机加工入手，合理设计钻孔加工量（钻＋扩＋铰），保障内壁光洁度。其次，选择合适的防锈研磨液，以避免倒角过程中内孔锈蚀。再次，选择合适的陪镀物，避免简单采用钢球陪镀，以避免施镀过程中陪镀物阻塞内孔，等等。所以，需要统筹兼顾，才能镀好这样特殊的产品。

四、应用举例

1. 接插件滚镀金

一种接插件的插针，长 30～40mm，直径约 ϕ1mm，属于典型的针状零件。镀层要求镍打底然后镀金，对两端与腰部的镀层厚度差别有一定的要求。底镍要求腰部镀层厚度不低于 0.78μm，端部不大于 3.18μm，即底镍的镀层厚度差别不超过 2.4μm。这似乎不是很难，普通滚镀一般也能满足要求。但滚镀金要求较高。金层要求腰部镀层厚度不低于 1.27μm，端部不大于 1.36μm，即金层的镀层厚度差别不超过 0.09μm。此时若采用普通滚镀，常常是当端部镀层厚度达到 1.36μm 时，腰部只有端部的 40%～50%。图 4-7 所示为某接插件的插针。

一种接插件的插孔，孔径小于 ϕ1mm，深度孔径比（2～3）∶1。若采用普通滚镀，孔内外金层厚度差别很大。比如，当孔内金层厚度达到 0.3μm 时，孔外已经达到了 1.1μm。这样，因为对孔外金层厚度不作要求，孔内外厚度差别越大，金材浪费就越严重。反之，可不同程度地节金。所以，镀层均匀性在诸如接插件等高端电镀中尤其具有重要的意义。图 4-8 所示为某接插件的插孔。

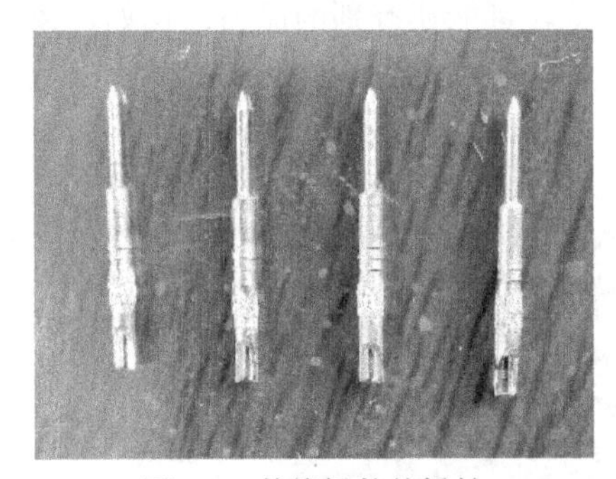

图 4-7　某接插件的插针

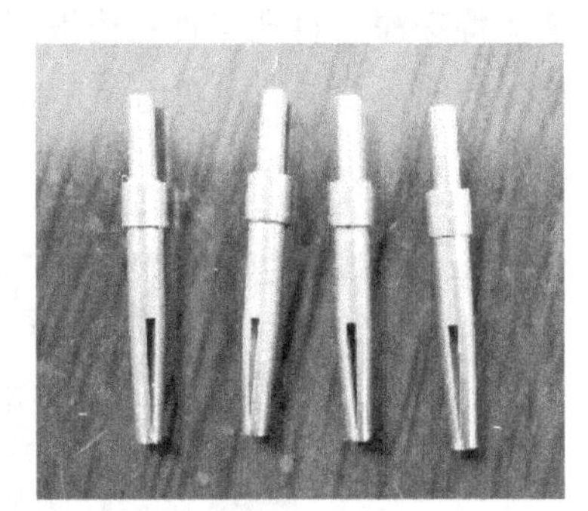

图 4-8　某接插件的插孔

2. 机械类针状零件滚镀

对于机械类针状零件，镀层均匀性的意义主要表现在对零件力学性能的影响上。例如，一种轿车公里表针轴，要求“铜＋镍”组合镀层，镀层总厚度 20μm，但两端与腰部厚度差别不能超过 2μm，否则会影响计量行驶里程的准确性。若采用普通滚镀，困难在于受零件最小端头尺寸的限制，筒壁开孔无法加大。而筒壁开孔太小，滚筒的封闭结构影响太大，镀层均匀性较差，无法满足零件两端与腰部镀层厚度差别不超过 2μm 的极高要求。常常是端部镀层厚度达到 20μm 时，腰部只有 10μm 不到。图 4-9 所示为某轿车公里表针轴。

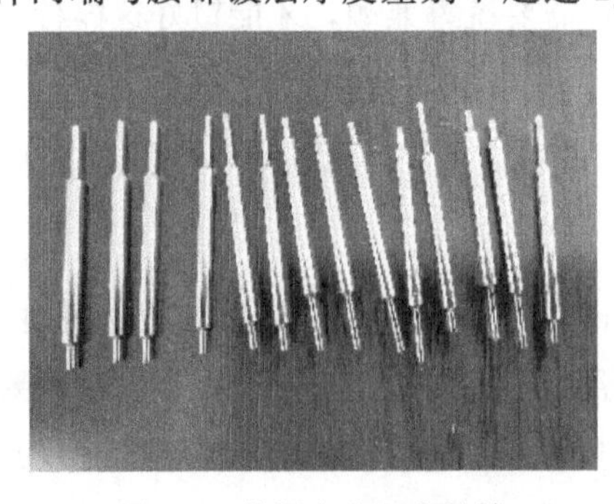

图 4-9　某轿车公里表针轴

3. 汽油桶桶盖的电镀

一种汽油桶的桶盖，盖面两端带两个“凹儿”，氯化钾滚镀锌，“凹儿”内镀层很难满足要求。要么“凹儿”内没镀层，要么勉强有镀层，一经出光或钝化即“漏底”。但挂镀“凹儿”内镀层质量较好。这是滚镀的深镀能力相对挂镀差的一个典型的例子。

滚镀的二次电流分布均匀性差，造成分散能力差，同时也造成深镀能力差。并且，电流开不大使零件低电流密度区电流相应较小。这对普通零件可能影响不大，但对复杂零件，如汽油桶桶盖，低电流密度区电流可能因低于下限而无法获得符合要求的镀层。而挂镀的分散能力好，深镀能力也好，且可以使用大的电流密度，低电流密度区电流相对较大，电镀复杂零件难度相对小。比如该汽油桶的桶盖，滚镀“凹儿”内已能勉强镀得好，挂镀问题则迎刃而解。

综上所述，滚筒的封闭结构造成滚镀时滚筒内导电离子浓度较低，零件表面二次电流分布均匀性变差，使溶液分散能力下降，零件表面镀层均匀性变差。并且，再加上电流开不大的影响，造成溶液深镀能力下降，零件低电流密度区镀层质量也变差。这尤其对高品质要求的小零件的电镀产生较大的影响。

第五节 滚镀结构缺陷的危害（三）——槽电压高

一、槽电压高的原因

金属导体在电流传输过程中存在一定的阻力，这个阻力即导体的电阻。金属电沉积过程也不可避免地存在一定的阻力，但这个阻力不仅是导体的电阻，而是来自三个方面：发生在电极与溶液两相界面上的极化电阻 $R_{极化}$、溶液电阻 $R_{电液}$ 及金属电极的电阻 $R_{电极}$。因为这些电阻是串联的，所以金属电沉积过程的总电阻 R 可表示为：

$$R=R_{极化}+R_{电液}+R_{电极} \tag{4-3}$$

在组成电镀的闭环电路中，电流传输的阻力来自两方面：①电流通过镀槽之外电路时的电阻，包括金属导线、导电棒、导电 V 座等的电阻；②电流通过镀槽时的电阻，即金属电沉积过程的总电阻 R。

既然有阻力，就需要有推动力。电镀电路的推动力就是电压。这个电压包括两方面：①电流通过镀槽之外电路的电压，即外电路电压；②电流通过镀槽时的电压，即通常所说的槽电压。一般，电镀电源的电压表上显示的电压即这两个电压的和。因为金属导电线、棒等外电路的电阻相对较小，常常忽略不计，外电路电压也忽略不计，此时电压表上的电压一般可近似地看作槽电压。那么，与挂镀相比，为什么滚镀的槽电压高呢？

当电流通过滚镀槽时，同样会遇到金属电沉积过程三方面的电阻。但由于滚镀所使用的装备及阴极导电方式等与挂镀相比发生了较大的变化，所以当电流通过滚镀槽时遇到的总电阻也会发生较大的变化，主要表现为：①由于滚筒的封闭结构，滚镀时零件与阳极之间电流的导通需要通过面积有限的小孔才能实现，这无疑使$R_{电液}$增大；②由于滚镀的间接导电方式，零件的接触电阻较大，使$R_{电极}$增大，此时不能像挂镀时一样忽略不计。

根据式(4-3)可知，$R_{电液}$和$R_{电极}$增大，R即增大，为了达到施镀时所需要的电流密度，必须施加较高的电压，如果忽略外电路的压降不计，这个电压就是槽电压。所以，滚镀的槽电压会比挂镀高，常常是高出一倍，甚至更多。例如，氯化钾镀锌，挂镀槽电压通常为3～5V，而滚镀却要6～8V；镀镍溶液导电性稍差，挂镀槽电压通常为2～5V，而滚镀却要10V左右，甚至更高；镀铬溶液导电性更差，挂镀槽电压通常为9～10V，而滚镀要15V以上。

二、槽电压高的危害

1. 电能损耗大

滚镀时槽电压高会使电流通过镀槽时所做的功多，电能消耗大。当电流持续通过镀槽时，电流所做的功消耗在：①电极与溶液两相界面间的电化学反应，这部分电能转化成化学能；②溶液内部，这部分电能转化成热量；③金属电极，这部分电能也转化成热量。挂镀金属电极的电阻较小，产生的热量常常忽略不计。但滚镀由于间接导电方式的影响，零件的接触电阻较大，使金属电极的电阻增大，产生的热量增多，而这部分热量是不能忽略的。

滚镀比挂镀的溶液电阻及金属电极的电阻都大，当电流通过滚镀槽时，在$R_{电液}$和$R_{电极}$上做的功就会比挂镀多，多做的功即滚镀的电能损耗。电能损耗大增加了企业的用电成本，不符合节能降耗、绿色生产的宗旨，生产中应采取措施降低滚镀的槽电压，以达到节约增效的目的。

2. 槽液温升快

当电流持续通过滚镀槽时，电流所做的功除用于电极与溶液界面间的电化学反应外，其他消耗在溶液内部和金属电极上的功转化成了热量，这个热量关系表达式如式(4-4)：

$$Q=I^2(R_{电液}+R_{电极})t \tag{4-4}$$

式中　Q——电流通过溶液和电极时产生的热量；

I——通过镀槽的总电流；

t——通电时间。

电流通过溶液和金属电极时产生的热量Q被溶液吸收，因而温度升高。挂镀的$R_{电液}$相对较小，且$R_{电极}$也常常被忽略，所以（$R_{电液}+R_{电极}$）的值相对较小，当电流通过镀槽时产生的热量 Q 就会相对较少，溶液温升也就不明显。但滚镀的 $R_{电液}$ 与挂镀相比有所增大，且 $R_{电极}$ 较大也不能被忽略，因此（$R_{电液}+R_{电极}$）较大，根据式(4-4)，电流通过镀槽时产生的热量 Q 就会较多。当溶液吸收较多的热量后，温升自然加快。

滚镀槽液温升快，尤其对常温镀液影响较大。例如，氯化钾滚镀锌夏天生产时，若不采取降温措施且不使用宽温型工艺等，一般刚上班仅能滚镀一两次便因镀液温度太高而无法继续生产。槽液温升快，不仅对夏天连续生产造成影响，还会造成镀液成分变化快、添加剂消耗量大、镀层质量差等问题，危害极大。

另外，滚镀槽电压高，常常需要配置额定电压高的电镀电源。比如，一般挂镀的电镀电源额定电压 12V 足够，而滚镀很多时候需要 15V 或更高的电镀电源。这在一定程度上增加了企业的设备成本支出。

第六节 改善滚镀结构缺陷的措施（一）——改进筒壁开孔

为实现把小零件集中在一起电镀，普通卧式滚镀需要用到滚筒。滚筒的结构是封闭的，否则小零件在翻滚时会落入槽中，使电镀无法进行。但滚筒不是完全封闭的，其壁板上有许多小孔，通过这些小孔可实现阴极零件与阳极之间电流的导通、滚筒内溶液的更新以及气体排出等。尽管如此，壁板上小孔的数量或面积是有限的，不可避免地会阻碍液相传质的顺畅进行。小孔的阻力越大，液相传质的展开就越难，产生的问题就越大。这个问题即滚镀的结构缺陷。可见，采取措施减小小孔的阻力，是改善滚镀结构缺陷最直接的方法。最早的筒壁开孔方式为圆孔，圆孔滚筒也当之无愧地被划为第一代滚筒。其最大的缺点是透水性差，对液相传质的阻碍作用大，滚镀的结构缺陷严重。改进型筒壁开孔的方式有方孔、网孔、槽孔、滚筒两端开孔等多种。

一、方孔

狭义的方孔仅指正方形孔，此处是广义的，指包括正方形孔、长方形孔及长条形孔等多种孔在内的矩形孔。早期的圆孔滚筒制作灵活，成熟稳定，使用寿命长，但最大的缺点是透水性差，滚镀的结构缺陷严重且突出。虽然自身也做了很大改进，比如增加开孔率、铣薄壁板、采用“喇叭孔”等，但效果有限（尤其在孔径较小时）。

方孔是比较早的对圆孔进行改进的一种筒壁开孔方式，因此方孔滚筒被划为第二代滚筒。如图 4-10 所示为某规格方孔滚筒的壁板部分。它将圆孔无法触及的未开孔部位有效利用，最大限度地增加了开孔率，滚筒透水性大大改善。国内钕铁硼滚镀采用方孔滚筒不晚于 2005 年，由于性能较好，逐年得到大面积的推广应用。

图 4-10 某规格方孔滚筒的壁板部分

1. 滚筒开孔率高

受孔的形状、加工方式等限制，圆孔滚筒壁板上总有大量的面积因无法开孔而闲置，所以开孔率难以提高。方孔可将圆孔许多触及不到的、闲置的面积有效利用，滚筒开孔率大大提高。比如，ϕ2mm 圆孔的面积为 $\pi r^2=3.14\times1\times1=3.14$（$mm^2$），而如果拓展为 2mm×2mm 方孔，面积为 4mm^2，两者相差至少 20%。再比如，如图 4-11(a) 所示，在 20mm×30mm 即 600mm^2 面积上，ϕ0.7mm 圆孔的数量共 126 个，每个孔面积 0.385mm^2，126 个孔总面积 48.51mm^2，开孔率约 48.51÷600≈8.09%。而图 4-11(b)，壁板面积同样为 600mm^2，孔为 0.7mm×4mm＝2.8mm^2 长条形孔，数量 63 个，总开孔面积 176.4mm^2，开孔率约 176.4/600≈29%。相当于将图 4-11(a) 的每两个圆孔连通，孔与孔之间的闲置面积被有效利用，开孔率大大提高。开孔率提高后，滚筒透水性改善，滚镀的结构缺陷随之改善。

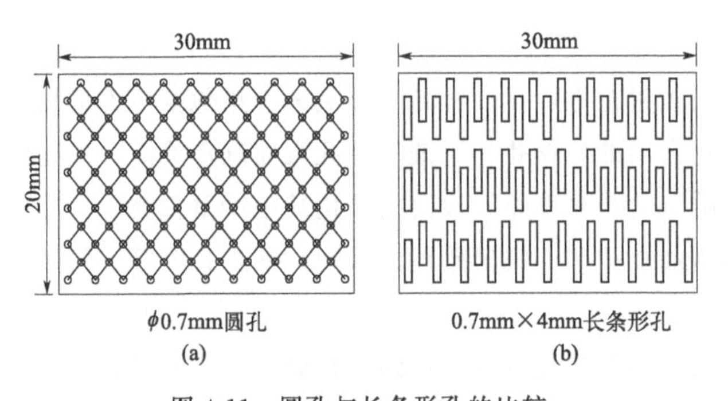

图 4-11 圆孔与长条形孔的比较

例如，一种微型标准件滚镀锌，零件尺寸较小，镀层质量要求较高。若采用圆孔滚筒，圆孔孔径最大仅为 ϕ1mm，开孔率约 7.85%，再大零件会掉落或插在孔上，产生次品。因孔径较小，滚筒开孔率极低，电流开不大，镀速慢，达到要求的镀层质量约需 3h。而采用孔为 0.7mm×5.5mm 的长条形孔滚筒，开孔率约 16.5%，增大一倍多，使用的电流密度增大，电流效率也提高，达到同样的镀层质量，时间缩短至约 1h40min，生产效率大大提高。

一种接插件滚镀金，因零件尺寸较小，使用的圆孔滚筒孔径也较小。后换用相同规格的 0.7mm×5.5mm 长条形孔滚筒，在施加电流、施镀时间、零件装载量等均相同的情况下，镀层厚度却大大超出规定值。说明换用 0.7mm×5.5mm 孔滚筒后，虽然电流没有加大，但因滚筒透水性改善，电流效率提高，镀层沉积速度加快，在施镀时间不变的情况下，镀层厚度必然超出原来的值。此时，要维持镀层厚度不变，要么减小电流，要么缩短施镀时间。

一种孔为 2mm×2.5mm 的方孔滚筒，滚镀镍时装载同样多的同一种零件，达到相同的电流，比相同规格的孔径为 ϕ2mm 的圆孔滚筒槽电压低 2V 左右。比较槽电压，是最简单、最直接的判断滚筒透水性好坏的方法。在其他条件均相同的情况下，槽电压低，说明电流的阻力小，滚筒透水性必然好，诸如电流开不大、镀速慢、镀层均匀性差等缺陷随即改善。尤其在开孔尺寸较小时，方孔滚筒槽电压低的优势更大。比如，0.7mm×5.5mm 方孔滚筒与 ϕ0.7mm 圆孔滚筒比，槽电压低的优势比开大孔时更大。

2. 孔的排列方式优化

滚筒壁板上孔的排列方式不同，当零件运行至 t_2 阶段，即表内零件位置时，零件上某点在一个工作周期内的工作比 γ 是不同的。比如，圆孔滚筒的孔的正三角形排列方式，根据公式 $\gamma=\frac{0.58d}{l}\times 100\%$，当 d 和 l 分别为 2mm 和 5mm 时，$\gamma=\frac{0.58\times 2}{5}\times 100\%\approx 23\%$。改变 d 和 l 分别为 2.5mm 和 4mm，$\gamma=\frac{0.58\times 2.5}{4}\times 100\%\approx 36\%$。同样的道理，圆孔滚筒的孔的其他排列方式如等腰三角形、正方形等，工作比 γ 均有不同程度的差别。根据公式 $j_m=j_p\gamma\times 100\%$，假设孔眼处的瞬时电流密度 j_p 上限是一定的，γ 越大，给定的平均电流密度 j_m 上限就越高，镀层沉积速度就越容易加快。

与圆孔滚筒相比，方孔滚筒的孔的排列方式得到了较大的优化，零件运行的

工作比 γ 较大。以目前生产中应用效果较好的方孔滚筒为例，其工作比 γ 一般都会达到 50%或更多，则孔眼处的瞬时电流密度大大减小，给定的平均电流密度提高，镀层沉积速度加快。

方孔滚筒透水性的改善：一方面可以使用大电流加快镀速，改善镀层均匀性，使滚镀的结构缺陷得到改善；另一方面在滚筒出槽时残留的溶液沥出快，可减少溶液的带出损失，既降低了生产成本，又能减轻废水处理设施的负荷和减少处理费用，具有一定的经济效益和环境效益。

二、网孔

网孔，顾名思义，就是像网子一样的孔。网孔的特点是又密又薄，符合改进筒壁开孔既提高开孔率又减薄厚度的原则，用作壁板的开孔时透水性极佳。网孔滚筒比方孔滚筒对圆孔滚筒的改进更彻底，因此被划为第三代滚筒。如图 4-12 所示为某规格网孔滚筒。

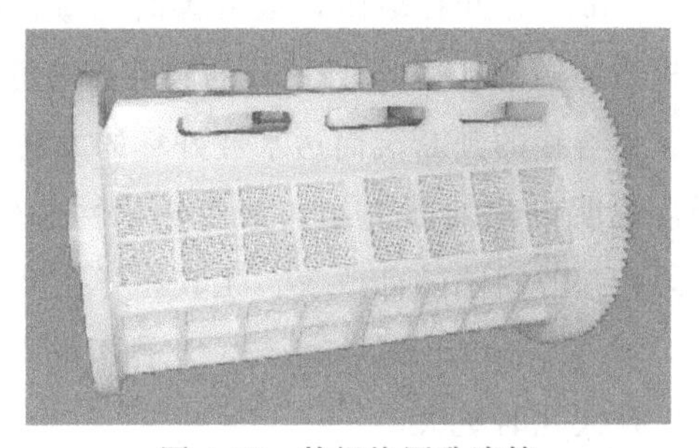

图 4-12 某规格网孔滚筒

常见的用于普通零件的滚筒开孔率，圆孔滚筒一般为 20%～25%，方孔滚筒为 25%～30%，而网孔滚筒可达 30%～50%。开孔率大大提高的同时，网孔滚筒的网壁极薄，即壁板厚度也大大减薄，与普通滚筒相差可达 6～10 倍。所以，网孔滚筒的透水性得到极大的改善，远非普通滚筒所能比。比如，一种小尺寸电子产品滚镀锡，原来使用普通滚筒，达到要求的镀层厚度需要约 1h。换用网孔滚筒后，在不减小使用电流的情况下，达到相同的镀层厚度约需 0.5h，时间缩短了一半，生产效率大大提高。

与普通滚筒相比，网孔滚筒透水性极好，电流效率大大提高，具备了使用大电流的条件，因此镀速可大大加快。这对于滚镀（尤其钕铁硼）尽快上镀以抑制基体氧化、提高镀层结合力是个利好。有实践表明，相同开孔大小的网孔滚筒可比普通滚筒极限电流提高 50%甚至更多，可带来许多意想不到的收益。但是，生产中发现很多网孔滚筒，与普通滚筒使用的电流相同或相当，这是没有充分利用网孔滚筒的优越性，是“资源浪费”。有人担心电流大镀层粗，认为“小电流长时间”镀层细，谓之曰“慢工出细活”。其实镀层细未必是“小电流”的功劳，而主要是“长时间”的滚光作用所致。电流大电化学极化大，镀层不是粗而是细，所谓的镀层粗，是电流过大超过极限电流造成了镀层粗糙或烧焦。

早期的网孔滚筒属于粘网式，就是用胶黏剂将筛网粘在开满大孔的滚筒壁板上，主要在细小零件无法选用圆孔滚筒时使用，如图4-13所示。这种滚筒的筛网可靠性差，破损后修复难度大。后来的压网式网孔滚筒，筛网破损后可方便地更换，也是主要用于细小产品的滚镀。但滚筒制作繁琐，精度要求高，难度大，因而成本较高，如图4-14所示。

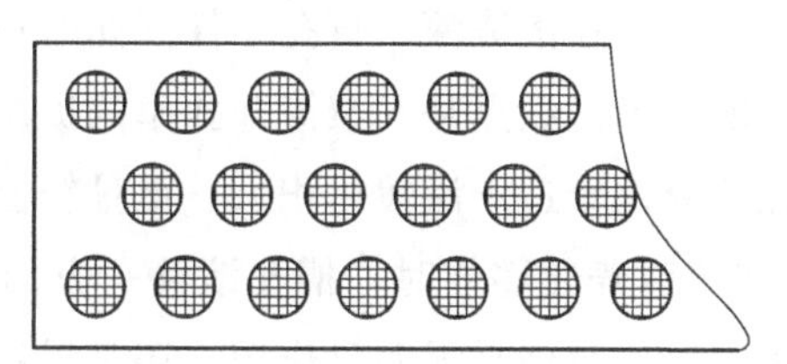

图4-13　粘网式网孔滚筒壁板示意图

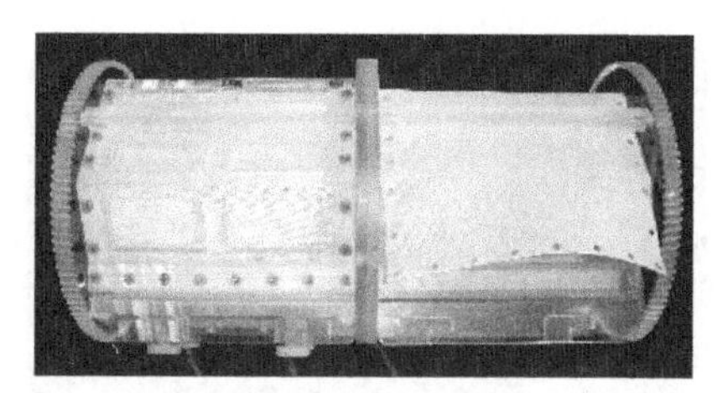

图4-14　压网式滚筒

目前广泛应用于钕铁硼或其他电子产品的网孔滚筒主要为压注式，如图4-15所示。这种形式，首先，滚筒壁板为整块或拼接模压板。滚筒制作方法类似普通注塑方孔滚筒，制作难度、成本大大降低。其次，滚筒的筛网耐磨、耐高温、耐酸碱等，使用寿命与早期相比大大提高。所以，目前的网孔滚筒不仅像早期一样比较适于轻微、细小、薄壁、高品质要求等零件，也完全适于有一定要求的普通零件。

图4-15　压注式滚筒模压板

三、槽孔

圆孔的一个缺点是，孔与孔之间的大量面积被闲置，这是圆孔滚筒开孔率低的一个重要原因。槽孔是两端带弧面的长条形孔，相当于将多个圆孔串联在一起，孔与孔之间的闲置面积被利用，开孔率相应提高。槽孔排列均匀、有序，看上去像一条条长长的沟槽，故称之为长槽形孔或槽形孔，简称槽孔，如图 4-16 所示。

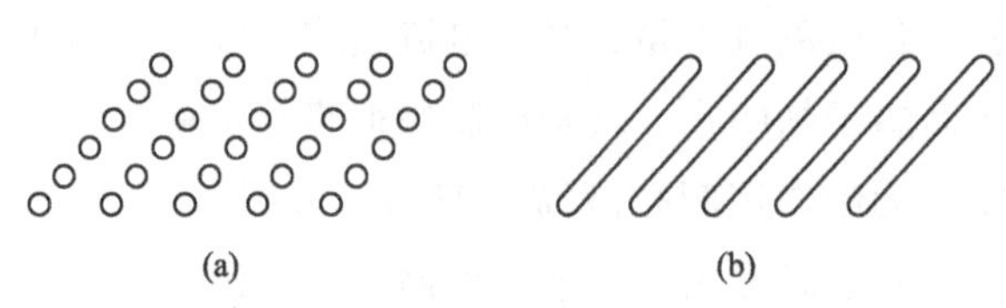

图 4-16 相同直径（或宽度）时圆孔与槽孔的面积对比

槽孔的优点是，在滚筒孔径允许开大时，开孔率比能够滚镀相同尺寸零件的圆孔滚筒有所提高，因此尤其在滚镀深、盲孔零件（如电池壳）时，孔内的镀覆能力比其他开孔方式有所提高。缺点是，滚筒开孔率的提高，同时也意味着壁板强度的下降，因此槽孔滚筒比较适于滚镀体积大、重量轻但对透水性要求较高的零件（如电池壳）。而在滚镀普通零件时，槽孔滚筒一方面壁板强度不高，另一方面对提高生产效率和镀层质量似乎无明显作用，还是采用方孔滚筒或圆孔滚筒更合适。图 4-17 所示为某规格槽孔滚筒壁板的局部。

图 4-17 某规格槽孔滚筒壁板局部

四、橄榄滚筒

普通滚筒的两端轮一般是不开孔的，这其实是一个损失。橄榄滚筒两端头呈球形，像旧式的瓜皮帽，如图 4-18 所示。橄榄滚筒不仅在两端开孔，而且开孔的部位是球面，这使开孔面积进一步扩大。尽管开孔的位置在滚筒的侧面，但至少是对正面开孔的一个补充。

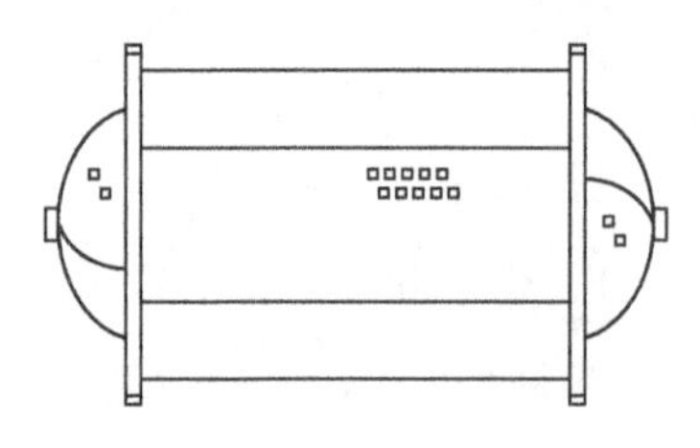

图 4-18 橄榄滚筒外形示意图

橄榄滚筒两端开孔后，开孔率得到最大程度的提高，滚镀的结构缺陷得到一定程度的改善。重要的一点是，零件在滚筒侧面的流动性增加，消除了电流死角，产品合格率提高。但橄榄滚筒模具制造费用较高，滚筒载重量不大（一般在5～8kg），因此比较适于加工量不大但品质要求较高的产品的滚镀，不太适于普通零件。

五、开放卧式滚筒

无门盖的敞开式滚筒一般多见于钟形滚筒、振筛、摇摆滚筒等，但在卧式滚筒中不多见。图4-19所示为一种无门盖的敞开卧式滚筒，称之为开放卧式滚筒。

图4-19　一种敞开卧式滚筒

开放卧式滚筒是将网状可循环移动履带，呈半环状固定在滚筒骨架上，需要滚镀的小零件盛装在移动履带上，随履带的循环移动而翻动。小零件面对溶液的一面完全敞开，传质作用不受影响，其受镀方式与挂镀无异。因此，施镀时间大大缩短，镀层均匀性大大提高，槽电压也降低，能耗减少。缺点是滚筒装载量小，设备成本高，若无措施零件可能翻滚效果差，因此比较适合于电子产品不易“贴片”的小零件的滚镀。

第七节　改善滚镀结构缺陷的措施（二）——向滚筒内循环喷流

向滚筒内循环喷流从侧面角度将滚筒外新鲜溶液强制打入滚筒内，以使滚镀过程中消耗的有效成分得到及时补充，从而使滚镀的结构缺陷得到一定程度的改善。国内喷流滚镀技术最初是用于小零件复合滚镀的，与普通滚镀金属离子向滚筒内补充相比，处于悬浮状态的复合微粒要困难得多。向滚筒内喷流可将滚筒外富含复合微粒的新鲜溶液强制喷入滚筒内，复合微粒的补充得到巧妙地解决。喷流滚镀技术用于普通滚镀，比较明显的收益是镀层均匀性大大改善。比如，某接插件滚镀金采用喷流滚镀技术，有数据表明，镀层均匀性可改善一倍甚至更多。

一、结构特点

喷流滚镀设备在普通滚镀设备基础上增加了喷流系统，将滚筒外新鲜溶液通过一系列步骤打入滚筒内，以补充滚镀过程中消耗的金属离子或复合微粒等有效成分，如图 4-20 所示。

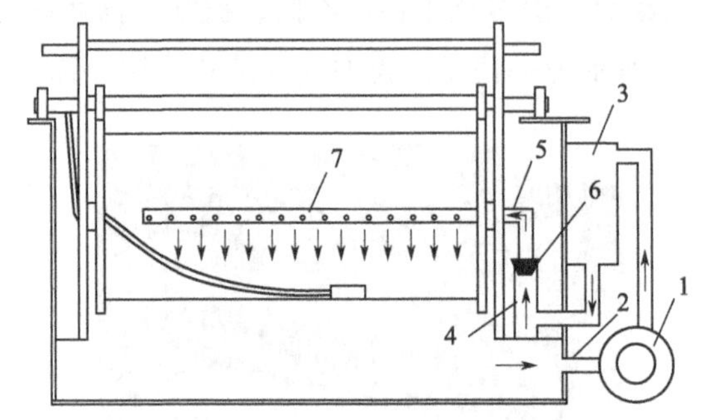

图 4-20 喷流滚镀设备结构示意图

1—塑料离心泵；2—水泵吸入口；3—过滤器；4—液流排出管；5—液流输入管；6—软橡胶塞；7—塑料喷管

塑料离心泵作为喷流源，为整个系统提供滚筒外的新鲜溶液。塑料离心泵连同电机固定在镀槽外，离心泵吸入口设置在槽外底部与槽内溶液相通，这样设计便于使整个溶液循环均匀。溶液靠自身的重力由泵的吸入口进入泵体，然后被离心泵输送至过滤器。过滤器之后的液流排出管端部有一个内锥形接口，在滚筒支架的液流输入管端部有一个外锥形接口。当滚筒入槽时两个接口准确对接，且液流输入管端部的外锥形接口一般为软橡胶材质，两个接口为弹性对接，所以可使液流不致泄漏，保证了整个喷流系统能够顺利地完成向滚筒内输送新鲜溶液的任务。两个接口对接后，液流以很高的速度通过塑料喷管的小孔，均匀地喷射在滚筒内的零件上。并且，液流在经过小孔时因受压流速加快，从而对滚筒内的溶液起到强烈的搅拌作用。

二、作用机理

1. 在小零件复合滚镀中的作用机理

① 可使复合微粒均匀地分布于滚筒内的溶液中　在复合电镀中，通常使用强力搅拌装置，以加快零件表面溶液流速，增加镀层中复合微粒的含量和均匀性。但滚镀因滚筒封闭结构的影响，搅拌几乎不起作用，不能像挂镀一样获得满意的复合镀层。而向滚筒内喷流后，可使滚筒内的溶液获得像挂镀一样的搅拌效果，复合微粒可均匀地分布于滚筒内的溶液中，保证了镀层中复合微粒含量的均

匀性。

另外，复合微粒在较浓电解质溶液中，微粒与微粒之间有“聚团”的趋势。如果允许这种“微粒团”沉积在阴极表面，镀层会变得粗糙，甚至有裂纹，镀层性能因而受到影响。向滚筒内喷流形成的搅拌作用，可像挂镀时一样使滚筒内的复合微粒不能“聚团”，保证了所得复合镀层的均匀性和致密性。

② 可使滚筒内消耗的复合微粒得到及时补充　由于滚筒的封闭结构，当悬浮状态的复合微粒迁移至孔眼处时，实难越过筒壁开孔这道“门槛”顺畅地补充到滚筒内。即使是透水性极好的网孔滚筒也只是对可溶性粒子作用明显，而对不溶性的复合微粒无太大起色。向滚筒内喷流，是另辟蹊径，从侧面角度将滚筒外富含复合微粒的新鲜溶液直接“空投”到滚筒内，使滚镀时消耗的复合微粒得到及时补充，效果显著。

2. 在小零件普通滚镀中的作用机理

喷流系统在普通滚镀中的作用似乎不如在复合滚镀中显著。因为筒壁开孔对普通滚镀的传质仅起不同程度的阻碍作用，但对复合滚镀不溶性的复合微粒来说几乎是不可逾越的，“空投”的效果就会有较大的不同。这是由复合电镀的特殊性决定的。尽管如此，向滚筒内循环喷流，对于改善普通滚镀的结构缺陷仍有不可忽视的作用。

喷流系统在普通滚镀中的作用类似于挂镀的阴极移动或空气搅拌，可迅速减小滚筒内外的离子浓度差，降低阴极浓差极化，使滚镀的结构缺陷得到较大程度的改善。比如，电流开得大，镀速快，镀层均匀性及零件低电流密度区镀层质量改善，槽电压降低等，且零件表面光亮区电流密度范围扩大，镀层出光速度加快，添加剂用量减少等。

三、应用举例

1. 喷流滚镀银-氧化镧复合镀层

喷流滚镀银-氧化镧复合镀层技术已在生产上投入使用多年，主要用于各类电器、仪表等产品铜基电触头的电镀。其工艺规范如下：

氯化银(AgCl)	30～45g/L
氰化钾[KCN(总量)]	65～80g/L
JF-1 添加剂	适量
氧化镧粉(La_2O_3，0.5～5μm)	0.5～8g/L
温度	室温

阴极电流密度　　　　　　　　0.4～2.0A/dm^2

时间　　　　　　　　　　　　3～4h

将0.5～5μm（或400目以下）氧化镧粉用蒸馏水冲洗干净，加入镀槽。氧化镧粉的用量根据镀层性能要求不同可在0.5～8g/L范围内变化，改变溶液中氧化镧粉的悬浮含量，可获得不同氧化镧含量的镀层。

实际结果表明，银-氧化镧复合镀层的主要电性能指标接近或优于纯银材料，且具有硬度高、接触电阻小、抗熔焊性和抗电蚀能力强等优点。例如，喷流滚镀银-氧化镧复合镀层后的电触头，经10万次通断实验，在相同工作条件下，其磨损量仅为纯银材料的1/3～1/6。并且，该工艺在铜基电触头上滚镀银-氧化镧复合镀层，以60～100μm的厚度，代替纯银或银合金材料的电触头，使银材得到大量的节约，其比例通常可达50%～90%。

2. 接插件喷流滚镀金

① 接插件的深孔类零件喷流滚镀金　接插件深孔类零件的功能部位为孔内表面，要求达到一定厚度的金层，而对孔外不作要求。但滚镀时孔外会不可避免地镀上金层，且由于滚筒封闭结构的影响，厚度可能比孔内厚得多，无形中造成金材严重浪费。所以，如何使孔内、外金层厚度尽量均匀一致是减少浪费、降低生产成本的关键所在。

某高频连接器外壳，要求内孔4～6mm处金层厚度达到0.38μm。滚镀时若不采用喷流，当孔内金层厚度达到要求时，孔外为1.5～2.0μm；而采用喷流后，孔外可降低至0.6～0.7μm，因此金材得到大幅度节约。可见，喷流滚镀技术可显著改善零件表面的镀层均匀性，尤其在高品质要求的小零件滚镀中意义重大。

② 接插件的插针喷流滚镀金　表4-1为接插件的某插针滚镀金时采用与不采用喷流所得镀层的厚度对比（电流密度0.1A/dm^2）。采用与不采用喷流分别取3根样件进行测厚。各样件测厚时，均从距插针头部2mm起为第一测试点，然后每间隔2mm作一测试点，每根样件共作12次测试。

表4-1　采用与不采用喷流所得金层的厚度对比

各测试点	各测试点金层厚度/μm					
	不采用喷流			采用喷流		
	1#	2#	3#	1#	2#	3#
1	0.601	0.534	0.501	0.513	0.500	0.434
2	0.536	0.517	0.563	0.519	0.501	0.436

续表

各测试点	各测试点金层厚度/μm					
	不采用喷流			采用喷流		
	1#	2#	3#	1#	2#	3#
3	0.496	0.471	0.507	0.513	0.497	0.462
4	0.474	0.444	0.458	0.497	0.509	0.473
5	0.449	0.437	0.410	0.486	0.488	0.455
6	0.449	0.405	0.388	0.475	0.494	0.460
7	0.436	0.415	0.368	0.486	0.518	0.493
8	0.424	0.427	0.351	0.533	0.525	0.493
9	0.447	0.438	0.340	0.523	0.524	0.512
10	0.455	0.447	0.344	0.520	0.534	0.517
11	0.470	0.461	0.346	0.541	0.548	0.514
12	0.498	0.477	0.365	0.527	0.552	0.507
平均厚度/μm	0.478	0.456	0.412	0.511	0.516	0.480
标准偏差	0.050	0.039	0.077	0.021	0.026	0.030
厚度变异系数%	10.5	8.6	18.7	4.1	5.0	6.3

表中不采用喷流的三根样件表面镀层厚度变异系数分别为10.5%、8.6%、18.7%，而采用喷流的分别为4.1%、5.0%、6.3%。可见，采用喷流比不采用喷流镀层厚度变异系数明显小得多，说明镀层均匀性得到显著改善。

3. 喷流滚镀技术在滚镀生产线上的应用

陈天初、原顺德将喷流滚镀技术用于滚镀镍生产线上，通过过滤机向滚筒内循环喷流，既使镀液得到连续净化，又改善了滚镀的结构缺陷，生产效率和镀层质量均得到提高。

① 生产线的设计要点　重点是喷射液流装置，即喷流系统的设计，主要包括以下几方面。

a. 滚筒内喷流入口装置的设计。滚筒内喷流入口装置设计为一根中空的塑料喷管，喷管的一端封闭，管径小于过滤机出口直径。管壁上钻直径1.5～2mm的小孔，小孔为二排呈90°排列，开孔面积约占喷管截面积的75%～85%。喷管外部固定在滚筒支架的护板上。

b. 过滤机出口与塑料喷管的连接。过滤机出口，即液流排出管，固定在镀槽内壁，端部为内锥形设计。滚筒支架的液流输入管为外锥形设计，内外锥形接口均为磁性衬塑料材质。接口安装高度为高出镀槽内液面50mm。

c. 滚筒定位与过滤机控制。滚筒的准确定位是成败的关键，要求镀槽制作、安装及滚筒制作等精细度高。若滚筒对位不准确，会造成两锥形接口不能准确对接，影响喷流效果。过滤机的离位采用行程开关或电磁感应开关控制。

② 过滤机与整流器的选择　为保证滚筒内镀液循环效果，经多次实践摸索，过滤机的过滤能力以每小时循环 2.5～3 次为最好。整流器的选择一般根据镀种不同而不同，滚镀镍因导电性较差，在使用大滚筒时多选择额定电压 18V 的整流器。向滚筒内喷流后，滚镀镍槽电压降低了 1～2V，故整流器仍以不变为好。

4. 结论

生产线上采用喷流滚镀技术后，镀层沉积速度加快，施镀时间缩短，且滚镀溶液的分散能力和深镀能力也得以提高。所以，向滚筒内循环喷流是改善滚镀结构缺陷、提高生产效率和镀层质量的一项有效措施。

第八节　改善滚镀结构缺陷的措施（三）——采用振动电镀

改进筒壁开孔和向滚筒内循环喷流，分别是从正面和侧面角度采取措施改善滚镀的结构缺陷，均未对滚筒的封闭结构有根本性突破，“横亘”在阴极零件与阳极之间的屏障——滚筒壁板还在，改进不能算彻底。振动电镀的盛料装置——振筛料筐的上部是敞开的，零件与阳极之间的障碍不复存在，彻底打破了滚筒的封闭结构，溶液中物料的传送不再有阻挡，滚筒内外的离子浓度差消除。此时零件的导电条件、电力线分布、溶液浓度变化等均与挂镀相近，因此镀层沉积速度、镀层均匀性等也均与挂镀相近。如果不考虑零件混合周期的影响，振动电镀的施镀时间与挂镀应该是相当的。但也正因为有混合周期的存在，振动电镀的镀层厚度波动性比挂镀要小，产品合格率要高。

但振动电镀的装载量小，难以满足加工量较大的普通零件的电镀。所以即使镀速快、施镀时间短，目前来看，在普通零件的电镀中似乎并没有表现出多大优势。振动电镀的优势（与向滚筒内喷流一样）仍然主要表现在镀层均匀性的改善上。振动电镀打破了滚筒的封闭结构，滚筒内外的离子浓度差消除，阴极区域导电离子浓度大大提高，极大地改善了零件表面的二次电流分布，镀层均匀性大大改善。所以，振动电镀尤其适于品质要求较高的、加工量不大的小零件的电镀。

例如，长 30～40mm，直径 ϕ1mm 的接插件的插针，要求腰部金层厚度不小于 1.27μm，端部金层厚度不大于 1.36μm，厚度差不超过 0.09μm。采用普通滚镀根本无法满足要求，常常是当端部镀层厚度达到 1.36μm 时，腰部只有端部的 40%～50%。采用振动电镀问题得到解决，可见振动电镀对改善镀层均匀性的效果是十分显著的。再比如，电子产品的深、盲孔零件采用振动电镀，与传统滚镀相比，镀后零件黑孔率大大降低。并且，因零件运行时类似振动光饰机的光整过程以及使用大电流使阴极电化学极化增大等，使得到的镀层细致、光亮，孔隙率明显降低。

一种汽车公里表针轴，长34mm，腰部直径ϕ1mm，两端直径ϕ0.5mm，要求镀层总厚度20μm，两端与腰部差不超过2μm。采用普通滚镀显然是极难做到的。采用振动电镀，并配合可明显改善镀层厚度分布的槽外控制手段——周期换向脉冲电流，最终使问题得到解决。详细情况如下。

① 产品形状、尺寸及镀层要求　产品为典型的针状零件，长34mm，腰部直径ϕ1mm，两端直径ϕ0.5mm，且一端带尖；镀层要求先镀铜后镀镍，镀层总厚度20μm，但两端与腰部差不能超过2μm，并能通过48h中性盐雾试验。

② 设备　振镀机：CZD-300型振镀机，装载零件1.5～1.6kg；电镀电源：SMD-300型数控双脉冲电镀电源。

③ 振动电镀铜

氰化亚铜(CuCN)	25～30g/L
氰化钠[NaCN(总量)]	45～50g/L
氢氧化钠(NaOH)	8～10g/L
酒石酸钾钠($KNaC_4H_4O_6\cdot 4H_2O$)	10～15g/L
醋酸铅[$(CH_3COO)_2Pb\cdot H_2O$]	0.015～0.03g/L
温度	50～60℃
振筛输入频率	11kHz

采用的周期换向脉冲参数如表4-2所示。

表4-2　采用的周期换向脉冲参数

项目	平均电流/A	频率/Hz	占空比/%	工作时间/ms
正向脉冲	20	1000	25	50
反向脉冲	2.4	1000	25	5

施镀时间150min，镀层厚度约15μm，镀层表面全光亮。

④ 振动电镀镍

硫酸镍($NiSO_4\cdot 7H_2O$)	220～280g/L
氯化镍($NiCl_2\cdot 6H_2O$)	40～60g/L
硼酸(H_3BO_3)	30～40g/L
滚镍B2主光剂	0.4mL/L

镍 A-5(4X) 柔软剂	10mL/L
镍 SA-1 辅助剂	3.6mL/L
镍 Y-19 湿润剂	1mL/L
pH	3.8～4.6
温度	50～60℃

采用的振动电镀条件及周期换向脉冲参数均与镀铜时相同，施镀时间 60min，镀层表面细致、乌亮，颜色均匀一致。

采用上述工艺电镀后的产品，经上海德科电子仪表有限公司检验，零件尺寸完全符合要求。48h 中性盐雾试验（试验依据 DIN50021），20 根试样中无腐蚀现象，镀层质量合格。

第九节 滚镀电流不加大镀速会加快吗

滚镀生产中，在不产生其他影响的前提下，总会尽可能使用大电流，以加快镀速，提高生产效率。就像炒菜一样，在不"糊菜"的前提下，火开得大一点可以使菜熟得快一点。但与炒菜不同的是，炒菜火开得不大，菜熟的速度不会加快，而滚镀电流不加大，镀速却可能加快，甚至快得多。

例如，一种小尺寸接插件滚镀金，开始使用孔径较小的圆孔滚筒，后换用相同规格的 0.7mm×5.5mm 长条形孔滚筒。结果发现，使用相同的电流，施镀相同的时间，镀层厚度大大超出规定值。说明换用 0.7mm×5.5mm 滚筒后，在电流并没有加大的情况下，镀层沉积速度加快了。一种小尺寸电子产品滚镀锡，使用网孔滚筒，比使用相同规格的孔径较小的圆孔滚筒，在相同的电流密度下镀速加快了近一倍。这种例子在滚镀生产中还有很多。电流并没有加大，镀速却会加快，为什么会这样呢?

根据法拉第定律，阴极表面沉积的镀层金属的量取决于通过电极的电量，具体地说是电流密度。所以单位时间内在阴极表面沉积的镀层金属的量，即镀层沉积速度取决于电流密度，因此只要加大电流密度就可以加快镀速。生产中总是希望使用大的电流密度以加快镀速，提高生产效率。但事情并非这样简单。通过电极的电量并非全部用于沉积镀层金属，有一部分用于比如氢气析出等副反应。这就涉及电流效率的问题，也就是说，镀层沉积速度不完全取决于电流密度，还需要经过电流效率的修正，即镀层沉积速度正比于电流密度与电流效率之积[见式(4-1)]。

(1) 电流密度 D_K

从式(4-1) 中可以看出，提高电流密度 D_K 可使镀层沉积速度 v 加快，但前提是电流效率 η_K 不致下降。怎么理解“电流效率不致下降”呢？也就是说，当电流密度 D_K 提高时，要保证电流效率 η_K 或提高，或不变，或下降幅度较小(小于 D_K 提高的幅度)，从而保证 D_K 与 η_K 的乘积是提高的，这样才能保证镀层沉积速度 v 是加快的。

一般，在允许使用的电流密度范围内，提高电流密度 D_K，电流效率 η_K 是不致下降的，所以可以加快镀层沉积速度 v。这就是为什么生产中总会采用加大电流密度的办法来加快镀速。但如果电流密度过大，超过临界值（即电流密度上限，滚镀因电流密度概念较复杂，常说电流上限或极限电流)，电流效率会显著或急剧下降。此时单纯提高电流密度不仅不能加快镀速，反而会使镀层质量恶化，如出现粗糙、烧焦、“滚筒眼子印”等现象。

(2) 电流效率 η_K

从式(4-1) 中可以看出，除电流密度 D_K 外，电流效率 η_K 对镀层沉积速度 v 也有重要影响。如果能使电流效率 η_K 提高，即使电流密度 D_K 不变，其沉积速度 v 仍是可以加快的。

电镀时，因受传质作用的影响，阴极区域金属离子浓度总会小于其他区域，因此电流效率总难以达到其标称的值。滚镀更是如此。滚镀因受滚筒封闭结构的影响，滚筒内金属离子浓度低或远低于滚筒外，电流效率会低或远低于其标称的值。这时，采取措施提高滚筒内的金属离子浓度，电流效率就会提高，因此即使不加大电流密度，镀速也是可以加快的。

上述举例，当用透水性好的网孔滚筒、长条形孔滚筒替代透水性极差的小孔径圆孔滚筒后，滚筒内、外物料传送的阻力减小，滚筒内金属离子浓度提高，电流效率提高。所以，此时即使不加大电流，镀速也是加快的。除改进筒壁开孔外，其他改善滚筒封闭结构的措施，如向滚筒内循环喷流、采用振动电镀等，也有一样的效果。

其实，电流效率提高后更大的意义在于可以使用更大的电流，即提高了允许使用的电流密度上限。使用的电流大，电流效率又高，镀速想不快都难。镀速快，不仅生产效率高，设施、人员、占地等就可以减少，这尤其对不能采用大滚筒、效率低下的钕铁硼滚镀是有积极意义的。而改善了滚筒的封闭结构后，瞻前顾后，担心镀层粗糙不敢使用大电流是没有充分利用改进型设施的优越性，是不可取的。

第十节 影响滚镀镀层均匀性的因素

一、二次电流分布的影响

如果不考虑电流效率的影响，阴极表面不同部位镀层的厚薄，即镀层均匀性，取决于各部位所通过电流的量，即二次电流在阴极表面的分布是否均匀。影响二次电流在阴极表面分布的因素可用式(4-2) 表达。

① $\frac{\Delta\varphi}{\Delta I}$——阴极极化度 根据式(4-2)，使$\frac{\Delta\varphi}{\Delta I}$增大，即增大阴极极化度，可使 $I_1/I_2 \rightarrow 1$，即电流在阴极表面的分布变得均匀。阴极极化度是指阴极极化随电流的增大而改变的程度，受络合物、添加剂等因素的影响较大。一般，络合物镀液（如氰化物镀液）的阴极极化度较大，分散能力也较好。但对于滚镀广泛使用的简单盐镀液或弱络合物镀液（如滚镀酸锌、滚镀亮镍、滚镀焦铜等），主要靠添加剂增大其阴极极化度（某些辅助络合剂也有一定的作用），因此选择一款能显著改善镀液分散能力的优质添加剂，可从槽液控制的角度改善滚镀的镀层均匀性。

② Δl——远阴极、近阴极与阳极之间的距离差 根据式(4-2)，使 $\Delta l \rightarrow 0$，即使远阴极、近阴极与阳极之间的距离趋于相等，可使 $I_1/I_2 \rightarrow 1$，即电流在阴极表面的分布变得均匀。比如，挂镀经常采用的象形阳极、辅助阴极等就是比较有效的使 $\Delta l \rightarrow 0$、电流分布变得均匀的措施。但显然滚镀由于设施的原因，在改变 Δl 以改变电流分布方面似乎难有作为。

③ l_1——近阴极与阳极之间的距离 根据式(4-2)，使 l_1 增大，可使 $I_1/I_2 \rightarrow 1$，即电流在阴极表面的分布变得均匀。要使 l_1 增大，实际操作时，相当于增大阴极与阳极之间的距离。滚镀生产中，这种做法（即分别增大双面阳极与滚筒之间的距离）虽不断有人采用，但其改善镀层均匀性的效果却不得而知。

但由于阴、阳极之间的距离增大，致使溶液的内阻增大，需要施加较高的槽电压。一方面耗电增加，溶液温升加快，使滚镀本来槽电压高的缺陷雪上加霜；另一方面需要配置较高额定电压的电镀电源，如原来配置 12V 或 15V 电镀电源即可，现在可能需要配置 18V 或 24V 电镀电源，设备投入加大。所以，这种做法可能得不偿失，或至少顾此失彼。

④ ρ——镀液的电阻率 根据式(4-2)，使 ρ 减小，即减小镀液的电阻率，可使 $I_1/I_2 \rightarrow 1$，即电流在阴极表面的分布变得均匀。减小镀液电阻率就是增加导电性，首先是添加导电盐。但很多情况下镀液中导电盐的增加是没有空间或空

间是很小的。比如，氯化钾滚镀锌的导电盐氯化钾，220～230g/L 已几乎是上限，再增加不仅无明显作用，镀液浊点还会降低。滚镀镍的氯化钠（或氯化镍）主要起阳极去极化剂的作用，另外也起一定的导电盐作用，但 25g/L 也几乎是上限，再增加阳极溶解可能加剧。而另外加入硫酸镁、硫酸钠、硫酸钾、硫酸铵等导电盐，可能会产生其他问题，得不偿失。所以，从降低镀液电阻率的角度改善滚镀的阴极电流分布，一般不主要从溶液导电盐方面考虑，而是考虑改善滚筒的封闭结构。

滚镀的镀层均匀性之所以比挂镀差，主要原因在于使用了封闭结构的滚筒。滚筒内溶液浓度较低，电阻率较大，因此电流在阴极表面分布的均匀性差。所以，改善滚筒的封闭结构，使滚筒内溶液的电阻率减小，才是改善滚镀电流分布和镀层均匀性的关键。改善滚筒的封闭结构，可以根据不同的情况，从改进筒壁开孔（滚筒开方孔、网孔、槽孔，敞开滚筒等）、向滚筒内循环喷流、采用振动电镀等多个角度考虑。

⑤ 阳极布置的因素　滚镀的阳极布置不合理（如阳极过窄、过短等）也会影响电流在阴极零件上的分布。一般，阳极挂篮或板应分别宽出滚筒两端不少于 5cm，长出滚筒底部不少于 10cm。若长度能弯曲延伸至滚筒底部，并将其全面包封，则更利于电流在镀件表面的分布，但会增加挂篮或阳极材料的初次投入成本。

⑥ 外加电流的因素　外加电流采用周期换向（脉冲）电流，滚镀时阴极电镀和阳极电解两种反应交叉进行。在阳极电解的过程中，零件上镀层较厚的部位反应强烈，较薄的部位反应平缓。如此，周期性的反向（脉冲）电流使金属尖端效应削弱，减小了零件上高、低电流密度区的镀层厚度差别，使其分布得到较大程度的改善。另外，反向（脉冲）电流的作用，使阴极表面微区金属离子浓度能够更快地恢复，导电性大大加强。根据式(4-2)，电流在阴极表面的分布变得均匀，镀层厚度分布地变得均匀。周期换向（脉冲）电流是槽外控制改善镀层均匀性的一个有效手段。

二、电流效率的影响

在实际电镀中，阴极反应不仅是镀层金属的析出，还或多或少伴随着氢气的析出或其他副反应。所以，讨论零件上镀层的分布，不能只考虑电流的分布，还要考虑电流效率的影响。一般，在允许使用的电流密度范围内，电流密度与电流效率的关系存在如下三种情况。

① 电流效率不随电流密度的改变而改变（如硫酸镀铜溶液）　这种情况，零

件上镀层的分布基本取决于电流的分布，不受电流效率的影响。

② 电流效率随电流密度的增加而增加（如镀铬溶液） 这种情况，电流效率对零件上镀层分布的影响较大。零件上高电流密度区电流大，电流效率也高，镀层较厚；反之低电流密度区镀层较薄。采用这种镀液只会加剧滚镀的镀层厚度不均匀现象。

③ 电流效率随电流密度的增加而降低，如常见的氰化物镀液 这种情况，电流效率对零件上镀层分布的影响是积极的。因为零件上高电流密度区电流大但电流效率低，低电流密度区电流小但电流效率高，镀层沉积速度（或镀层厚度）取决于电流密度与电流效率的乘积，零件上高、低电流密度区的镀层厚度因此得到一定程度的平衡。比如，氰化镀铜溶液，做霍尔槽试验，低电流密度区镀层效果较差，但用于滚镀并不差。因为氰化镀铜低电流密度区电流小，但电流效率高，滚镀的时间长，低电流密度区镀层质量得到改善。

所以，根据情况选择一款合适的镀液类型，也会对改善滚镀的镀层均匀性起到不同程度的影响。

三、金属材料本身属性的影响

当不同的金属材料做阴极时，氢在其上析出的过电位是不同的。与金属在阴极上析出一样，氢也需要电流增大到使电极电位负移至一定值时，才会析出。氢在阴极上开始析出的最正电位，为氢的析出电位。氢的析出电位与平衡电位之间的差值，为氢析出时的过电位。比如，锌比铁作阴极时氢过电位大，因此氢在锌阴极比在铁阴极上析出难度大，这就是镀锌时铁件刚入槽时气泡较多，锌层全覆盖后气泡显著减少的原因。常见金属材料上的氢过电位从小到大的排列顺序是：铂→金→铁→铜→银→镍→锌→锡→镉。

这个排列顺序可能不永远正确，但可以说明，在阴极上氢过电位越大，金属过电位就越小。氢的过电位大，有利于抑制氢的析出，减轻析氢的危害。金属过电位小，有利于金属析出，从而获得均匀性好的镀层。根据这个排列顺序，滚镀开始时常会采用大电流冲击的办法，使刚入槽的钢铁件快速镀上一层氢过电位大的镀层金属，以减小析氢的影响，使后续镀层在新沉积的镀层金属上的分布更加连续、均匀。或者钢铁件在滚镀前，常常会先镀一层氢过电位大的、较薄的金属镀层，称为预镀层或底镀层。后续镀层在预镀层上往往比在基体金属上更容易析出，利于获得均匀性好的镀层。比如，钕铁硼镀 Ni-Cu-Ni 组合镀层的底镍层。

四、金属材料表面状态的影响

作为阴极的金属材料的表面状态，对镀层在阴极表面分布的影响也很大。比如，镀层在不洁的阴极表面（有氧化膜或油污等）比在洁净的表面难沉积得多，若镀前处理——除锈或除油不彻底，在零件上不易获得连续、均匀的镀层。此外，粗糙的阴极表面实际面积比表观面积大，实际电流密度比表观电流密度小，如果某粗糙部位因电流较小而达不到被镀金属的合格沉积电位，该部位可能无镀层或镀层较薄，零件上不易获得连续、均匀的镀层。

比如，钕铁硼空心杯内孔在倒角时研磨不到，则即使溶液的深镀能力好，也难以得到质量好的镀层。所以要求机加工钻孔时，应尽可能做到使内壁光滑、平整，以获得结晶细致、连续、均匀的镀层，提高内孔镀层的耐蚀性。所以，镀前处理的磨光或小零件的滚光、振光等，务求彻底、完全、一致，否则不利于镀层在零件上的均匀分布。

以上多种改善滚镀镀层均匀性的方案，收效不一，其中以改善滚筒的封闭结构和选用优质添加剂效果最为显著。

第十一节 影响滚镀零件“低区走位”的因素

零件的“低区走位”一词大致为舶来品，可理解为低电流密度区镀覆能力，即深镀能力，也叫覆盖能力。与之相近且常会听说的一词“边角效应”，多指镀层在零件高、低电流密度区的均匀分布能力，即分散能力，也叫均镀能力。两个词既有联系，又有区别，不可混淆。一般，零件的“边角效应”小，即分散能力好，“低区走位”即深镀能力也好；但“低区走位”好，“边角效应”未必好。

滚镀的深镀能力（即“低区走位”）比挂镀差，根本原因在于：①零件表面二次电流分布的均匀性比挂镀差，造成分散能力差，深镀能力也差；②滚镀使用的电流密度较小，零件低电流密度区电流更小，在电镀复杂小零件时，其低凹部位往往因达不到获得良好镀层所需要的电流密度下限，而沉积不上镀层或沉积的镀层不符合要求，即深镀能力不佳。所以，凡是影响二次电流分布和影响使用大的电流密度的因素，均为影响滚镀“低区走位”的因素。

一、镀液因素

① 镀液类型 总体来讲，络合物镀液的“低区走位”能力比简单盐镀液好。因为络合物镀液的阴极极化度大，零件表面二次电流均布能力强，溶液分散能力好，深镀能力强。例如，氰化镀锌在不使用添加剂的情况下，也可能比硫酸盐镀锌使用添加剂时的“低区走位”好。但滚镀因（相对于挂镀）施镀时间长的缺陷，很多时候会选用电流效率高、镀速快的简单盐镀液，这时主要考虑主盐浓度、添加剂、导电盐等因素对其“低区走位”产生的影响。

② 主盐浓度　镀液主盐浓度低一点，利于改善零件表面的二次电流分布，分散能力好，深镀能力强。但主盐浓度低，不利于使用大的电流密度上限，镀层沉积速度可能受到一定的影响，这对某些镀速要求高的滚镀可能不合适，所以主盐浓度高还是低，应根据实际情况而定，不能一概而论。

③ 添加剂　优质滚镀添加剂，除因改善镀液分散能力而改善其深镀能力外，往往还具有在较低，甚至极低电流密度下获得良好镀层的能力，这与滚镀“低区走位”差的缺陷相适应。例如，深孔镀镍添加剂含有可明显提高镀镍溶液阴极极化度的深孔促进剂，从而因改善零件表面二次电流分布而增加零件低电流密度区镀覆能力，并且含有可促使镍层在极低电流密度下沉积的低区走位剂或深镀剂，这对解决复杂小零件的滚镀难题起到了较好的作用。

④ 导电盐　镀液中导电盐的主要作用是提高溶液电导率，以提高零件表面二次电流均布能力，从而改善溶液分散能力，提高深镀能力。滚镀比挂镀“低区走位”差，所以要求溶液导电性优于挂镀，溶液中导电盐含量一般会高于挂镀。例如，在使用氯化钠作阳极去极化剂和导电盐的镀镍溶液中，挂镀镍的氯化钠含量一般为10～15g/L，而滚镀镍常常为18～25g/L。

二、设备因素

① 滚筒　生产中最常用的是卧式滚筒，其结构是封闭的，滚镀时滚筒内外的溶液循环仅靠筒壁上面积有限的小孔，因而造成滚筒内电解质浓度降低，溶液电导率降低，零件表面二次电流均布能力下降，深镀能力下降。另外，滚筒的封闭结构使滚镀难以使用大的电流密度，复杂小零件低电流密度区常常因电流小而镀覆性能差，即“低区走位”差。

打破或改善滚筒的封闭结构是解决或改善问题的关键所在。改进传统的圆孔滚筒（如网孔滚筒、方孔滚筒、槽孔滚筒等），使用开口滚筒、喷流滚筒、振动电镀等，使滚筒内外溶液交换的阻力大大减小，一方面零件表面二次电流均布能力提高，另一方面利于使用大的电流密度，则“低区走位”差的状况改善。

② 脉冲电镀电源　使用脉冲电流，在脉冲关断期内，阴极表面微区消耗的电解质离子浓度会迅速恢复，则该区域溶液的电导率提高（或恢复），零件表面二次电流均布的能力增加，“低区走位”向好。另外，脉冲电流的冲击作用，也利于低电流密度区电流的提高，利于“走位”的改善。但脉冲电镀电源价格昂贵，比较适于高品质要求的小零件滚镀，而不适于普通小零件的滚镀，是否选用应视具体情况而定。

③ 振动电镀　对于孔径较小的深、盲孔零件，其孔内镀层质量差（或“低

区走位”差）非单纯因电流密度较小所致，很重要的一点是孔内溶液更新困难，金属离子匮乏，好比“巧妇难为无米之炊”。采用振动电镀，频率很高的振动作用可促使零件孔内溶液的快速更新，“低区走位”改善。

三、操作条件的影响

① 电流密度　提高滚镀给定的电流密度上限，无疑会使零件低电流密度区电流密度提高，提高“低区走位”的能力。提高滚镀电流密度的措施很多，如打破或改善滚筒的封闭结构、选用优质添加剂、优化主盐浓度、提高滚筒转速等。

② 镀液温度　比如，滚镀常用的酸性镀锌工艺，溶液温度升高会降低“低区走位”的能力。

四、重金属杂质的影响

滚镀使用的电流密度相对较小，零件低电流密度区电流更小，这尤其利于电位较正的重金属离子先于主金属离子而沉积，从而影响零件的“低区走位”。所以，生产中应严格管理，尽量减少重金属（如铜、铅、铬、镉等）杂质混入镀液，以免对零件的“低区走位”带来不利影响。

总之，影响滚镀零件“低区走位”的因素很多，应多方面、多角度综合考虑这些因素的影响，以便采取切合实际、行之有效的措施，改善滚镀“低区走位”差的缺陷。

第十二节　吃透这两点才能吃透滚镀

生产中常常会发现，滚镀的施镀时间比挂镀时间长，甚至长得多；同等情况下挂镀能镀好而滚镀镀不好，或很难镀好；滚镀的镀层均匀性比挂镀差；等等。比如，挂镀很多时候仅需几分钟或者一二十分钟，而滚镀可能需要四五十分钟、一两个小时，甚至更长。若不考虑前处理的影响，钕铁硼挂镀与普通零件的施镀难度几乎无异，但滚镀却很难做到结合力良好。受到某重金属杂质污染的酸锌溶液，挂镀没问题，滚镀零件的低电流密度区镀层却往往不合格。这样的例子很多。这是滚镀的特殊性决定的。

滚镀相对于挂镀最大的特殊性是使用了滚筒，实现了小零件的集中化电镀处理，提高了劳动生产效率。但同时带来两个危害极大的“副作用”：混合周期造成的缺陷和滚筒封闭结构造成的缺陷。滚镀存在的主要问题，如施镀时间长、施镀难度大、镀层均匀性差、零件低电流密度区镀层质量差、槽电压高等，都与这两个缺陷直接相关。所以，只有深刻认识并能采取措施解决或改善这两个缺陷，才算是真正认识并掌握了滚镀技术。

一、滚镀的混合周期

滚镀由于混合周期的影响，零件的受镀效率达不到100%，因此施镀时间长，生产效率低。这是滚镀的重要缺陷之一——混合周期造成的缺陷。同样的镀层，挂镀一二十分钟就能解决，滚镀要大几十分钟，甚至一两个小时，尤其对加工量大、镀层要求厚的小零件的电镀产生较大的影响。一个电镀园区，一天的滚镀量达几千吨，甚至大几千吨。钕铁硼滚镀，使用的滚筒小，加工量大，镀层要求厚。这时，任何生产效率的提高，都可能具有较大的意义。

在同等情况下，滚镀比挂镀施镀难度大，混合周期的影响难辞其咎。比如，钕铁硼材质化学活性极强，但在使用简单盐镀液预镀或直接镀时，挂镀基本没什么障碍，电镀开始后电流可直接、无遮挡地施加在零件上，上镀速度大于基体表面氧化速度，镀层结合力能够保证。而滚镀由于混合周期的影响，当零件位于内层时因电化学反应基本停止，发生基体表面氧化，等翻到表层再镀时镀层结合力出现问题。除采取一些其他措施，如选用镀速快的溶液、增加滚筒透水性、工序间不间断操作、大电流冲击等外，减小混合周期的影响是保证钕铁硼镀层结合力的关键。

由于混合周期的影响，钕铁硼滚镀加厚铜、钕铁硼直接滚镀铜等也存在一样的问题。钢件或锌合金件直接镀无氰碱铜，滚镀比挂镀难度大也是这个道理，滚镀因混合周期的存在比挂镀更容易发生“置换镀”，镀层与基体的结合力存在更大的风险。滚镀酸铜难度较大，很多时候不是工艺本身的问题，而是底镀层起不到较好的“隔离”作用，在零件位于内层时基体被强酸性的酸铜溶液腐蚀。滚镀铬，当零件位于内层时，已上镀的铬层被强氧化性的铬酸溶液钝化，等翻出再镀时表面“挂灰”，产生次品。黄铜零件滚镀亮镍，不镀底铜，挂镀可得到质量合格的镀层，而滚镀镀层发黑或过后返黑。这是因为滚镀时零件在内层受到了电池腐蚀。滚镀碱性锌镍合金，影响镀速的一个重要原因是零件在内层时已上镀的合金镀层受到了电池腐蚀而溶解。塑料零件滚镀在加厚镀时，化学镀铜或镀镍底层在内层会受到镀液的腐蚀。因此塑料滚镀的加厚镀溶液酸碱性不宜太强，但塑料零件挂镀没有关系。

滚镀生产中，混合周期的影响可谓无处不在，并且很多时候危害极大。采取措施减小混合周期的影响是提高滚镀产品质量、生产效率及减小施镀难度的关键，是滚镀技术的重要内容。

从增大有效受镀面积比角度减小混合周期的影响，在滚筒转速一定的情况下，可采取的措施有：选择合适的滚筒尺寸、滚筒大小、滚筒装载量、提高滚筒开孔率等。灵活运用好这几项措施，可增加零件的实际受镀时间，提高受镀效率，从而使施镀时间缩短，生产效率提高。

从减小镀层厚度波动程度角度减小混合周期的影响，在其他因素（滚筒尺寸、大小、装载量、开孔率等）一定的情况下，可采取的措施有：选择合适的滚筒转速、滚筒横截面形状等。这几项措施利于缩短零件的混合周期，在一定的施镀时间内镀层厚度波动性减小。反过来镀层厚度波动性减小，又可以使施镀时间缩短，生产效率提高。

而采用振动电镀，可同时从增大有效受镀面积比和减小镀层厚度波动性两方面减小混合周期的影响，是高品质要求小零件的优选电镀方式。

二、滚镀的结构缺陷

滚筒的封闭结构增大了滚筒内溶液更新的阻力，造成电流开不大、镀速慢、镀层均匀性差、槽电压高等问题，称之为滚镀的结构缺陷，是滚镀的重要缺陷之一。镀层烧焦产生“滚筒眼子印”的风险制约了使用大电流以加快镀速，这是滚镀施镀时间长的另一个重要原因。滚筒内导电离子浓度低，导致滚镀的分散能力差，镀层均匀性差，这尤其对品质要求较高的小零件的电镀产生较大的影响。并且，电流开不大还使零件低电流密度区镀覆能力，即深镀能力差，这是除二次电流均布能力差外另一个造成滚镀深镀能力差的重要原因。

滚镀比挂镀施镀时间长，除混合周期的影响外，结构缺陷的影响也不可忽视。因为，即使减小了混合周期的影响，零件有更多的机会和时间位于表层，但受滚筒封闭结构的制约，不能使用大电流，镀层一样不能尽快沉积，还是会导致施镀时间长。这等于部分浪费了零件位于表层时的宝贵机会，尤其钕铁硼滚镀，在预镀或直接镀时，若不能尽快上镀，还可能造成镀层结合力不良。

重金属杂质容易在电流较小时优先于主金属离子沉积，挂镀因电流大可能不受影响，而滚镀因不宜使用大电流，零件低电流密度区常常被重金属杂质“所占据”，出现“挂镀能镀好而滚镀镀不好”的情况。除重金属杂质的影响外，滚镀还常常因零件低电流密度区电流较小，导致复杂零件的低凹部位往往质量不佳或不合格，即深镀能力不好。而同等情况下挂镀可能没有问题。滚镀合金时，因筒壁开孔的屏蔽作用，滚筒内外溶液中的合金比例可能差别很大，导致镀层中的合金成分可能差别很大，镀层耐蚀性、外观等可能不能满足要求，滚镀锌镍合金、滚镀仿金等均可能出现这样的情况。而同等情况下挂镀合金无此类问题。

与混合周期一样，滚镀生产中结构缺陷的影响也是无处不在的，危害甚大。

采取措施打破或改善滚筒的封闭结构，以改善滚镀的结构缺陷，同样是提高滚镀产品质量、生产效率及减小施镀难度的关键，是滚镀技术的重要内容。

改进筒壁开孔方式是最直接的方式，目前来看，成本低，收益大，是性价比较高的一种改进措施。其中尤以方孔滚筒和网孔滚筒的综合效益最优，两者分别被称作第二代滚筒和第三代滚筒。筒壁开孔的改进，使滚筒透水性大大提高，滚筒内溶液更新的阻力大大减小，电流开不大镀速慢、镀层均匀性差、槽电压高等缺陷“应声”改善。

向滚筒内循环喷流也是一种效果较好的改进措施，但设备结构相对复杂，精度要求高，制作成本高，在改进筒壁开孔性价比较高的当下，不太容易被广泛接受，目前较多地应用于镀层均匀性要求较高的电子产品的滚镀。

振动电镀虽然也存在与喷流滚镀一样的设备相对复杂、成本高等缺点，但对滚筒封闭结构的改进彻底，改善滚镀结构缺陷的优势显著，所以被广泛应用于品质要求较高、不宜或不能采用普通滚镀的小零件的电镀，是对普通滚镀的一个有力补充。

总之，滚镀存在的主要问题，如施镀时间长、施镀难度大、镀层均匀性差、低电流密度区镀层质量差、槽电压高等，均主要由混合周期和结构缺陷造成。解决或改善这两个缺陷，首先需要主要从槽外控制角度，采取措施减小混合周期的不利影响，使零件有更多的机会和时间位于表层；其次，从槽外控制角度，采取措施打破或改善滚筒的封闭结构，充分利用好零件位于表层的机会，在电流效率提高的前提下，尽可能使用大的电流密度，滚镀的诸多问题就会得到相应的解决或改善。这两点很重要，吃透这两点才能吃透滚镀。

第五章

钕铁硼零件滚镀

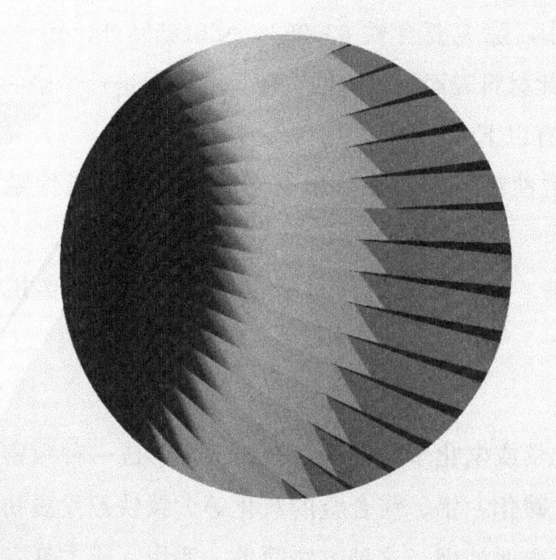

混合周期和结构缺陷是造成滚镀主要问题（如施镀时间长、施镀难度大、镀层均匀性差、零件低电流密度区镀层质量差、槽电压高等）的主要原因。钕铁硼零件滚镀是受混合周期和结构缺陷影响比较典型的例子。钕铁硼材质表面极易氧化，造成镀层结合力不良。所以，不考虑前处理的因素，主要在预镀或直接镀时，首先需要减小混合周期的不利影响，使零件有更多的机会和时间位于表层，其次使用大电流尽快上镀，则需要改善滚筒的封闭结构，以改善结构缺陷。如此，方能尽可能抑制基体氧化，以提高镀层结合力。并且，同样重要的是提高生产效率。其他零件滚镀也是一样的要求，但比钕铁硼简单，讲究少。可以说，搞定钕铁硼滚镀，其他也就容易搞定了。

第一节　钕铁硼表面处理技术

钕铁硼材料属于第三代稀土永磁材料，号称“永磁王”，为迄今磁性最强的永磁材料，比如可吸起相当于自身重量 640 倍的重物。目前广泛用作电子信息、汽车制造、通用机械、石油化工、风力发电及尖端技术等行业不可缺少的磁功能材料。钕铁硼是个多元合金体，除主要含铁 63.95%～68.65%外，还含 29%～32.5%化学活性极强的钕，因此材料表面极易腐蚀，使用前必须进行严格的防腐处理。此外，钕铁硼表面处理还有以下目的。

① 除去磁体表面疏松的磁性粒子，以免其影响磁功能或破坏磁性系统，并达到表面光洁的目的。

② 可使磁体（尤其边缘处）在装配或工作过程中免遭机械应力作用致磁性粒子脱落。

一、金属转化膜

金属转化膜技术是采用化学或电化学的方法在金属表面形成一种致密的化合物保护膜，比如钢铁的氧化、磷化，铝、镁合金的氧化等。钕铁硼发展初期，曾广泛采用六价铬钝化技术进行表面处理，这种方法简单、实用、成本低，铬酸盐钝化膜对磁体具有一定的保护作用。但随着技术的发展，单独的钝化膜已无法满足要求，后来采用复合转化膜技术，即先磷化再钝化，通过填充磷化膜的孔隙，有效提高膜层的防腐性。

尽管如此，单独的化学转化膜仍无法满足钕铁硼越来越高的防腐蚀要求，仍需要采用其他表面处理方法来获得高防腐性能的钕铁硼磁体，比如金属镀层技术、有机涂层技术、复合涂镀层技术等。

二、金属镀层

金属镀层较薄，一般只有微米级，但却可以满足钕铁硼磁体较高的防腐蚀要求，且赋予其多种漂亮的外观，因此在钕铁硼表面处理中应用较为广泛。钕铁硼金属镀层可以通过电镀、化学镀、真空离子镀等方法获得。

1. 电镀

电镀作为一种成熟、价廉的金属表面处理方法，在钕铁硼磁体防腐领域应用较为广泛。钕铁硼以小零件居多，故广泛采用滚镀。虽然用于普通钢件的滚镀技术同样可用于钕铁硼，但由于表面特殊的物理化学性质，钕铁硼滚镀又有着较大的特殊性。

① 合金体中的钕化学活性极强，这种特性产生以下影响：a. 镀前处理时用酸、用碱均不宜太强，否则易造成零件腐蚀；b. 预镀或直接镀时采用简单盐镀液，易产生电池或置换腐蚀而影响镀层与基体的结合力，且腐蚀产物将污染镀液；c. 难以选择大尺寸的滚筒，否则混合周期的影响较大，零件氧化严重，这将直接影响电镀产能，致使生产效率低下。

② 钕铁硼产品为磁功能材料，任何表面涂覆都可能对其磁性能产生影响，所以如何协调镀层的种类、组合及厚度等与产品磁性能的关系是钕铁硼电镀的一大难点。

③ 钕铁硼表面疏松多孔、粗糙不平，这种特性产生以下影响：a. 镀前处理负担较普通钢件加重，处理不好极易造成镀层结合力不良；b. 预镀或直接镀不宜选择利于磁体磁性能但电流效率低的络合物镀液，如碱铜。

④ 钕铁硼材质脆性大，极易受到磕碰而损坏，这种特性产生以下影响：a. 工人操作难度相对较大，不小心可能会使零件受损；b. 难以选择大尺寸的滚筒，否则可能因滚筒线速度大使零件受损，影响劳动生产效率的提高。

⑤ 钕铁硼材质导电性差，其导电性介于导体与半导体之间，因此使体系电阻增大，提高了槽电压。

钕铁硼电镀最常见的有镀锌和镀镍，其他有镀锌镍合金、镀锡、镀银和镀金（或仿金）等，但一般量不大。

钕铁硼镀锌防腐性尚好，成本低，锌为非导磁材料，但耐高温湿热、抗高压及加速老化试验能力差。一般采用工艺成熟、价格低廉、无毒无氰的弱酸性氯化钾镀锌技术。镀层结合力要求较高的产品，多采用硫酸盐镀锌打底，然后用氯化钾镀锌加厚的工艺组合，即“硫酸盐镀锌＋氯化钾镀锌”。氯化钾镀锌大量使用表面活性剂，因此镀层存在防腐性差、钝化膜易变色、彩膜易脱落、粘胶不利等缺陷。鉴于此，也有采用“硫酸盐镀锌＋碱性镀锌”组合的，利用了碱性镀锌钝化膜质量好的优点。锌镍合金镀层耐蚀性极佳，可比纯锌镀层提高数倍，但种种原因使用量较少。

钕铁硼镀镍，仅有极少部分防腐要求不高的产品在镀单层镍，其他一般采用“镍＋铜＋镍”镀层组合，即“预镀镍＋加厚铜＋面镍”组合。镀层防护装饰性好，耐高温湿热、抗高压及加速老化试验能力强。既满足了磁体的防腐要求，也减轻了厚镍磁屏蔽造成的磁性能损失，同时镀层与基体的结合力也很好，所以目前应用较为广泛。缺点是成本高，工艺复杂，尤其镍为导磁材料，对于磁性能要求较高的磁体，其热减磁指标很难满足要求。不预镀镍而直接镀铜可有效提高磁体的热减磁指标，但钕铁硼直接镀铜技术存在结合力不良的风险，一般若非要求较高，还是选用成熟的“镍＋铜＋镍”技术。

钕铁硼镀锡、镀银和镀金等，一般在镍或“镍＋铜＋镍”镀层基础上施镀，适用于与电器接触、要求表面可焊的场合。另外，镀金具有极佳的装饰性，产品档次高端、大气。

2. 化学镀

钕铁硼化学镀主要是化学镀镍，一方面在产品要求较高时可提高镀层防腐性，另一方面化学镀镍控制磷含量可实现镀层不导磁，从而降低对磁体磁性能的影响。因通常使用的酸性化学镀镍工艺不宜直接在钕铁硼基体上施镀，为使镀层与基体的结合力良好，钕铁硼化学镀镍一般需要预镀镍，且有时在预镀镍后增加一道电镀铜，实际是“镍＋铜＋化学镍”的组合。或者采用中性化学镀镍工艺预镀，再镀酸性化学镍，即“中性化学镍＋酸性化学镍”的组合。

3. 真空离子镀

真空离子镀属于物理气相沉积技术，而非常规的液相化学或电化学沉积技术。该技术工艺过程简单，对环境污染小，膜层均匀致密，与基体的结合力好，防腐性好，但设备造价昂贵。钕铁硼采用这种方法主要是离子镀铝，优点是镀层结合力好，耐蚀性好。另外，前处理工序无需酸洗，磁体表面孔隙中无残液，减少了镀后基体返腐的机会。钕铁硼真空离子镀铝技术，在日本广泛应用于 SPM、IPM、CD/LD 和电动车的钕铁硼材料的表面处理中。

三、有机涂层与复合涂镀层

钕铁硼有机涂层通常采用环氧树脂或丙烯酸、聚酰胺等树脂涂料，其中以环氧树脂抗水、抗化学腐蚀性最好，但成本较高。有机涂层的涂覆施工通常采用阴极电泳或喷涂的方法。钕铁硼采用有机涂层技术可在基体上直接涂覆，即"基体＋涂装"。但这种方案的主要问题是涂层附着力不佳、防腐性不高，原因是钕铁硼基体不能提供获得高质量涂层的良好表面状态。可以采用钕铁硼"磷化＋涂装""磷化＋钝化＋涂装"等技术。但"镀层＋涂装"技术，如"镀暗镍＋阴极电泳""镀锌＋阴极电泳""镀亮镍＋阴极电泳"等，能够为有机涂层提供更好的表面状态，防腐性也较好。有研究表明，钕铁硼电镀后先经锌系磷化处理再涂装，即钕铁硼"电镀＋磷化＋涂装"，这种复合涂镀层方案可以获得更好的漆膜附着力和防腐性。

第二节　镀前处理

钕铁硼镀前处理同样是通过一系列处理步骤获得平整、光滑、无油污、无锈蚀的基体金属表面，以满足后续镀覆加工的要求。但由于钕铁硼表面特殊的物理化学性质，不像处理普通钢件一样简单，而是有其自身的特殊性。

钕铁硼镀前处理从倒角开始，但进入生产线从除油开始。生产线可采用自动/半自动滚筒生产线，也可采用手工生产线。采用自动/半自动生产线时，可与电镀等主工序共线生产，但最好单独成线，因为可能会交叉污染。采用滚筒生产线的最大困难来自于线上的多道超声波清洗。还是因为滚筒的封闭结构，超声波对滚筒内零件的空化效应不充分，清洗效果不佳，应另辟蹊径。

所以，目前很多还是以手工生产线为主。手工生产线工人劳动强度大一点，但在超声工序时，零件微孔及表面油污、脏物等清洗彻底、充分，质量有保证。手工生产线的除油很多时候采用滚筒处理，完后零件卸滚筒，用塑料网兜少量分装进入后面工序的手工操作，最后装入电镀滚筒进行电镀。工艺流程如下：滚筒除油→塑料网兜分装→逆流水洗→超声水洗→酸洗→逆流水洗→超声水洗→活化→逆流水洗→超声水洗（此环节是否超声视情况而定）→电镀。

一、倒角

倒角即进行光整处理，也叫滚光，其所用的设备一般有卧式滚光机和振动光饰机，统称倒角机。受材质特性和机械加工的影响，钕铁硼零件表面往往粗糙不平、边角尖锐，若不做光整处理，电镀时可能因实际电流密度远小于表观电流密度而使镀层沉积变得困难。倒角可使零件表面平整、光滑，边角圆润，利于镀层快速、均匀、连续地沉积。

采用卧式滚光机，与普通钢件不同的是，钕铁硼材质脆性大，不能采用大尺寸滚光滚筒，否则零件可能被滚成碎片。钕铁硼卧式滚光机，在转动体的圆周上等距离安装四个小型六角形滚筒，每个滚筒容积7～8L。四个滚筒一方面随转动体公转，一方面绕各自轴心按相反方向自转。滚筒的行星运动使筒内零件始终保持在筒壁外周一侧，此时磨料与零件产生相对运动，并对零件表面进行细微切削、挤压，在不损伤零件的情况下达到光整的目的。根据不同磨料选择滚筒转速。忌无水加工，否则工件可能产生破角，并附着大量粉末，影响加工质量。这种滚光机一般适合钕铁硼小尺寸或中小尺寸零件，不适合大尺寸零件的光整。

另一种使用较为广泛的倒角机是振动光饰机。振动光饰机的轴向为垂直方向，零件运行为水平（或螺旋）方向，因此零件之间的磕碰程度较轻，不会像卧式滚光机那样可能对零件产生较大的损伤。振动光饰机适合规格大于5mm×2mm的多种尺寸产品的光整处理，可尽量减少“磕角”“磕边”等现象。并且单批处理量较大，比如最多可单批处理100kg零件，加工速度快，生产效率高。另外，由于振动光饰机是敞开式的，还可随时抽取产品进行中途质检，以便及时根据情况对加工方法做出调整。

滚光时要使用一定比例的磨料，还要加入一定的水和磨液，并且可能会使用除油剂，以便后续除油时负担轻一些。滚光使用的磨料种类、磨料与零件比例、滚筒转速、处理时间以及是否使用除油剂等，应根据零件的具体规格、公差要求、表面油污状况等进行合理选择。

二、除油

钕铁硼除油通常采用化学除油，不能采用电化学除油。因为阴极除油会使多孔的磁体表面析氢，从而产生较大的影响，阳极除油可能使磁体氧化而发生溶解。由于钕铁硼表面化学活性极强，化学除油液碱性不能太强，pH值一般控制在10左右，否则会对磁体造成腐蚀。而且，零件经倒角后表面已无多大油污，除油液碱性太强意义也不大。生产中一般采用滚筒除油的方式，效率高，滚筒的翻滚作用也有利于油污的去除。推荐的钕铁硼化学除油工艺如表5-1所示。

表5-1 推荐的钕铁硼化学除油工艺

项目	1＃配方	2＃配方	3＃配方
碳酸钠(Na_2CO_3)/(g/L)	50	5	5～8
三聚磷酸钠($Na_5P_3O_{10}$)/(g/L)	70	25～35	25～30
碳酸氢钠($NaHCO_3$)/(g/L)	—	15	10～15
氢氧化钠(NaOH)/(g/L)	5	—	—

续表

项目	1#配方	2#配方	3#配方
OP-10/(g/L)	0.5	—	—
表面活性剂/(g/L)	—	适量	适量
柠檬酸($C_6H_8O_7$)/(g/L)	30～40	—	—
pH值	10.5	<10	<10
T/℃	65	50～60	50～65

注：1#配方中的柠檬酸对钕具有一定的络合作用，可防止钕的氧化。

三、酸洗

酸洗是为了除去磁体表面在倒角、除油后生成的钕的氧化层。酸洗液不能用盐酸，因为盐酸中的氯与钕反应较强，会对磁体造成过腐蚀，导致材料表面粉化。硫酸酸洗的产品电镀后，磁衰程度大，镀层外观粗糙。一般采用硝酸体系的酸洗工艺，硝酸对磁体的腐蚀比较均匀，浓度约3%，再高腐蚀程度影响不大，但磁衰程度加大。同时使用缓蚀剂或弱络合剂，可防止钕的氧化，避免磁体出现过腐蚀。若使用抑雾剂，可有效减少氮氧化物的挥发，否则有较强的氮氧化物挥发，影响环境。推荐的钕铁硼酸洗工艺如表5-2所示。

表5-2　推荐的钕铁硼酸洗工艺

项目	1#配方	2#配方	3#配方
硝酸(HNO_3)/(mL/L)	30～40	30～40	10～20
硫脲(CH_4N_2S)/(g/L)	0.5	—	—
硫酸(H_2SO_4)/(g/L)	—	0.5～1	—
氢氟酸(HF)/(mL/L)	—	—	8～15
pH值	4～5(用氨水调节)	4～5(用氨水调节)	—
T/℃	室温	室温	室温

注：①1#配方中的硫脲起缓蚀作用；②用氨水调pH值是因为氨水对钕具有一定的络合作用，可防止钕的氧化，避免过腐蚀。

酸洗多采用手工方式进行，工人使用塑料网兜分装少量零件，在酸洗槽中上下左右翻动酸洗。这种方式工人劳动强度大一点，但简单，快捷，清洗彻底，并可随时观察零件表面的变化情况，据此及时对酸洗时间、溶液浓度等作出调整，既提高生产效率，又避免零件造成腐蚀。酸洗至零件表面呈均匀、细致、有光泽的银白色即可，酸洗时间长、硝酸浓度高都会加大磁衰程度，应控制好酸洗时间。

四、活化

为进一步提高镀层与基体的结合力，经酸洗的钕铁硼零件在电镀前应增加活化处理，使零件表面处于活化状态更容易镀覆。常用的活化工艺：磺基水杨酸20～25g/L，氟化氢铵10～15g/L，室温，30～40s。推荐的其他钕铁硼活化工艺如表5-3所示。

表5-3 推荐的其他钕铁硼活化工艺

	1#配方	2#配方	3#配方
氯化钾镀锌前的活化	1%～3%盐酸溶液，时间25～50s，活化后水洗入镀槽	氯化钾50g/L＋硼酸50g/L，活化后可不水洗直接入镀槽	2%～3%柠檬酸溶液，活化后可不水洗直接入镀槽
镍＋铜＋镍前的活化	1%～3%硫酸溶液，时间25～50s，活化后水洗入镀槽	20～25g/L柠檬酸＋8～10g/L氟化氢铵，活化后水洗入镀槽	20～30g/L柠檬酸溶液，活化后水洗入镀槽
预镀碱性化学镍前的活化	0.5%～1%碳酸钠溶液，活化后可不水洗直接入镀槽	—	—
磷化前的活化	1%～2%草酸溶液，活化后可不水洗直接入磷化槽	稀硝酸溶液，活化后可不水洗直接入磷化槽	—

另外，还可选用专门针对钕铁硼研发的商品除油、酸洗、活化等工艺，这样可以保证生产顺利、稳定，减少麻烦。

五、化学浸镀

钕铁硼材质化学活性极强，零件表面极易氧化，因此极易造成镀层与基体的结合力不良。要求零件在活化后尽快上镀，以阻止其表面氧化进程。上镀越快，氧化程度越轻，镀层结合力就越好。所以，钕铁硼电镀生产中总会采取一些使零件尽快上镀的措施。

① 工序间不间断操作，至少活化与电镀间操作速度要快，俗称“入料快”，以降低零件表面氧化速度。

② 滚筒尺寸要小，转速要快，这样可缩短零件的混合周期，增加零件位于表层的机会和时间。

③ 滚筒（尽可能）带电入槽，使用冲击电流，可使零件位于表层时尽快上镀。

尽管如此，钕铁硼采用电镀的方法预镀或直接镀，总是难以做到零件表面上镀速度的最大化与氧化速度的最小化，因此镀层结合力总是存在不同程度的问题。原因如下。

① 零件表面需要达到一定的电流才能上镀，这就需要时间，零件低电流密

度区时间更长。

② 只要是滚镀就无法避免混合周期的影响，比如即使再小、转速再快的滚筒也存在混合周期，况且滚筒太小对批量生产没有意义，且受钕铁硼材质脆性大的限制，滚筒转速也不能太快。

③ 采用单盐镀液预镀或直接镀，总避免不了零件氧化或腐蚀。

化学浸镀不失为解决钕铁硼镀层结合力不良的好办法。因为化学浸镀采用化学反应的方法使零件表面沉积镀层，无需电流，且受混合周期的影响相对较小。只要零件与溶液接触即刻便会上镀，速度非电镀所能比，从而减缓了施镀过程中零件表面的氧化进程。化学浸镀后零件表面沉积上一层电位较正的金属，在电位较正的金属上再进行其他电镀，就不易出现镀层结合力不良的问题。推荐的化学浸镀工艺如下。

① 浸锌：硫酸锌 30g/L，焦磷酸钾 105g/L，碳酸钠 7g/L，氟化钠 5g/L，温度 85℃，时间 30s，可获得 1μm 左右完整均匀的浸锌层，用于钕铁硼镀锌前的浸镀。

② 浸镍：醋酸镍 70g/L，硼酸 65g/L，氢氟酸 170mL/L，温度室温，时间 30s，可用于钕铁硼镀镍前的浸镀。推荐的其他化学浸镍工艺如表 5-4 所示。

表 5-4 推荐的其他化学浸镍工艺

	1#配方	2#配方	3#配方
醋酸镍[$(Ni(CH_3COO)_2$]/(g/L)	50～60	30～80	30～80
硼酸(H_3BO_3)/(g/L)	30～40	30～40	20～50
氢氟酸(HF)/(mL/L)	70～80	70～80	50～100
T/℃	室温	>10	>10
时间/s	20～30	20～30	15～60

新配溶液适宜采用中等浓度，若浓度太高反应过剧可能导致浸镍层粗糙，严重时还会腐蚀基体。新配溶液最好能加入一部分旧溶液。为慎重起见，新配溶液最好先用不合格的零件试镀，确定没问题后再进行正式生产。

化学浸镀可以较好地解决钕铁硼镀层结合力不良的问题，缺点是溶液变化较快，不能长期使用，不如电镀更易操控，难以大批量稳定生产等，因此不易被一线操作人员所接受。不过，并不是所有的镀层加工都采用这种方法，可以有选择地使用，比如至少可以在加工批量不大且镀层结合力要求较高的时候使用，需要具体问题具体分析。

但是，如果能使化学浸镀技术更完善，比如能像镀锌、镀镍（至少是化学镀）那样成熟、稳定、易操控，就可以较容易地用于大批量生产，钕铁硼镀层结合力不良的问题就会得到有效解决。完善化学浸镀技术，除改良浸镀工艺外，还可以考虑使用自动控制设备，至少从槽外控制的角度为稳定生产提供保障。

六、关于超声波处理

对于普通钢件，镀前处理使用超声波不是必需的，但钕铁硼是必须的。因为利用超声波的空化效应可以彻底清除钕铁硼微孔内的油污、酸碱等物质，否则极易因微孔内的污物清洗不净影响镀前处理质量，从而影响镀层结合力，这一点非常关键。

一般超声波功率密度应达到一定的值才能产生有效的空化效应，过小清洗能力低，效果不佳，可能影响镀层结合力。普通机械加工行业清洗的超声波功率密度为0.5～0.8W/cm^2，体积功率密度约为25W/L。而用于钕铁硼清洗的超声波功率密度约为0.6W/cm^2，体积功率密度约为100W/L。超声波功率密度指超声波清洗机的发射功率（W）÷发射面积（cm^2）。比如，某超声波清洗机功率1000W，处理槽底面积50cm×50cm＝2500cm^2，则其功率密度为1000W÷2500cm^2＝0.4W/cm^2。体积功率密度指超声波清洗机的发射功率（W）÷清洗液容积（L）。比如，某超声波清洗机功率1000W，处理槽清洗液容积40L，则其体积功率密度为1000W÷40L＝25W/L。

至于使用几道超声视情况而定，一般至少除油和酸洗后各采用一道超声波水洗是必需的，其他工序，建议活化后最好增加一道超声，这样清洗效果更有保障。除油过程中多数情况下是不使用超声的，但如果是高品位磁铁，增加也未尝不可。可以将生产线上的各工序按工艺流程顺序排开，形成流水线作业，这样工人操作方便、效率高。但当加工批量不是很大时，可以只配备除油槽、酸洗槽、活化槽及一台超声波水洗机。超声波水洗机的盛水部分较浅（只有几厘米），流动水设计，有进水口和溢水口，工作时控制进水速度，可实现槽内清洗水的快速更新，几乎时刻保持槽内水的洁净。这样，一台超声波水洗机可担负工艺流程中所有水洗的任务，从而节省了设备和场地。

第三节　镀锌

锌本身没有磁性，对磁体的磁性能影响较小，且锌相对廉价，因此镀锌在钕铁硼电镀中占有很大的比例。普通钢件镀锌属于典型的阳极保护性电镀，当基体洞穿后，锌镀层与基体组成原电池，锌作为阳极优先被腐蚀，保护了基体金属。但钕铁硼镀锌的阳极保护作用很难说，钕的标准电极电位－2.431V（钕铁硼合金的电位更正些），而锌为－0.766V，至少阳极保护作用不明显。尤其在高温湿热环境中，锌的电位会变正，进一步削弱了其阳极保护作用。

因此，防腐性要靠镀层的致密度来保障，而酸性镀锌层的致密度相对较低，难以对基体起到有效的保护作用。有试验表明，同等情况下钕铁硼镀锌层的耐蚀性不如镀镍层，而普通钢件则相反。并且，锌镀层（相对于镍、铬等镀层）不能长久保持漂亮的外观，这使其装饰性作用也大打折扣。耐高温湿热、抗高压及加速老化试验能力也弱。所以，钕铁硼镀锌适用于可能产生轻微腐蚀的环境中，镀层仅具有抗短期污染变色的有限防腐能力（彩色钝化比蓝白钝化防腐能力提高），相对于钕铁硼镀镍档次低。

一、氯化钾镀锌

氯化钾镀锌是钕铁硼镀锌应用最早、最广泛的一种镀锌工艺，多年来使用效果较好。一般采用5kg滚筒，滚镀1.5～2h，镀层厚度8～10μm，蓝白钝化满足24h，甚至更长时间中性盐雾试验的要求没有问题，彩钝会更好些。氯化钾镀锌工艺成熟、稳定，操作方便，电流效率高，镀速快，可以获得结合力好的镀层。典型的氯化钾滚镀锌工艺规范如下：

氯化锌($ZnCl_2$)	35～50g/L
氯化钾(KCl)	180～230g/L
硼酸(H_3BO_3)	25～35g/L
添加剂	视不同品牌而定
pH值	5～6
温度	视不同品牌，范围为5～65℃
电流密度	视不同电流控制方法而定

氯化钾镀锌属于简单盐镀液类型，不使用络合剂，获得质量合格的镀层几乎完全靠添加剂。添加剂中起光亮作用的是主光亮剂，多为苯亚甲基丙酮、邻氯苯甲醛或二者混合物。主光亮剂不溶于水，需要量很大的载体光亮剂将其乳化成极细的微粒，共同溶解到镀液中，此为增溶作用。另外，载体光亮剂还起增大阴极极化即细化结晶的作用，起到这个作用需要的载体光亮剂量也很大。载体光亮剂多为非离子型表面活性剂，或非离子型表面活性剂与其酯化物的混合物，在起到增溶及细化线晶作用的同时，副作用是大量的分解产物夹附在镀层中，致使镀层纯度下降，耐蚀性下降。另外，钝化膜存在容易变色、彩钝膜色淡、结合力不牢、粘胶不利等缺点。所以，钕铁硼氯化钾镀锌的一系列问题，与添加剂中含量较高的表面活性剂有直接的关系，生产中应合理控制。

① 严格控制添加剂用量，本着够用就行的原则，不片面追求镀层亮度，镀层亮度越高，表面活性剂夹附就越多，质量就越差。

② 严格控制补加方式，本着少加勤加的原则，最好采用自动添加，可避免镀液中添加剂忽高忽低，以稳定镀层质量。

③ 选用不易分解或分解产物少的优质添加剂。

另外，加强镀后管理也是改善镀层防腐性及钝化膜质量的重要环节。

① 镀后钝前清洗　零件出槽后表面会吸附很厚的表面活性剂，如果不清洗干净，会给钝化膜质量带来很大的隐患。可以采用多道水洗、热碱水洗或1%～1.5%稀硝酸水洗等办法加强清洗。

② 采用优质三价铬钝化液　优质三价铬钝化液可能含有改善膜层外观和提高耐蚀性的物质，或兼有封闭的作用，可提高钝化膜的防腐能力。

③ 钝后清洗、干燥、包装　钝化后清洗要彻底，否则零件表面会残留酸性物质，遇到潮湿环境会吸湿将钝化膜腐蚀。清洗后要尽快进行干燥、老化，并进行密封包装，以最大限度地杜绝外部环境对镀层质量造成影响。

然而氯化钾镀锌大量使用表面活性剂，无法避免镀层耐蚀性差、钝化膜质量差等弊病，尤其在第一代（低浊点）和第二代（宽温型）氯化钾镀锌中较为突出。第三代氯化钾镀锌采用低泡载体光亮剂，突出的优点是镀液低泡，可采用压缩空气搅拌，扩大了光亮区电流密度范围。镀层表面活性剂夹附少，则纯度高，耐蚀性好，钝化膜质量也有提高。对钕铁硼来讲，尤其可有效改善目前应用较多的第二代（宽温型）氯化钾镀锌钝化膜的粘胶性能。表5-5为第三代低泡型氯化钾镀锌的镀液成分和工艺条件。

表5-5　第三代低泡型氯化钾镀锌工艺的镀液成分和工艺条件

镀液成分和工艺条件	滚镀	挂镀
氯化钾(KCl)/(g/L)	150～230	150～230
氯化锌($ZnCl_2$)/(g/L)	40～60	60～80
硼酸(H_3BO_3)/(g/L)	25～35	30～35
ST-522柔软剂/(mL/L)	25～35	25～35
SF-522光亮剂/(mL/L)	1～2	1～2
pH值	4.8～5.6	4.8～5.6
T/℃	15～50	15～50
D_K/(A/dm^2)	—	0.5～4
搅拌	—	可压缩空气搅拌

注：表中ST-522型添加剂为广州三孚新材料科技有限公司产品。

第一到第三代氯化钾镀锌的主光亮剂是醇溶性的，离不开载体光亮剂的增溶作用，也就避免不了表面活性剂对镀层和钝化膜质量带来的“副作用”，尽管第三代的“副作用”已大大减少。第四代氯化钾镀锌的主光亮剂是水溶性的，不需要载体光亮剂的乳化增溶，大大减少了表面活性剂的用量，从而大大改善了镀层和钝化膜质量。其主光亮剂是一种白色粉末，仅 0.1～0.3g/L 即可达到较好的出光和整平效果。使用时可用水溶解后直接加入镀液，也可按一定浓度配制成水基药水，简单方便。对比水溶性光亮剂和传统光亮剂得到的钝化膜质量，按照国家标准 GB/T 9791—2003 规定的方法，用白色橡皮做来回擦拭试验，结果使用传统光亮剂的钝化膜经不起一个来回擦拭即露出镀层本色，而水溶性光亮剂可经得起十个回合擦拭。从试验结果可知，使用水溶性光亮剂的钝化膜质量大大提高，这对改善钕铁硼镀锌层的粘胶性能是个利好。

二、硫酸盐镀锌＋氯化钾镀锌

钕铁硼采用氯化钾滚镀锌虽然可以获得质量不错的镀层，但镀层可能会在存放一段时间后结合力变差，这对于品质要求高的钕铁硼镀锌是不可以接受的。可能与磁体位于内层时表面易受到腐蚀有关。其中磁体与溶液中锌的置换腐蚀可能有或无，主要应该是活性较强的氯离子的电池腐蚀。采用硫酸盐镀锌打底，加厚仍采用氯化钾镀锌，即“硫酸盐镀锌＋氯化钾镀锌”，这种情况得到了较大程度的改善。这种硫酸盐镀锌的工艺规范如下：

硫酸锌($ZnSO_4 \cdot 7H_2O$)	250～450g/L
硼酸(H_3BO_3)	20～30g/L
光亮剂	若干
pH 值	3.5～5.5
温度	10～50℃
电流密度	10～30A/dm^2

从以上工艺配方中可以看出，这其实是一种适合线材、带材、板材等形状简单零件连续镀的工艺，也适合简单零件的滚镀。优点是主盐浓度高、沉积速度快，镀层细致、光亮、整平度也不错。但镀液分散能力、深镀能力差，不适合形状复杂零件的电镀。

实践证明，采用这种工艺打底可有效改善钕铁硼镀层与基体的结合力，可能的原因是：①当零件位于内层时，硫酸盐镀锌溶液对磁体的电池腐蚀小于氯化钾镀锌，基体表面氧化程度低；②当零件位于表层时，硫酸盐镀锌沉积速度快，可使磁体表面快速上镀，有效抑制了氧化速度，镀层结合力提高。

当这种线材硫酸盐镀锌工艺在用于钕铁硼滚镀时，不仅分散能力差，存在的其他问题也较多，比如镀层过厚起瘤、镀液容易变质等。这可能跟镀液主盐含量高、添加剂浓度高、滚镀使用的体积电流密度大等有关系。所以，这种工艺若用于钕铁硼滚镀，应进行改良，使其适应滚镀的特点。否则，仅适用于钕铁硼打底，且镀层不宜过厚，施镀时间不宜太长，加厚仍采用氯化钾镀锌。另外，因仅仅是打底，对镀层光亮度不做要求，可选择无光或哑光硫酸盐镀锌工艺。无光或哑光工艺有机物含量少，对提高镀层结合力有一定的好处。

三、一次硫酸盐镀锌

“硫酸盐镀锌＋氯化钾镀锌”组合，有效改善了单纯氯化钾镀锌镀层结合力存在风险的缺点。但增加预镀使操作变得繁琐，管理难度增加，设备投入也增加。一次硫酸盐镀锌保留了两次镀结合力好的优点，同时降低了管理难度，节省了部分设施，打底、加厚一肩挑，两全其美。但必须对线材硫酸盐镀锌工艺进行改良，一般是降低主盐硫酸锌的含量，适量增加导电盐，降低添加剂浓度，增加添加剂中改善溶液分散能力的成分等，使其更适合滚镀的特点。改良的一次硫酸盐镀锌的镀层、钝化膜质量及耐蚀性等与氯化钾镀锌无异。

介绍一种成功用于普通钢件的光亮硫酸盐滚镀锌工艺，可供改良钕铁硼经常使用的线材硫酸盐镀锌工艺参考。该工艺的导电性、分散能力及深镀能力等优于线材硫酸盐镀锌，更适合于滚镀。镀层结晶细致，一次镀质量不输氯化钾镀锌。若对镀层均匀性要求较高，可仅作为两次镀的预镀，镀厚不起瘤，施镀时间长溶液不变质。加厚镀可采用氯化钾镀锌或碱性锌酸盐镀锌。添加剂与氯化钾镀锌相近。其工艺规范如下：

硫酸锌($ZnSO_4 \cdot 7H_2O$)	200～250g/L
氯化钾(KCl)	30～35g/L
硼酸(H_3BO_3)	25～35g/L
添加剂	若干
pH 值	3～5.5
温度	室温
电流密度	0.5～2A/dm^2

JC-552 硫酸盐镀锌工艺专门为钕铁硼一次滚镀硫锌而开发，可替代“硫酸盐镀锌＋氯化钾镀锌”两次镀工艺。粘胶跌落试验合格率高，镀层与基体的结合力好。镀层结晶细致、光亮，中性盐雾试验结果显示，耐蚀性与氯化钾镀锌相当。镀液稳定性好，长时间施镀不变质。同时省却了两次镀的繁琐。JC-552 硫

酸盐镀锌工艺规范如下：

硫酸锌($ZnSO_4 \cdot 7H_2O$)	200～250g/L
硫酸钠(Na_2SO_4)	0～50g/L
硼酸(H_3BO_3)	30～45g/L
JC-552 添加剂	8～12mL/L
pH 值	3.5～4.8
温度	15～45℃
阳极	0＃锌锭
电流密度	0.5～3A/dm^2

注；JC-552 添加剂为武汉吉和昌新材料股份有限公司产品。

四、碱性锌酸盐镀锌

碱性锌酸盐镀锌是一种取代氰化镀锌的典型碱性无氰镀锌工艺。以氧化锌为主盐，氢氧化钠为络合剂，阴极极化作用较小，但在使用少量有机添加剂和光亮剂后，可以得到与氰化镀锌相媲美的镀层。钕铁硼滚镀选用碱性锌酸盐镀锌的理由如下。

① 因锌对磁体的阳极保护作用不明显，防腐过多地靠镀层致密度，碱性锌酸盐镀锌层致密度高，且不大量使用表面活性剂，镀层纯度也高，防腐性优于酸性镀锌。

② 因受表面活性剂的影响小，钝化膜质量高，彩钝膜采用三价铬钝化工艺比酸性镀锌更容易获得色彩鲜艳、附着力好的膜层，尤其从“质”的角度改善了锌镀层的粘胶性能，解决了长期以来酸性镀锌层粘胶不利的烦恼。

③ 溶液成分简单，容易操作与维护，废水处理也简单，利于清洁生产，有“环保锌”之称。

碱性锌酸盐镀锌的工艺规范如表 5-6 所示。

表 5-6　碱性锌酸盐镀锌工艺的镀液成分和工艺条件

镀液成分和工艺条件	配方 1	配方 2	配方 3	
			挂镀	滚镀
氧化锌(ZnO)/(g/L)	8～12	8～12	14～16	8～12
氢氧化钠(NaOH)/(g/L)	100～120	100～120	130～150	80～120
94＃/(mL/L)	6～8	—	—	—
DPE/(mL/L)	—	4～6	—	—
ZB-80/(mL/L)	—	2～4	—	—

续表

镀液成分和工艺条件	配方 1	配方 2	配方 3	
			挂镀	滚镀
ATZ-713A/(mL/L)	—	—	4	4
ATZ-713B/(mL/L)	—	—	4	4
ATZ-713C/(mL/L)	—	—	8～12	8～12
T/℃	10～40	10～40	10～40	10～40
D_K/(A/dm^2)	1～4	0.5～4	0.1～5	0.1～3

注：1. 配方 1 为上海永生助剂厂和无锡钱桥助剂厂配方和产品。

2. 配方 2 中的 ZB-80 由武汉材料保护研究所研制，浙江黄岩荧光化学厂生产。

3. 配方 3 为武汉艾特普雷表面处理材料有限公司配方和产品，具有电镀效率高、光亮电流密度范围宽、分散能力和深镀能力好等优点，特别适于深孔、复杂零件的滚镀和挂镀。

但因钕铁硼材质的特殊性，同时碱性锌酸盐镀锌又与通常使用的弱酸性镀锌在很多方面有较大的不同，所以若选用该工艺应考虑到如下问题。

① 镀液呈强碱性，且为络合物镀液类型，在钕铁硼基体上直接施镀会造成强烈腐蚀，同时无法上镀，所以需要预镀，预镀层厚度不低于 5μm，总厚度在 8～10μm，剩下的碱锌层防腐性会打折扣。

② 电流效率低，通常只能达到 60%～80%，作为加厚镀的话，施镀时间长，生产效率低。

③ 酸锌预镀后转槽时，必须“认真清洗→出光→再认真清洗”，随后快速进入碱锌槽施镀，否则清洗不净，尤其氯离子会严重污染碱锌槽。

④ 镀液含浓碱，操作环境不如酸性镀锌。

所以，钕铁硼滚镀若选用碱性锌酸盐镀锌，比较适合“酸锌打底＋碱锌罩光”，即所谓的“双锌”，主要是从“质”的角度改善锌镀层的钝化膜质量和粘胶性能。比较合理的钕铁硼“双锌”组合如下。

① 一次硫酸盐镀锌预镀及加厚（6～7μm）＋碱锌罩光（2～3μm）。

② 硫酸盐镀锌预镀（1～2μm）＋氯化钾镀锌加厚（5～6μm）＋碱锌罩光（2～3μm）。

③ 如果对镀层结合力无太高要求，可以采用氯化钾镀锌预镀及加厚（6～7μm）＋碱锌罩光（2～3μm）方案。

五、锌镍合金

锌镍合金镀层对钕铁硼的阳极保护作用也不明显，但含镍 10%～15%的锌镍合金为稳定的 γ 相单相组织，在大气环境中具有极强的钝化能力，表面易生成一层极薄的、致密的 NiO 钝化膜，且膜层破裂后会迅速修复。所以，锌镍合金镀层具有极佳的耐蚀性，最高可比纯锌镀层提高约 10 倍，是改进钕铁硼镀锌防腐性的一个绝佳的途径。但钕铁硼滚镀锌镍合金难度相对较大。

1. 碱性锌镍合金

碱性锌镍合金镀液分散能力好，可在较宽的电流密度范围内获得稳定的镍共析率，工艺相对稳定、成熟，操作简单。可以得到光亮的镀层，适于常规的三价铬或六价铬钝化，钝化膜也可以像镀锌一样有蓝白、五彩、黄色、黑色等多种颜色。碱性锌镍合金的工艺规范如表 5-7 所示。

表 5-7　碱性锌酸盐电镀锌镍合金的镀液成分和工艺条件

镀液成分和工艺条件	配方 1		配方 2
	滚镀	挂镀	
氧化锌(ZnO)/(g/L)	12	10	8～12
硫酸镍($NiSO_4 \cdot 6H_2O$)/(g/L)	—	—	10～14
氢氧化钠(NaOH)/(g/L)	120	120	100～140
镍浓缩液 AT006Ni/(mL/L)	15	18	—
络合剂 AT006C/(mL/L)	70	60	—
添加剂 AT006A/(mL/L)	5	5	—
光亮剂 AT006B/(mL/L)	5	5	—
乙二胺($NH_2CH_2CH_2NH_2$)/(g/L)	—	—	20～30
三乙醇胺[$N(CH_2CH_2OH)_3$]/(g/L)	—	—	30～50
ZQ 镍配合物/(mL/L)	—	—	20～40
ZQ-1 添加剂/(mL/L)	—	—	8～14
T/℃	15～25	15～25	15～35
D_K/(A/dm^2)	0.5～4.5	0.5～4.5	1～5
阳极	锌板和镍板[Zn∶Ni=1∶(2～3)]		锌板和铁板

注：1. 配方 1 为武汉艾特普雷表面处理材料有限公司配方和产品。
2. 配方 2 为哈尔滨工业大学研制。

碱性锌镍合金工艺基于锌酸盐镀锌，两者的工艺特点极其类似，目前商品化程度较高，使用、维护相对简单。用于钕铁硼时局限性与锌酸盐镀锌大致相同。主要是镀液呈强碱性，直接施镀会强烈腐蚀基体。预镀或工艺组合可采用与锌酸盐镀锌相近的方案。

① 一次硫酸盐镀锌预镀（5～6μm）＋碱性锌镍合金（3～4μm）。

② 硫酸盐镀锌预镀（1～2μm）＋氯化钾镀锌（4～5μm）＋碱性锌镍合金（3～4μm）。

③ 氯化钾镀锌（5～6μm）＋碱性锌镍合金（3～4μm）。

无论内层怎么镀，锌镍合金厚度必须不低于3～4μm，否则镀层防腐性达不到预期。钝化膜外观虽然可以像镀锌一样有蓝白、五彩、黑色等多种，但除黑色外，其他一般比镀锌颜色略深，且不如镀锌饱满、鲜亮，在乎外观者慎选。另外重要的一点是，使用的滚筒须适应锌镍合金滚镀的特点。

① 滚筒混合周期要小，否则当零件位于内层时，已沉镀层中的锌、镍会发生电池腐蚀，影响镀速。

② 滚筒透水性要好，否则因滚筒内外浓度差异较大，影响镀层中合金比例，防腐性不及预期。

③ 若是网孔滚筒，一定要耐强碱，否则寿命较短。

2. 酸性锌镍合金

酸性锌镍合金多为无铵弱酸性氯化物镀液类型，基于氯化钾镀锌，两者的工艺特点极其类似。优点是电流效率高，适用基材广泛，可在铸件或高碳钢件上直接施镀。容易得到含镍量高的合金镀层，耐蚀性好。外观光亮、饱满，滚镀件类似于滚镀锌或滚镀亮镍，符合人们的一般审美习惯。JADE-1000无铵弱酸性氯化钾锌镍合金工艺规范如下：

氯化锌（$ZnCl_2$）	45～60g/L
氯化镍（$NiCl_2$）	90～100g/L
氯化钾（KCl）	220～250g/L
硼酸（H_3BO_3）	20～25g/L
JADE-1000开缸剂	30～50mL/L
JADE-1000缓冲剂	55～65g/L
JADE-1000光亮剂	0.5～1.5mL/L
JADE-1000调节剂	10～15mL/L
pH值	5.2～5.6
温度	25～35℃
电流密度	0.5～1A/dm^2（滚镀）

注：JADE-1000为武汉奥邦表面技术有限公司产品。

阳极常见的有单金属阳极和分控阳极两种。单金属阳极为锌阳极或镍阳极，优点是控制方法简单，但因工艺配方中Zn^{2+}和Ni^{2+}含量均较高，不易维持两种离子的平衡，也就不易获得稳定的镍共析率。分控阳极是，锌阳极与镍阳极的面积比为4∶1，使用两台电镀电源，一台控制锌阳极的电流回路，约为总电流的 80%，一台控制镍阳极的电流回路，约为总电流的 20%。两个回路的阴极共用。这样做的好处是容易维持镀液中 Zn^{2+} 和 Ni^{2+} 的平衡，获得含镍 11%～15%的、耐蚀性好的合金镀层。缺点是设施相对繁琐，费用增加，操作起来不太符合人们的习惯，这可能是钕铁硼滚镀酸性锌镍合金不容易成功的一个原因吧！

虽然酸性锌镍合金可以直接在钕铁硼基体上施镀，但与氯化钾滚镀锌一样，当零件位于内层时，同样会遭受氯化物强烈的电池腐蚀，结合力问题风险较大。这点与其他难镀基材，如铸件或高碳钢件等不同。所以，如果结合力要求高的话，最好先预镀。预镀相对于碱性镀锌或锌镍合金要简单，可以硫酸盐镀锌预镀 1～2μm，酸性锌镍合金厚度根据盐雾要求而定。

第四节　单层镍和双层镍

镍的标准电极电位－0.25V，钕铁硼镍镀层属于明显的阴极性镀层，所以对致密度要求较高。钕铁硼镀镍常常靠镀层厚度或多层组合镀层来降低孔隙率，提高防腐性。镍本身价格也高。所以钕铁硼镀镍成本会高于镀锌。但镍镀层耐高温湿热、抗高压及加速老化试验能力强，抗氧化、防护装饰性及抗弯、抗冲击等性能也高于镀锌。适用于可产生凝露的大气环境中，相对于锌镀层可长久保持漂亮的外观及长期稳定的内在性能。钕铁硼镀镍采用的单盐镀液，在预镀或直接镀时，电池腐蚀会小于氯化钾镀锌，置换腐蚀会大于氯化钾镀锌。

一、单层镍

早期的钕铁硼镀镍一般是镀单层镍，存在的问题是为达到一定的防腐要求，需要很厚的镀层。否则镍层孔隙率较高，难以对磁体起到较好的保护作用。但镍是铁磁性金属，较厚的镍层会对磁体的磁力线产生较大的屏蔽作用。比如，普通镍镀层厚度 12～15μm，对于 0.5g 以下小尺寸磁体，磁性参数降低 4%～8%。并且厚镍成本也较高。所以钕铁硼镀单层镍不是一个理想的选择。单层镍一般是亮镍，滚镀亮镍的工艺规范如表 5-8 所示。

表 5-8　滚镀亮镍的镀液成分和工艺条件

镀液成分和工艺条件	配方 1	配方 2	配方 3	配方 4
硫酸镍($NiSO_4 \cdot 7H_2O$)/(g/L)	180～240	200～280	250～300	250
氯化镍($NiCl_2 \cdot 6H_2O$)/(g/L)	60～70	40～60	40～50	50
硼酸(H_3BO_3)/(g/L)	35～40	30～50	40～50	45
200#柔软剂 A/(mL/L)	5～6	—	—	—

续表

镀液成分和工艺条件	配方 1	配方 2	配方 3	配方 4
200#光亮剂 B/(mL/L)	0.3～0.5	—	—	—
LB 低泡润湿剂/(mL/L)	0.5～1.0	—	—	—
主光亮剂 ATLXN-B/(mL/L)	—	0.3～0.6	—	—
柔软剂 ATLA-5/(mL/L)	—	9～12	—	—
辅助剂 ATLA-1/(mL/L)	—	2～4	—	—
润湿剂 ATL-18/(mL/L)	—	0.8～1.5	—	—
BH-953 柔软剂/(mL/L)	—	—	10～15	—
BH-953 光亮剂/(mL/L)	—	—	0.4～0.6	—
BH-98 润湿剂/(mL/L)	—	—	1.0～1.5	—
镍 A-5(4X)柔软剂/(mL/L)	—	—	—	10
滚镍 PXN-B 主光亮剂/(mL/L)	—	—	—	0.5
镍 SA-1 辅助剂/(mL/L)	—	—	—	4
镍 Y-19 润湿剂/(mL/L)	—	—	—	1
pH 值	4.4～4.8	4.0～4.8	4.2～4.8	4.0～4.8
T/℃	45～60	50～60	50～60	50～60
D_K/(A/dm^2)	0.5～0.8	—	100～150 安/筒	—
电压/V	—	12～16	—	12～16

注：配方 1、2、3、4 分别为上海永生助剂厂、武汉艾特普雷表面处理材料有限公司、广州市二轻工业科学技术研究所、安美特（广州）化学有限公司配方和产品。

二、双层镍

镍镀层对铁基体属于阴极性镀层，当镀层存在孔隙时与铁基体形成原电池，铁作为阳极优先被腐蚀。因这种腐蚀为里外或垂直发展，称之为“纵向腐蚀”。双层镍是在铁基体上先镀一层半亮镍，再镀一层相对于半亮镍电位较负的亮镍。这样两者组成原电池时，亮镍作为阳极优先被腐蚀，从而阻滞了腐蚀穿透整个镍层的进程。因这种腐蚀为左右或平行发展，称之为“横向腐蚀”。同等情况下，“横向腐蚀”的双层镍比“纵向腐蚀”的单层镍防腐性显著提高。

但双层镍起到有效保护作用是有前提的：①两层镍之间电位差至少应达到 120mV；②半亮镍与亮镍的镀层厚度比一般应在（3∶2）～（2∶1），否则“横向腐蚀”速度过快或过慢，均不利于阻滞“纵向腐蚀”的发展；③两层镍总厚度一般应在 10～15μm 以上，否则“横向腐蚀”作用较弱，不能有效阻滞“纵向腐蚀”的发展。若不满足以上几个前提，双层镍对基体的保护作用就会打折扣。

1. 铁硼双层镍的可行性

钕铁硼若选择双层镍，与单层镍相比，其意义在于既提高了镀层防腐性，又减薄了厚度，减轻了对磁体磁性能的影响。但减薄镀层厚度，孔隙率可能会提高，这对于化学活性较强的磁体可能起不到有效的“横向腐蚀”保护作用。如果不减薄镀层，同等厚度下，自然比单层镍的保护作用好，但较厚的镍层对磁体磁性能的影响丝毫没有减轻，钕铁硼双层镍的意义至少失去了一半。

实际生产中，不少是在“镍＋铜＋镍”组合的基础上，将面镍更换成双层镍。目的是进一步提高镀层的防腐性。镍的磁屏蔽（或称隔磁）作用较大，且孔隙率高，防腐性能差，铜不隔磁且孔隙率低，防腐性能好。所以，钕铁硼“镍＋铜＋镍”实际是一个“厚铜薄镍”（即防腐靠厚铜外观靠面镍）的思路。一般面镍的厚度不超过 10μm，甚至更薄，即使是双层镍也不超过 10μm，甚至更薄，过薄的双层镍“横向腐蚀”保护作用有多大很难说。

另外，“双层镍＋铬”体系的“横向腐蚀”保护作用是成立的、可行的。但如果体系中没有铬是否仍然成立呢？面层不是铬而是亮镍，亮镍层在空气中很容易钝化，使电位变得很正。这个电位比半亮镍正或正得多，如此在组成腐蚀电池时，亮镍和半亮镍到底是谁保护谁？

2. 钕铁硼双层镍的可靠性

双层镍是靠两种镍层的电位差来维系的，这个电位差至少要达到 120mV，否则名不副实。两种镍层的电位差主要靠含硫量不同来实现，半亮镍层含硫量低，电位正，亮镍层含硫量高，电位负。两种镍层的含硫量不同，主要靠两种镀液中含硫添加剂的含量不同来实现。半亮镍液中无含硫添加剂，得到的镀层不含硫或含硫极少；亮镍液中有一定量的含硫添加剂，得到的镀层含硫较多。控制好镀液（尤其半亮镍液）中的含硫添加剂是双层镍名副其实的关键所在。

然而实际生产中往往因为滚筒清洗、设施混用、镀槽排布、操作不当等多种因素，造成半亮镍液中混入含硫添加剂，从而使半亮镍层含硫量增加，电位变负，两层镍间电位差缩小，双层镍名不副实。可靠性不佳是双层镍，尤其滚镀双层镍技术难以在普通生产中大量推广和普及的重要原因之一。钕铁硼双层镍亦然。

3. 两层镍间的结合力

很多人在半亮镍滚筒出槽后，先进行多道回收→水洗→活化→水洗等，再进亮镍槽滚镀亮镍，以为这样可避免半亮镍层钝化造成的后续亮镍层结合力不良问题。其实，半亮镍液不会污染亮镍液，滚筒出槽后可不水洗直接进亮镍槽滚镀亮镍，这样因滚筒内零件上残存的镍液具有活化作用，反倒不容易使半亮镍层钝化。而多道水洗等却可能“弄巧成拙”，造成亮镍层结合力不良。

其实，两层镍间镀层结合力不良，往往不是工序间半亮镍层钝化引起的，而是双性电极引起的。当采用单槽多筒时，滚筒出入槽总是一只一只接替进行的。当一只滚筒出半亮镍（或入亮镍）槽时，其他滚筒的电镀仍在进行，而该只滚筒中的零件因双性电极现象表面钝化，在钝化的零件上镀亮镍自然会出现结合力问题。而采用单槽单筒或单槽多筒时滚筒同时出入槽，就不会产生双性电极现象。但在批量较大的连续生产时，采用单槽单筒或单槽多筒同时出入槽可能不太现实。

4. 其他

需要增加滚镀设备及配套的电镀电源、过滤机、加热温控、自动添加机、钛篮等，并且还要增加两层镍槽间的多道辅助工位，这不仅增加了辅助槽的直接费用，同时增加了本就“局促”的生产线长度、生产线占地等。另外，半亮镍滚筒出槽后，需要转槽进亮镍槽，增加了操作上的工序，等等。总体算下来增加的费用和管理成本，也是一笔不小的开支。

钕铁硼双层镍其实是对早期单层镍的改进，最初设想是在减薄镍镀层的同时提高防腐性，做到防腐性与磁性能两不误。后来出现在“镍＋铜＋镍”组合中，也是为了进一步提高防腐性。但由于钕铁硼的特殊性，普通钢件移植来的双层镍技术，其得失值得商榷。所以，目前钕铁硼镀镍采用比较多的还是成熟、稳定的“镍＋铜＋镍”技术。

第五节 “镍＋铜＋镍”镀层

钕铁硼单层镍和双层镍存在的问题是：镀层太厚影响磁体的磁性能，也不经济；镀层太薄孔隙率高防腐性不佳。所以引进普通钢件的铜＋镍组合，依靠铜层来增加总厚度，减少面镍厚度，从而缓解这个矛盾。

① 铜为不导磁金属，对磁体的磁屏蔽较小，以铜代替部分镍，可使磁体因镍层磁屏蔽造成的磁性能损失减小。

② 铜的孔隙率低，可提高镀层的耐蚀性。

③ 面积体积比值（也称比表面积）较大的小产品，尤其超小尺寸产品，镍层厚度对磁体磁性能的影响更大，此时减薄镍层厚度的意义更大。

④ 可降低镀层成本。

但从传统意义上讲，钕铁硼上是没法直接镀铜的，这与普通钢件不同。普通钢件直接镀铜，可选择氰化镀铜或质量过硬的无氰碱铜。但这些强络合剂型工艺电流效率低，不能在疏松多孔的钕铁硼基体上直接施镀。不能直接镀铜，采用铜＋镍组合必须预镀，生产中多采用预镀镍，因此构成了钕铁硼的“镍＋铜＋镍”组合镀层。

一、预镀镍

1. 柠檬酸盐镀镍

普通零件常用的预镀镍工艺有柠檬酸盐镀镍和镀暗镍。柠檬酸盐镀镍溶液呈中性或稍偏碱性，多用于锌合金压铸件滚镀的打底，以取代剧毒的滚镀氰铜或氰化滚镀黄铜。这种工艺用于钕铁硼的初衷是想利用它的近中性对基体腐蚀小的优点。但有实验表明，预镀层的结合力并不理想，这可能与它的电流效率低、上镀速度慢造成磁体表面氧化或腐蚀有关。柠檬酸盐镀镍的工艺规范如表 5-9 所示，若用于滚镀可作适当调整。

表 5-9 柠檬酸盐镀镍的镀液成分和工艺条件

镀液成分和工艺条件	配方 1	配方 2	配方 3
硫酸镍($NiSO_4 \cdot 7H_2O$)/(g/L)	120～180	150～200	180～220
氯化钠(NaCl)/(g/L)	10～20	12～15	15～20
柠檬酸钠($Na_3C_6H_5O_7$)/(g/L)	150～230	150～200	180～220
硫酸镁($MgSO_4 \cdot 7H_2O$)/(g/L)	10～20	20～30	—
三乙醇胺[$N(CH_2CH_2OH)_3$]/(g/L)	—	—	20～30
糖精/(g/L)	—	—	1.5～2
乙氧基化丁炔二醇(BEO)/(g/L)	—	—	0.3～0.5
LB 低泡润湿剂/(mL/L)	—	1～2	1～2
pH 值	6.6～7.0	6.8～7.0	6.8～7.5
T/℃	35～40	35～40	25～45
D_K/(A/dm^2)	0.5～1.2	0.5～1.2	0.5～1.5

2. 氨基磺酸盐镀镍

钕铁硼滚镀镍预镀因混合周期的影响，当零件位于内层时，磁体表面难免发生氧化腐蚀，影响镀层结合力。所以选择一款镀速快的镀镍工艺，可尽量缩短混合周期，抑制基体氧化速度，提高镀层结合力。氨基磺酸盐镀镍镀速快，镀层应力小，分散能力优于常用的硫酸盐镀镍，较适于钕铁硼预镀。缺点是镀液成本较高，镀液稳定性较硫酸盐-低氯化物型镀镍工艺差，目前主要用于电铸、印制板等功能性电镀。氨基磺酸盐镀镍的工艺规范如表 5-10 所示。

表 5-10 氨基磺酸盐镀镍的镀液成分和工艺条件

镀液成分和工艺条件	配方 1	配方 2
氨基磺酸镍[$Ni(NH_2SO_3)_2$]/(g/L)	350～500	250～300
氯化镍($NiCl_2 \cdot 6H_2O$)/(g/L)	—	15～30
硼酸((H_3BO_3)/(g/L)	35～45	30～40
pH 值	3.5～4.5	3.5～4.2
T/℃	45～60	35～40
阳极	含硫镍	电解镍

3. 半亮镍

早期，钕铁硼预镀镍一般采用镀暗镍，又称普通镀镍，是最基本的镀镍工艺。这种工艺成分简单、成熟、稳定，操作管理方便，镀速虽不如氨基磺酸盐镀镍快，但单盐镀液电流效率高，滚筒入槽后使用大的冲击电流，一般能够获得结合力良好的镀层。另外，暗镍层纯度高，不含任何可引起镀层应力的有机物或其他异于镍的局外物质，这对提高镀层结合力是有利的。后来采用半亮镍工艺是因为需要使用更大的电流密度，以利于加快镀速，提高镀层结合力。半亮镍工艺规范如表 5-11 所示。

表 5-11 半亮镍的镀液成分和工艺条件

镀液成分和工艺条件	配方 1	配方 2	配方 4	配方 5
硫酸镍($NiSO_4 \cdot 7H_2O$)/(g/L)	300～350	250～300	250～300	300
氯化镍($NiCl_2 \cdot 6H_2O$)/(g/L)	45～55	40～50	40～50	45
硼酸(H_3BO_3)/(g/L)	40～45	40～45	45～55	45
SN-92 半亮镍柔软剂/(mL/L)	1～2	—	—	—
SN-92 半亮镍添加剂/(mL/L)	1.2～1.5	—	—	—
LB 低泡润湿剂/(mL/L)	1～2	—	—	—
DN-99A/(mL/L)	—	3～4	—	—
DN-99B/(mL/L)	—	1.5～2.5	—	—
DN-99C/(mL/L)	—	4～6	—	—
十二烷基硫酸钠/(g/L)	—	0.05～0.1	—	—
BH-963A/(mL/L)	—	—	0.3～0.5	—
BH-963B/(mL/L)	—	—	0.4～0.6	—
BH-963C/(mL/L)	—	—	4～6	—
BH-半光镍润湿剂/(mL/L)	—	—	1.5～2.5	—
半光镍 M-901 添加剂/(mL/L)	—	—	—	3～5

续表

镀液成分和工艺条件	配方 1	配方 2	配方 4	配方 5
半光镍 M-902 添加剂/(mL/L)	—	—	—	0.1～0.3
镍 NP-A 润湿剂/(mL/L)	—	—	—	1～3
pH 值	3.8～4.2	3.8～4.2	4.0～5.0	3.6～4.2
T/℃	50～60	50～60	45～55	49～71
D_K/(A/dm^2)	2.5～4	2～6	2～6	2.1～6.5

注：配方 1、2、3、4 分别为上海永生助剂厂、武汉材料保护研究所、广州市二轻工业科学技术研究所、安美特（广州）化学有限公司配方和产品。

二、加厚铜＋面镍

加厚铜是钕铁硼采用“镍＋铜＋镍”组合工艺的一项重要内容。它不仅代替一部分镍减轻了镀层对磁体磁性能的影响，还提高了防腐，降低了成本，一举多得。钕铁硼“加厚铜＋面镍”组合，防腐主要靠加厚铜，外观靠面镍。

1. 氰化物镀铜和硫酸盐镀铜

加厚铜工艺的选择很重要，否则可能需要较厚的底镍层，影响磁体的磁性能，尤其小尺寸磁体，磁性能衰减的幅度更大。氰化镀铜络合能力强，对底镍层厚度不做苛刻要求，只要零件表面镍层全覆盖即可。并且镀液稳定，抗污染能力强，深镀能力好，镀层亮度均匀、柔软、应力小，各方面性能均衡稳定。但氰化物为剧毒物质，国家对其有严格的管理和使用限制，因此不太适合钕铁硼使用。

硫酸盐镀铜溶液酸性较强，且无络合能力，对底镍层质量（厚度、覆盖性、孔隙率等）就会要求较高。否则基体易受腐蚀，酸铜溶液易受污染，难以得到质量好的铜镀层。而钕铁硼复杂零件低电流密度区底镍层较难镀厚，即使简单零件能镀厚，底镍层太厚对磁性能影响也较大，多有不合适。并且有资料表明，酸铜镀半亮镍打底结合力不佳，而目前钕铁硼普遍采用半亮镍打底。其实即使普通钢件也极少采用滚镀酸铜加厚，原因也是对预镀层的要求太苛刻。所以，在目前的钕铁硼电镀“镍＋铜＋镍”体系中，至少滚镀铜因存在混合周期的影响，不建议采用酸铜工艺。挂镀铜另议。

2. 焦磷酸盐镀铜

目前，钕铁硼加厚铜多采用焦磷酸盐镀铜工艺。该工艺成熟、稳定，镀液分散能力好且无氰，镀层结晶细致，有一定的光泽，容易获得较厚的铜镀层。多年的生产实践表明，在精细控制的情况下，基本能够满足钕铁硼镀铜的要求。焦磷酸盐镀铜的工艺规范如表 5-12 所示，若是挂镀配方用于滚镀可作适当调整。

表 5-12 焦磷酸盐镀铜的镀液成分和工艺条件

镀液成分和工艺条件	配方 1	配方 2	配方 3	配方 4
焦磷酸铜($Cu_2P_2O_7$)/(g/L)	50～60	50～65	70	65～105
焦磷酸钾($K_4P_2O_7 \cdot 3H_2O$)/(g/L)	300～350	350～400	250	230～370
氨三乙酸[$N(CH_2COOH)_3$)]/(g/L)	20～30	—	—	—
氨水($NH_3 \cdot H_2O$)/(mL/L)	2～3	2～3	2～4	2～5
二氧化硒(SeO_2)/(g/L)	0.008～0.02	0.008～0.02	—	—
2-巯基苯并噻唑/(g/L)	0.002～0.004	0.002～0.004	—	—
2-巯基苯并咪唑/(g/L)	0.002～0.004	—	—	—
焦铜 PL 开缸剂/(mL/L)	—	—	2～3	—
焦铜 PL 主光亮剂/(mL/L)	—	—	0.2～0.3	—
DK-105 光亮剂/(mL/L)	—	—	—	1～3
P 比($P_2O_7^{4-}/Cu^{2+}$)	—	—	6.9∶1	6.4～7.0∶1
pH 值	8.5～9.0	8.2～8.8	8.6～8.9	8.6～9.0
T/℃	30～40	30～40	50～55	50～60
D_K/(A/dm^2)	0.6～1.2	0.3～0.8	1～6	2～8
阴极移动	滚镀	滚镀	需要	需要

注：1. 配方 1、2 为可用于滚镀焦铜的配方。
2. 配方 3、4 分别为安美特（广州）化学有限公司、广州达志化工有限公司配方和产品。

由于焦铜溶液的络合能力（相对于氰铜）较弱，对底镍层也会有一定的要求。否则受混合周期的影响，当零件位于内层时，溶液会从薄镍层孔隙浸入基体，产生置换铜而影响镀层结合力，并将焦铜溶液污染。生产中发现，钕铁硼不如普通钢件滚镀焦铜溶液稳定，这是因为底镍层控制不好造成基体受到焦铜溶液腐蚀，腐蚀产物将溶液污染所致。

加厚底镍层可降低镀层孔隙率，因此基体受后续焦铜溶液腐蚀的风险降低，溶液污染减轻，镀层结合力提高。一般钕铁硼采用滚镀焦铜工艺，要求底镍层平均厚度不低于 4～5μm，以保证覆盖完全，避免产生置换铜现象。但底镍层过厚会影响磁体的热减磁指标，尤其小尺寸产品更明显。钕铁硼磁体一般有 0.5%～3%的固有退磁率，某些消费类电子产品的成品要求退磁率为 3%～5%以下，底镍层平均厚度 4～5μm 很难满足这个要求。

3. 柠檬酸盐镀铜

柠檬酸盐镀铜在其他行业应用很少，在钕铁硼行业，因焦铜成本高且溶液维护有一定难度，有部分应用。该工艺存在分析困难、控制手段欠缺等难题，更主要的是溶液生菌问题，若处理不当，工件表面局部发蒙，影响产品质量。柠檬酸盐镀铜的工艺规范如表 5-13 所示。

表 5-13 柠檬酸盐镀铜的镀液成分和工艺条件

镀液成分和工艺条件	配方 1	配方 2
碱式碳酸铜[$Cu_2(OH)_2CO_3$]/(g/L)	50～60	45～60
柠檬酸($C_6H_8O_7 \cdot H_2O$)/(g/L)	250～300	230～280
酒石酸钾钠($NaKC_4H_4O_6 \cdot 4H_2O$)/(g/L)	20～40	25～40
碳酸钠(Na_2CO_3)/(g/L)	10～15	8～10
pH 值	8～10	8～9.5
T/℃	25～55	25～45

4. 面镍

面镍一般采用滚镀亮镍，要求尽量选用性能好的工艺，以满足钕铁硼产品高品质要求的特点。滚镀亮镍的工艺规范如表 5-7 所示。应选用优质滚镀镍专用添加剂，不仅性能好，分解产物也少，镀层纯度高。添加剂应少加勤加，忌一次加入过多，造成镀层脆性以及产品边缘镀层起泡脱落。镀液要求循环过滤，最好每小时十次以上。镀后彻底清洗干净，最好做钝化、封闭处理，干燥后尽快密封包装。

另外，因镍接触人体皮肤会引起镍敏感症状，欧美等国家已禁止如手表、首饰、眼镜、箱包、玩具、服装纽扣等饰件含有镍成分。当钕铁硼“镍＋铜＋镍”遇到此情况时，面镍会选择代镍工艺——白铜锡。白铜锡属于高锡铜锡合金，也叫高锡青铜或白青铜，外观和镍高仿，结构比镍致密，重要的是不含镍，符合欧美对饰件产品的要求。且白铜锡为非磁性镀层，对磁体磁性能的影响较小。

白铜锡电镀工艺有氰化和无氰两种。氰化滚镀白铜锡较易获得光亮洁白、不易变色、耐磨和耐蚀性好的镀层，且工艺稳定，容易操作。但氰化物剧毒，不符合清洁生产要求。目前国内应用的无氰白铜锡主要有焦磷酸盐-锡酸盐体系、HEDP 体系、柠檬酸盐-锡酸盐体系等。因“高锡”合金柔韧性差，用于滚镀当镀层较厚时脆性可能较大。

三、夹心铜

钕铁硼“镍＋铜＋镍”组合源自普通钢件的“铜＋镍”组合。早期的“铜＋镍”组合较多地使用“氰铜＋亮镍”，后来为实现无氰化，氰铜改成了酸铜或焦铜。种种原因，酸铜不如焦铜更适合滚镀。但焦铜在钢铁件上直接施镀，即使两次镀，镀层结合力的风险也很大。即使挂镀行，滚镀因存在混合周期的影响也不行。所以“焦铜＋亮镍”前需要预镀一层电位较正的金属，以增加后续焦铜镀层的结合力。这个预镀一样不适合用氰铜，新型无氰碱铜也是近几年的事，所以底镍便“当仁不让”了。此即所谓的“镍+铜+镍”工艺组合。

铜由原来的在钢铁基体上直接施镀变成了在底镍上施镀，之后再镀亮镍，等于是铜夹在了底镍和亮镍之间，把这种变化形象地称之为“夹心铜”。“夹心铜”早已有之，但是用来称呼早期的防护-装饰性镀层组合“铜（或镍）+铜+镍+铬”的。此“夹心铜”与彼“夹心铜”实乃“胞兄胞弟”，无实质区别。钕铁硼镀“夹心铜”，一般铜会厚一点，镍薄一点，这样镀层防腐好，同时对磁体磁性能的影响小，且成本低，类似“厚铜薄镍”的线路。但须掌控镍薄的程度，否则可能出现一种“心里烂”现象。

本来镍的标准电极电位比铜负，在“铜+镍”组合中，镍对于铜属于阳极性镀层。因此，在两者组成腐蚀电池时，镍先于铜被腐蚀，从而保护了铜。但是当镍作为外镀层时，在空气中很容易钝化，而使电位正移，并且正过了铜的电位。此时镍对于铜就变成了阴极性镀层，在两者组成腐蚀电池时，铜先于镍被腐蚀。如果腐蚀程度过大的话，可谓“烂”了，而且是从里层开始“烂”的，称之为“心里烂”。

有日本学者在这方面做过研究和实验，证明以上说法是存在的。钕铁硼行业早年有人反对“铜+镍”组合，理由是容易“心里烂”，“心里烂”了，防腐便无从谈起了。所以早些年，钕铁硼单层镍、双层镍较为流行。其实事情似乎没那么严重。电池腐蚀的形成或剧烈程度是有条件的，比如两电极镀层之间的电位差大小、厚度比、总厚度等，如果组合镀层只要有电位差就会“心里烂”，那么“心里烂”的组合镀层就太多了，“铜+镍”“镍+锡”“镍+金”“镍+银”……

钕铁硼“镍+铜+镍”组合，似乎并没有受到“心里烂”的影响。多年的实践证明，其综合性能还是不错的，比如防腐性好、对磁体磁性能的影响小、成本低等。但既然存在“心里烂”的风险，就不能掉以轻心，防范措施还是需要的。比如，尽管号称“厚铜薄镍”，面镍还是不敢太薄，否则孔隙率高，腐蚀介质更容易渗透至铜层，形成原电池，造成“心里烂”。一般设计底镍厚度 4～5μm，加厚铜 8～10μm，面镍 5～8μm，总厚度约 20μm，基本可满足 48～72h 中性盐雾试验要求。

第六节　直接镀铜与热减磁

钕铁硼热减磁指标是与磁通值、磁能积、矫顽力、材料退磁曲线等同等重要的磁性能指标，用退磁率来反映。退磁率越小，说明热减磁指标越符合要求。退磁率表达式如式(5-1) 所示：

$$\gamma=\frac{\theta_1-\theta_2}{\theta_1}\times100\% \tag{5-1}$$

式中 γ——退磁率；

θ_1——初始磁通值，即退磁前的磁通值，mWb；

θ_2——将磁体加温到 100℃并保温 2h，再充分降温至室温的磁通值，即退磁后的磁通值，mWb。

一、材料本身对热减磁的影响

影响钕铁硼热减磁指标的因素，首先材料本身就有磁性能参数温度敏感性问题。磁体的磁通值随着温度升高会下降，温度下降后又会回升。根据温度变化的不同，磁通值能恢复到原值的称为可逆损失，无法恢复到原值的称为不可逆损失。一款根据形状、尺寸、热减磁要求确定选择合适的内禀矫顽力、合适配方、合适温度系数的钕铁硼产品，经过机械加工后，未经镀层处理的裸露黑片，退磁率通常在 0.5%～3%之间。某规格钕铁硼产品黑片的退磁率试验结果如表 5-14 所示。从表中可知，钕铁硼材料本身会带来一般不大于 3%的退磁率。

表 5-14 产品规格 2.87mm×1.58mm×1.2mm×1.05mm 钕铁硼黑片退磁率试验结果

编号	θ_1/mWb	θ_2/mWb	γ/%
1	2.38	2.32	2.52
2	2.40	2.35	2.08
3	2.37	2.30	2.95
4	2.39	2.33	2.51
5	2.41	2.34	2.90
6	2.43	2.39	1.65
7	2.42	2.36	2.48
8	2.43	2.34	3.70
9	2.42	2.36	2.48
10	2.41	2.36	2.07
11	2.41	2.33	3.32
12	2.41	2.38	1.24
13	2.40	2.32	3.33
14	2.41	2.34	2.90
15	2.38	2.30	3.36
16	2.40	2.33	2.92

续表

编号	θ_1/mWb	θ_2/mWb	γ/%
17	2.42	2.37	2.07
18	2.40	2.32	3.33
19	2.45	2.40	2.04
20	2.43	2.37	2.47
最大值	2.45	2.40	3.70
最小值	2.37	2.30	1.24
平均值	2.4085	2.3455	2.62

二、底镍对热减磁的影响

除材料本身的影响外，生产实践表明，钕铁硼热减磁指标跟底镍有很大的关系。目前钕铁硼采用的“镍＋铜＋镍”组合，底镍太薄的话，镀层孔隙率高，后续滚镀焦铜时，受混合周期的影响，当零件位于内层时，溶液会渗透到基体，将基体腐蚀，且腐蚀产物将溶液污染。而对于复杂零件，其低电流密度区底镍层较难加厚，后续焦铜溶液腐蚀基体是难免的。但底镍厚的话，会影响磁体的热减磁指标，产品磁性能不能满足要求。某规格钕铁硼产品镀过底镍的半成品的退磁率试验结果如表 5-15 所示。

表 5-15 钕铁硼镀底镍半成品退磁率试验结果

规格:3.22mm×1.2mm×1.05mm		性能:48H	
试验条件:100℃×2h		底镍:半亮镍	
编号	θ_1/mWb	θ_2/mWb	γ/%
1	4.18	3.87	7.42
2	4.12	3.74	9.22
3	4.19	3.97	5.25
4	4.22	3.95	6.40
5	4.18	3.87	7.42
6	4.18	3.88	7.18
7	4.19	3.96	5.49
8	4.19	4.01	4.30
9	4.18	3.97	5.02
10	4.18	3.95	5.50

从表中可知，镀底镍后退磁率由不大于 3%增加至 5%～8%。这对于一般 8%以下的要求勉强可以通过，但对于某些消费类电子产品，如高端手机、笔记

本电脑、微型数码产品等，其要求苛刻，为3%～5%，甚至更低，钕铁硼镀底镍则很难满足其要求。生产中发现，镀锌产品的热减磁指标较好，猜想可能是非磁性金属的原因，顺着该思路探索用另一种非磁性金属——铜打底，结果热减磁指标大大改善。所以，钕铁硼预镀铜代替预镀镍，即直接镀铜技术得到了开发与应用。

三、直接镀铜技术

普通钢件直接镀铜早期是氰化镀铜，后来禁氰后开发了无氰碱铜，主要是为代替氰铜在钢铁或锌合金件上打底用。钢件无氰碱铜打底，需要解决置换铜和铁基体钝化后活化问题，否则镀层结合力不良。钕铁硼因表面疏松多孔，还需要解决镀液电流效率低的问题，否则得不到均匀、连续的镀层。所以，钕铁硼直接镀铜需要的是一款络合及活化能力较强、同时电流效率又较高的镀液，难度较大。因为单盐或弱络合剂型镀液无法解决置换铜问题，而强络合剂型镀液可以在普通钢件或锌合金件上直接镀铜，但电流效率低，不易在疏松多孔的钕铁硼基体上直接施镀，就好比氰化镀锌在铸铁上不能获得合格镀层一样。

采用复配络合剂技术可以解决钕铁硼直接镀铜的问题，结合力可能不如传统的"镍＋铜＋镍"令人满意，但对热减磁指标要求过于苛刻的话，只能退而求其次了。表5-16所列为钕铁硼直接镀无氰碱铜工艺，主要用于钕铁硼镀铜打底，然后镀覆诸如焦铜、柠檬酸铜等加厚镀层，最后镀面镍和其他镀层，一改传统的"镍＋铜＋镍"电镀工艺组合。

表5-16　钕铁硼直接镀无氰碱铜镀液成分和操作条件

镀液成分和工艺条件	配方1	配方2	配方3
HN-CS100A开缸剂/(mL/L)	300～650	—	—
HN-CS100B开缸剂/(mL/L)	130～170	—	—
HN-CS400络合剂/(mL/L)	80～120	—	—
HN-CS700辅助光亮剂/(mL/L)	1～2	—	—
HN-CS800光亮剂/(mL/L)	0.2～0.6	—	—
铜含量/(g/L)	6～13	27～30	—
BC-1镀铜液/(mL/L)	—	1000	—
TY-213Cu开缸剂/(mL/L)	—	—	110～150
TY-213Cu补给剂/(mL/L)	—	—	250～350
TY-213Cu pH值调节剂/(mL/L)	—	—	40～50
pH值	9.5～11	10.0～10.6	9.7～10.5

续表

镀液成分和工艺条件	配方 1	配方 2	配方 3
T/℃	34～45	15～35	18～50
电流密度/(A/dm^2)	0.3～1.5(滚挂)	0.15～0.5(滚镀)	0.15～0.3(滚镀)
溶液波美度	—	17～18.5	13～16
阳极	轧制高纯铜(无氧铜或 T1)	无氧纯铜	电解铜(用耐酸丙纶布包扎)

注：配方 1、2、3 分别为广东致卓环保科技有限公司、天津市镍铠表面处理技术有限公司、山西晋中鑫恒升电子科技有限公司配方和产品。

做热减磁测试。产品规格 2.87x1.58x1.2x1.05。滚镀 TY-213Cu 底铜 60min→滚镀焦铜或柠铜 90～100min→滚镀亮镍 60min。测试产品数量 30 片，使用仪器 HT701 I3 小 0.5 档，测得平均退磁率小于 2.5%，且稳定性、一致性好。测试结果如表 5-17 所示。

表 5-17 热减磁测试结果

编号	θ_1/mWb	θ_2/mWb	γ/%
1	2.37	2.33	1.69
2	2.34	2.29	2.14
3	2.38	2.33	2.10
4	2.40	2.31	3.75
5	2.37	2.33	1.69
6	2.32	2.30	0.86
7	2.39	2.32	2.93
8	2.35	2.27	3.40
9	2.42	2.38	1.65
10	2.38	2.31	2.94
11	2.40	2.36	1.67
12	2.41	2.34	2.90
13	2.41	2.33	3.32
14	2.43	2.38	2.06
15	2.39	2.33	2.51
16	2.42	2.37	2.07
17	2.41	2.35	2.49
18	2.39	2.33	2.51
19	2.38	2.32	2.52

续表

编号	θ_1/mWb	θ_2/mWb	γ/%
20	2.39	2.33	2.51
21	2.41	2.37	1.66
22	2.39	2.33	2.51
23	2.40	2.35	2.08
24	2.41	2.36	2.07
25	2.37	2.31	2.53
26	2.43	2.34	3.70
27	2.43	2.37	2.47
28	2.40	2.37	1.25
29	2.36	2.32	1.69
30	2.42	2.37	2.07
最大值	2.43	2.38	3.75
最小值	2.32	2.27	0.86
平均值	2.39233	2.33667	2.33

做结合力测试。产品规格 ϕ5mm×1mm，材料性能 N35。滚筒装载零件 3kg。滚镀 TY-213Cu 底铜 20A/60min→滚镀柠铜 25A/100min→滚镀亮镍 30A/60min。水洗干净，烘干。取样，用厌氧胶将产品粘在事先打磨干净的铁板上，少许胶水，不溢出即可。在 120℃恒温烤箱中烘烤 120min，取出，自然冷却后，1.8m 高自然抛落 100 次，镀层与基体无一脱落，说明该镀层与基体结合力良好。如图 5-1 所示。

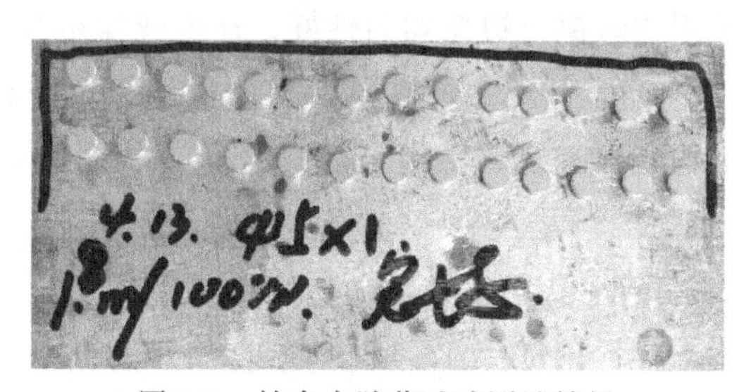

图 5-1　结合力跌落试验测试结果

钕铁硼直接镀铜技术难度大，结合力风险高，如果不是对热减磁指标要求过于苛刻，可以仍采用成熟、稳定、可靠的预镀镍技术。但底镍厚度可根据情况减薄，底镍越薄热减磁指标越好。薄镍层遭受后续焦铜溶液腐蚀的问题，可换用络合能力更强的无氰碱铜工艺，可能只需 1～2μm 底镍层即可满足镀层结合力与热减磁指标的双重要求。

第七节　化学镀镍

一般，钕铁硼镀镍层抗中性盐雾试验多在48～72h，如果要求更高如96h以上，需要增加镀层厚度。但镀层太厚，一方面对磁体磁性能的影响增加，另一方面施镀时间长，生产效率低，镀层脆性也会增加，所以不是明智的选择。此时一般会选择化学镀镍来解决问题。化学镀镍是使用还原剂使镍离子在有催化活性的表面还原为镍镀层的一种化学镀覆方法。它与镍离子通过直流电极得电子还原为镍镀层的电镀镍的最大不同在于——不需要直流电流。所以几乎不存在滚镀与电流有关的所有缺陷如电流密度控制方面的缺陷、混合周期造成的缺陷、滚镀的结构缺陷、间接导电方式造成的缺陷等。

钕铁硼采用化学镀镍，首先化学镍层为无定形结构，孔隙率低，镀层均匀一致，比相同厚度的电镀镍层防腐性好，可实现在减薄镀层厚度的情况下提高防腐性。其次，化学镍层可对含磷量进行控制（含磷量10%以上），可实现镀层不导磁，此时对磁体磁性能的影响已经很小，且镀层的防腐性也最好。所以，钕铁硼化学镀镍可达到薄镀层、低磁屏蔽和高防腐性等多重目的，优势明显。

由于化学镀镍溶液存在不能循环使用、成本高、温度高、操作环境差、废水处理负担重等缺点，钕铁硼化学镀镍多选择性地用于高端及其他有特殊情况的产品。总结如下。

① 防腐性要求较高的磁体产品，比如要求中性盐雾试验96h以上的。

② 深孔及形状复杂的产品，如某些细长、扁平、弧度、沟槽等尺寸均匀度要求较高的产品，采用化学镀镍镀层均匀性好，比电镀镍更合适。

③ 小或超小尺寸产品，镀层占产品总体积的比例相对较高，导磁的电镀镍层对磁体磁性能的影响相对增大，如镀后磁衰可达15%，而不导磁的化学镍层可降至4%～8%。

④ 成品率要求较高的产品，如某类产品抽检200片不允许1片不良，滚镀镍不确定的因素较多，往往出现1%～2%的不良品，而化学镀镍由于不受电流因素的影响，比电镀镍更容易满足要求。

目前钕铁硼多使用酸性化学镀镍工艺，尚不宜在基体上直接施镀。因为在酸性化学镀镍溶液中，活泼的钕会优先溶解造成磁体失磁严重（10%以上），这不仅影响磁体表面状态和镀层与基体的结合力，甚至可能根本得不到镀层。并且腐蚀溶解的钕、铁、硼等杂质会严重污染槽液，还可能使槽液分解。所以钕铁硼化学镀镍前需要先预镀，然后才能在具有催化活性的预镀层表面进行正常的化学镍施镀。

预镀可采用成熟的“镍＋铜＋镍”组合底镍工艺。另外，有时候会在底镍与化学镍之间增加一道电镀铜，用于防止因底镍与化学镍产能不匹配造成的底镍钝化。增加铜层后可在纯水中放置不超过12h，而且更容易活化，这与实际生产更相适应。例如，预镀镍 2μm→电镀铜 4μm→Cu-cover 型化学镀镍 1μm（滚镀5～10min）→Niccol-001 化学镀镍铜磷合金 10～15μm（滚镀 1.5～2h，镀层含镍 83%～85%，铜 3%～4%，磷 10%～13%），该工艺可获得至少满足 96h 中性盐雾试验要求的钕铁硼化学镀镍层。

或者可采用中性化学镀镍工艺预镀，对基体的腐蚀极小，镀层外观、耐蚀性和结合力均较好，零件磁衰在许可的范围内（1%～3%）。中性化学镀镍参考工艺规范如表 5-18 所示。

表 5-18　中性化学镀镍的镀液成分和工艺条件

镀液成分和工艺条件	配方 1	配方 2
硫酸镍($NiSO_4 \cdot 6H_2O$)/(g/L)	20	30
磷酸二氢钠($NaH_2PO_2 \cdot H_2O$)/(g/L)	28	20
醋酸钠($CH_3COONa \cdot 3H_2O$)/(g/L)	20	—
氟化钠(NaF)/(g/L)	0.5	—
乳酸[($CH_3CHOHCOOH$)85%]/(mL/L)	15	—
聚乙二醇/(g/L)	0.05	—
柠檬酸($C_6H_8O_7$)/(g/L)	—	10
复合羧酸胺络合剂	—	15
羟基乙酸等低温促进剂	—	1～2
pH 值	7.0	6.8～7.0
T/℃	50	60～65

目前，酸性化学滚镀镍的生产多采用市售的商品浓缩液，溶液稳定，镀层性能好，使用及维护方便。并且有的浓缩液生产厂家还可配套提供化学滚镀镍设备、化学滚镀镍溶液工作参数自动控制装置（包括镍盐和还原剂自动加料泵、溶液温度和 pH 值自动控制仪等）及技术支持和操作人员培训等，从而构成了镀液、设备、自动控制、技术等多者合一的一整套化学滚镀镍系统，使（相对于电镀）貌似困难的化学滚镀镍技术的应用变得相对简单。表 5-19 列出了几种商品化学镀镍的工艺规范，供选用时参考。

表 5-19　化学镀镍的镀液成分和工艺条件

镀液成分和工艺条件	配方 1	配方 2	配方 3	配方 4	配方 5
Niccol-001A 镍离子浓缩液/(mL/L)	75	—	—	—	—
Niccol-001B 络合剂浓缩液/(mL/L)	200	—	—	—	—
Niccol-001C 还原剂浓缩液/(mL/L)	45	—	—	—	—
Cu-coverA 镍离子浓缩液/(mL/L)	—	75	—	—	—
Cu-coverB 络合剂浓缩液/(mL/L)	—	200	—	—	—
Cu-coverC 还原剂浓缩液/(mL/L)	—	100	—	—	—
无电沉镍 2060X/(mL/L)	—	—	60	—	—
无电沉镍 2060Y/(mL/L)	—	—	100	—	—
ATHN318A/(mL/L)	—	—	—	60	—
ATHN318B/(mL/L)	—	—	—	150	—
HSB-97A/(mL/L)	—	—	—	—	100
HSB-97B/(mL/L)	—	—	—	—	100
镀液中镍含量/(g/L)	5.0～5.5	5.0～5.5	6	6	4.8～5.2
pH 值	4.8～5.5	7～8	4.6～4.9	4.6～5.1	4.8～5.2
T/℃	65～75	55～65	82～93	85～91	87～90
镀层沉积速度/(μm/h)	7～10(滚)	7～10(滚)	17～25	15～23	15～25
镀液承载量/(dm^2/L)	0.5～2.5	0.5～2.5	0.7～1.7	0.8～1.5	0.5～2.5
镀液寿命/周期	>8	>8	—	8～10	8～10
镀层中 P、Cu 含量/%	P11Cu4	P3～8	P6～9	P7～11	P7～11

注：1. 配方 1、2 为天津市镍铠表面处理技术有限公司改良配方和产品，用于滚镀时滚筒壁沉镍现象较轻。配方 1 为镍磷铜三元合金，镀层防腐性好且不导磁，尤其用于钕铁硼产品时具有较大优势。配方 2 可用于铜基体或铜镀层直接镀，无需触发、电催化等。

2. 配方 3 为安美特（广州）化学有限公司配方和产品，镀层全光亮，可焊性、延展性好，硬度高，滚、挂镀均可。

3. 配方 4 为武汉艾特普雷表面处理材料有限公司配方和产品，镀层全光亮，耐蚀、耐磨性好，镀液对金属杂质容忍性高，滚、挂、振镀均可。

4. 配方 5 为上海永生助剂厂配方和产品，镀层致密有光泽，耐磨性经热处理后优于镀铬。

第八节　不合格镀层的退除

生产中难免出现起泡、起皮、粗糙、烧焦、发黑、发花等不合格镀层，需要返工退除镀层重镀。钕铁硼镀层多数情况下镀锌和镀镍，因材质的特殊性，不宜采用常规的退除方法。

一、锌镀层的退除

不宜采用普通钢件的工业盐酸退除方法，否则锌镀层退净后，盐酸会将钕铁硼基体强烈腐蚀。钕铁硼镀锌层可采用以下工艺退除：

氢氧化钠（工业级）：150～250g/L

亚硝酸钠（工业级）：100～200g/L

温度：80～100℃

时间：退净为止

二、单镍镀层的退除

钕铁硼不良单镍镀层的退除，早期曾采用氰化钠退除工艺：氰化钠 50～90g/L，间硝基苯磺酸钠 90～160g/L，氨水 5～8mL/L，pH 值 9～11，温度 60～80℃。但氰化物剧毒，使该工艺受到限制，目前采用无氰且不伤害钕铁硼基体的退除方法：

间硝基苯磺酸钠：80～90g/L

乙二胺：90～120mL/L

辅助络合剂：50～70g/L

表面活性剂：2～4g/L

pH 值：9～11

温度：50～70℃

三、“镍＋铜＋镍”镀层的退除

钕铁硼“镍＋铜＋镍”为三层组合镀层，可根据情况选择三步退除法或一步退除法。

1. 三步退除法

第一步先退除亮镍面层，第二步再退除加厚铜层，最后退除底镍层。

① 第一步亮镍面层的退除

间硝基苯磺酸钠：70～110g/L

无机酸：50～90mL/L

表面活性剂：2～5g/L

温度：50～60℃

② 第二步加厚铜层的退除

过硫酸铵：60～80g/L

络合剂：40～70g/L

pH 值：10（用氨水调节）

温度：常温

③ 第三步底镍层的退除

间硝基苯磺酸钠：60～90g/L

乙二胺：　　　　70～100mL/L

辅助络合剂：　　40～60g/L

表面活性剂：　　2～4g/L

温度：　　　　　50～60℃

2. 一步退除法

三步退除法使用情况良好，但比较适合不需要退至基体的情况，如果退至基体从底层开始返镀，三步法比较繁琐，此时可采用一步退除法。其工艺规范如下：

溶镍1号：230～260mL/L

退镀盐：　80～120g/L

温度：　　65～95℃

注：配方中溶镍1号和退镀盐为天津市镍铠表面处理技术有限公司产品。

该工艺专用于钕铁硼“镍＋铜＋镍”不良镀层的一次性退除，无氰，不损伤基体尺寸及表面光洁度。退除速度，镍镀层40μm/h，铜镀层5～8μm/h。在工艺范围内，溶液温度高，退除速度快。退净后零件表面会失去光泽，并带棕黑色膜，采用超声波清洗很容易洗净，并呈现基体本色。

关于退除设备，因滚筒周期性的机械翻动作用，会大大提高退除的效果和效率，且节省人力。所以，凡是可以采用滚镀的零件，应该采用滚筒进行镀层退除。而有些不适合滚镀的零件，只要能装进滚筒，就可以尝试采用滚筒退除。滚筒的大小、尺寸、装载量、转速等不像电镀那样讲究太多，但基本采用与电镀大致一样的滚筒。因一般退除量远小于电镀量，滚筒数量也会远少于电镀，多数情况下一两台单机滚镀机即可。整机设备类似于化学镀滚镀机，镀槽保温，设进排水装置，无阴阳极等导电设施，如图5-2所示。但滚筒转速与化学镀多有不同，化学镀转速快会影响镀层生长，退除只要不产生其他影响，加快滚筒转速可提高退除效率。

图5-2　某规格钕铁硼化学退除滚镀机

第九节　钕铁硼要求什么样的滚筒

滚筒是滚镀设备最重要的部分，是核心部件，是否合理对产品质量的影响至关重要。钕铁硼滚筒尤甚。钕铁硼滚筒与普通滚筒无本质区别，但有其自身的特殊性。普通滚筒用于钕铁硼未尝不可，但可能问题多多，比如镀层结合力差、零件“磕边”或“磕角”、产品合格率低、生产效率低等。钕铁硼滚镀要求什么样的滚筒，需要根据其产品的特殊性来设计、制作合适的专用滚筒。

一、表面化学性质的要求

钕铁硼材质含约三分之一化学活性极强的钕，产品表面极易氧化，因此要求预镀或直接镀时，零件在滚筒内应尽可能快地上镀，以抑制位于内层时基体氧化造成的镀层结合力不良。而零件要尽快上镀，从滚筒角度讲受两个因素的影响：①混合周期，②滚筒的封闭结构。

1. 混合周期的影响

滚镀受混合周期的影响，零件只有在表层时才能受镀，在内层几乎不能受镀。因此，钕铁硼零件要尽可能快地上镀，就要尽可能快地翻出到表层。而只有混合周期短，零件翻出到表层的机会才多，受镀机会才多，上镀速度也才会快。因此，钕铁硼滚镀要求的滚筒，首先混合周期一定要短，否则零件“埋”在内层时基体表面极易氧化，翻出再镀时造成镀层结合力不良，这在滚镀高品质要求的钕铁硼零件时尤其重要。

而要混合周期短，滚筒一般应尺寸小一点、细一点、长一点、横截面边数少一点。因此，适合钕铁硼滚镀的其实是一种小尺寸、细长形，且多为六角形的滚筒。滚筒直径多为 ϕ100～180mm，偶有达到 ϕ200mm 或更大的，长度多为 280～400mm，载重量多在 3～5kg/筒或稍多，这与普通五金滚筒载重量动辄上百千克的情况大相径庭。图 5-3 所示为某规格钕铁硼小尺寸、细长形滚筒。

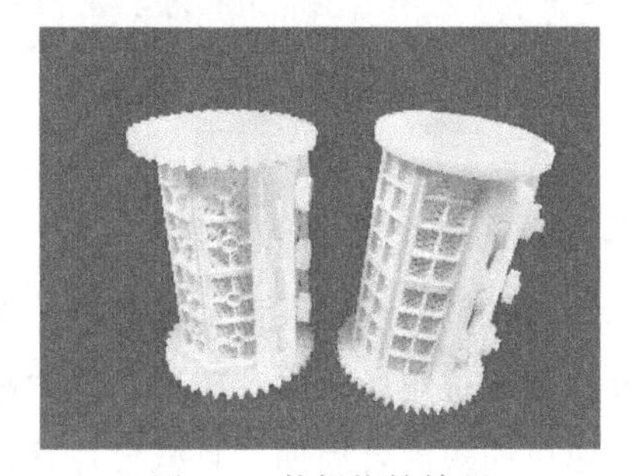

图 5-3　某规格钕铁硼小尺寸、细长形滚筒

曾经有一款要求较高的钕铁硼镀锌产品，刚镀完合格，一个月后镀层结合力出现问题。经采取强化镀前处理、严格工序间操作、改良镀液等多种措施无效，后改用直径小一点的滚筒问题得到解决。这种情况可以解释为，直径小的滚筒零件混合周期短，产品表面氧化程度小，因此镀层结合力好。

2. 滚筒封闭结构的影响

普通滚筒的结构是封闭的，一般只在多面壁板上设置许多小孔，与挂镀相比零件与阳极之间多了一道障碍物，使物料传送受到的阻力增大。阻力增大后，导电离子在表内零件孔眼处大量聚集，使紧挨孔眼部位的零件表面瞬时电流密度增大，极易造成该处镀层烧焦产生“滚筒眼子印”。受此限制，滚镀给定的电流密度不宜过大，镀速不易加快。

镀速慢对普通滚镀尚无实质影响，但对钕铁硼尤其在预镀或直接镀时影响极大。如果不能使用大电流、电流效率低，不能“抓紧时间”上镀，即使混合周期短，零件及时翻到了表层，仍无法快速抑制基体氧化，难免造成镀层结合力不良。因此，除混合周期外，钕铁硼滚镀要求滚筒透水性一定要好，以减轻滚筒封闭结构的影响，便于使用大电流，从而加快镀速，提高镀层结合力。

根据开孔方式的变革，滚筒的发展经历了三代：圆孔滚筒→方孔滚筒→网孔滚筒。传统圆孔滚筒最大的缺点是透水性差。方孔滚筒相对于圆孔滚筒，开孔率提高，透水性得到较大程度的改善。网孔滚筒是对传统滚筒改进最彻底的一种产品，其开孔率极高，网壁极薄，因此透水性极好，与钕铁硼滚镀的要求极相适应。不仅可以使用大电流，以加快镀速，提高镀层结合力，同时由于滚筒内导电离子浓度提高，“边角效应”即镀层均匀性也大大改善，这对于高端钕铁硼产品尤其重要。图 5-4 所示为某规格钕铁硼网孔滚筒。

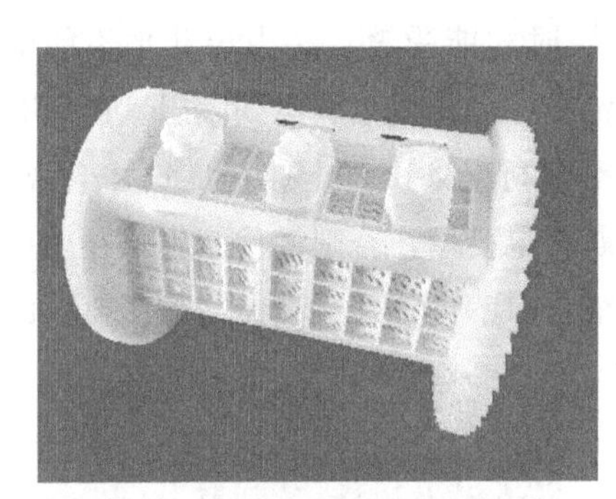

图 5-4　某规格钕铁硼网孔滚筒

二、表面物理性质的要求

钕铁硼材质脆性大，怕磕碰，要求滚镀过程中零件的翻滚不宜太强烈，否则容易造成边角所谓的“磕边”或“磕角”等现象，产生次品。但又希望提高滚筒转速以缩短混合周期，且减轻片状零件的“贴片”状况。而转速高零件必然容易磕碰。这是一个两难的、矛盾的选择。使用直径小的滚筒可使该难题得到一定程度的解决。因为滚筒直径小，零件运行的线速度小，在提高滚筒转速（角速度）的同时，线速度未必比滚筒直径大、转速低时加大。线速度不加大零件受损不加重，因此可以达到既提高转速，零件受损又轻的目的。钕铁硼滚筒直径多为 ϕ100～180mm。

但滚筒直径小，产能必然低。这时适当增加滚筒长度，以尽可能增加滚筒载重量，即采用细长形滚筒。钕铁硼滚筒长度多为280～400mm。这进一步说明细长形滚筒对钕铁硼滚镀是适宜的。所以从镀层质量和滚筒产能两个角度讲，小尺寸、细长形滚筒是一种平衡，可同时满足钕铁硼滚镀“质”和“量”的双重要求。过大，镀层结合力差，零件容易“磕边”或“磕角”，品质差；过小，滚筒产能低。

三、产品形貌特点的要求

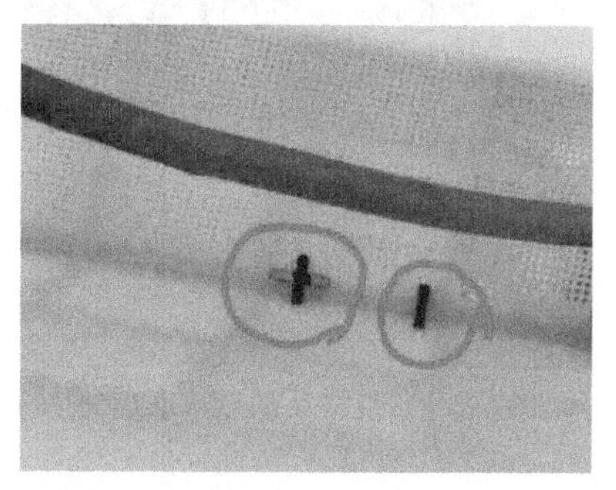

图5-5　滚筒内被未经处理的筛网卡死的零件

钕铁硼产品片状、细小等零件较多，因此首先要求滚筒内部应有防“贴片”措施。比如，滚筒内壁、侧轮等部位设置许多微小凸起、沟槽等，可有效防止片状零件与滚筒内各部位的“贴壁”，以减少零件表面烧焦产生“滚筒眼子印”、发花等现象，提高产品合格率。其次，滚筒内部制作、焊接等务必精细、精密，以防止钕铁硼细小零件出现“夹”“卡”等现象，产生次品。如图5-5所示，因滚筒网板的筛网未经特殊处理，可能会在滚镀某细小产品时被卡死在网孔之间，产生次品。生产实践表明，一个制作精细的滚筒比普通滚筒用于钕铁硼片状、细小等零件滚镀时，产品合格率可提高至少10%，甚至更多。

四、生产效率的要求

图5-6　某钕铁硼滚筒

与普通滚镀相比，钕铁硼滚镀生产效率较低。因为：①受镀层质量要求的限制，一般使用的滚筒尺寸较小，如3～5kg/筒或稍多；②镀层的防护性要求较高，所以往往很厚，需要施镀的时间很长；③加工量往往很大，如每天数吨很平常。钕铁硼滚镀往往需要数量庞大的小滚筒，才能满足其“质量”和“产量”的双重要求，如动辄上百只或数百只小滚筒，这与普通滚镀的一二十只滚筒即可日滚镀数十吨的情况形成较大的差异。因此，构成了钕铁硼滚筒“小而多”的一大特点。图5-6所示为某钕铁硼滚筒。

为进一步提高钕铁硼滚镀生产线的产能，提高效率，并减少占地，近几年“双联滚筒”在钕铁硼电镀行业得到了较为广泛的应用，并取得了较好的效果。图 5-7 所示为某规格钕铁硼双联滚筒，图 5-8 所示为某规格钕铁硼双联孪生滚筒。

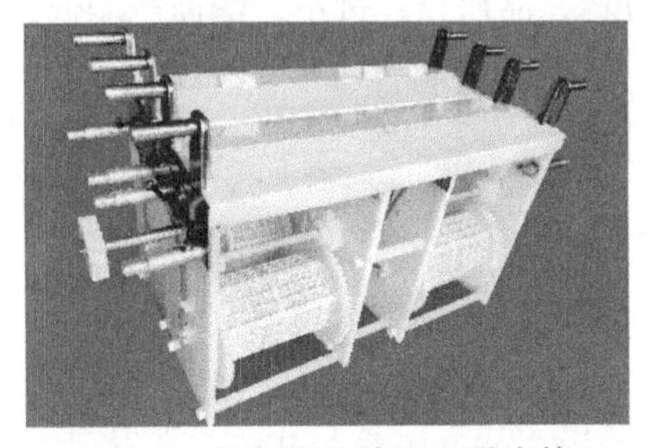

图 5-7　某规格钕铁硼双联滚筒

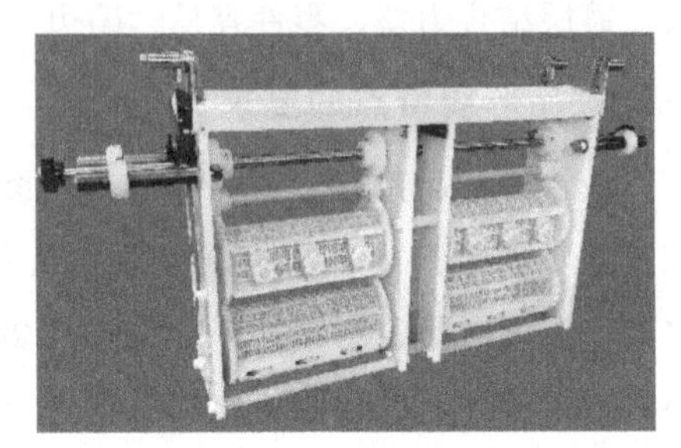

图 5-8　某规格钕铁硼双联孪生滚筒

五、对滚筒可靠性的要求

钕铁硼滚镀与普通电子产品滚镀的一个不同是，施镀时间往往很长，生产量很大，因此对滚筒的可靠性提出了更高的要求。比如，早期的网孔滚筒用于普通电子产品滚镀，使用效果好，使用寿命也可以接受。但用于钕铁硼滚镀，因筛网耐磨性差，三两个月即可能破损而使滚筒报废，无法满足钕铁硼滚镀高强度的使用要求。目前的网孔滚筒筛网耐磨性大大提高，用于钕铁硼滚镀使用寿命可提高十数倍，满足了其对产品高“质”高“量”和滚筒高可靠性的多重要求。图 5-9 所示为极耐磨的网孔滚筒网板。

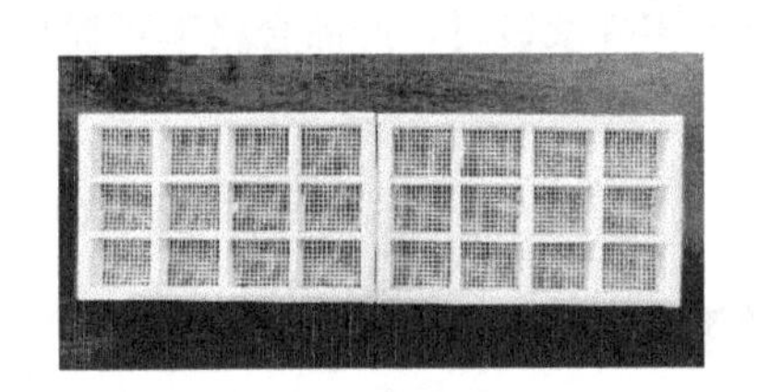

图 5-9　极耐磨的网孔滚筒网板

六、工艺特点的影响

① 多层镀层的影响　钕铁硼往往采用多层镀层，比如，“酸锌＋碱锌（或锌镍合金）”“镍＋铜＋镍”组合镀层等。此时就要求滚筒制作精细、无虚焊，否则滚筒易“藏污纳垢”且不易清洗，造成各槽液交叉污染，长期积累槽液出现故障。

② 镀液酸碱性对滚筒的影响　钕铁硼电镀常用的镀种一般为酸性镀锌、硫酸盐镀镍、无氰碱铜等，镀液均为弱酸性或弱碱性，普通网孔滚筒的筛网完全能够满足其要求。但在使用耐蚀性、钝化膜质量、粘胶性等较好的碱性镀锌（或锌

镍合金）时，因溶液呈强碱性，普通网孔滚筒的筛网不能承受其重，使用寿命往往只有几天，最多几十天。所以用于碱性镀锌（或锌镍合金）的网孔滚筒必须耐强碱，这是对钕铁硼网孔滚筒提出的一个新要求。图 5-10 所示为耐强碱的钕铁硼网孔滚筒。

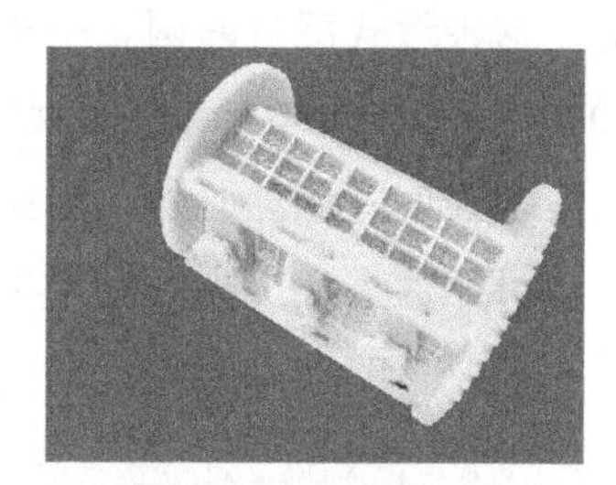

图 5-10　耐强碱的钕铁硼网孔滚筒

总之，适合钕铁硼零件滚镀要求的滚筒，是一个“小而多”、细长形、透水性好、耐磨、耐酸碱、耐高温、制作精细的滚筒，并且多为六角形。

第十节　选择合适的生产线形式

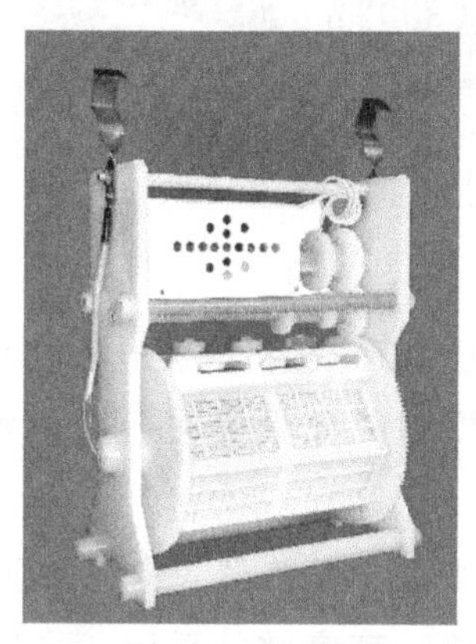

图 5-11　自驱动滚镀机

早期，钕铁硼滚镀一般采用自带电机的自驱动滚镀机，手工操作，只要选择合适规格的滚筒，镀层质量还是可以保证的。缺点是电机与滚筒连在一起，加工量较大时工人劳动强度大，且生产效率低，产量难以保证。这是一种可以高质但不易高产的生产方式，不适应钕铁硼规模化生产的要求，目前多用于实验室做试验，或极个别的小批量生产。自驱动滚镀机如图 5-11 所示。

目前，钕铁硼滚镀生产中广泛应用的生产线形式，一般有手工生产线、半自动生产线和自动生产线三种，应根据产品特点、使用习惯、经济实力等具体情况选择合适的方式。不能人云亦云，盲目照搬，否则难免走弯路，造成不必要的损失。

一、手工滚镀生产线

常规的钕铁硼手工单镀种滚镀生产线包括：①滚镀锌生产线；②滚镀底镍生产线；③滚镀铜生产线；④滚镀亮镍生产线。每个单镀种滚镀生产线均由若干个“多头机单元”组成。每个“多头机单元”包括 1 台多头机；1 台多头机专用电气控制柜（配电柜）；其他辅助设备。

1. 多头机

即多头滚镀机，指一个镀槽配多只滚筒，多只滚筒共用一套电机驱动装置，并通过链条或总传动轴带动各个工位的滚筒转动。一般以一个镀槽配四只滚筒的形式较多，俗称四头机，如图 5-12 所示。也可根据产量调整为两头机或五头机等。这种形式源自韩国，一般认为由自驱动滚镀机演变而来，国内最早出现于1999年末至2000年初。优点是滚筒与电机分开，滚筒（图5-13）自重减轻，工人劳动强度降低。此外，滚筒驱动及传动装置等设置在镀槽边，降低了污染、腐蚀，可靠性大大提高，稳定生产得以保证。

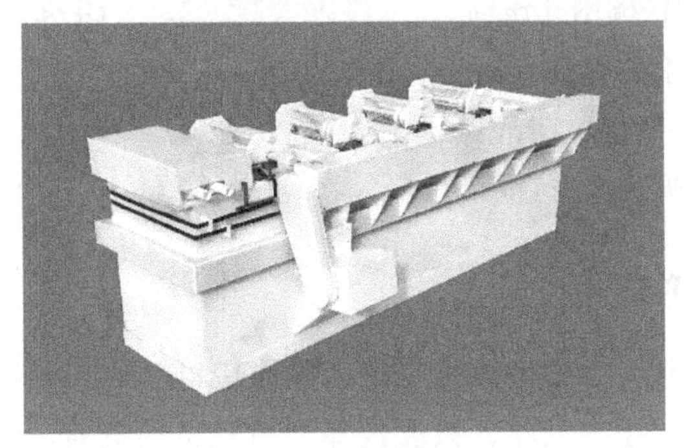

图5-12　四头机

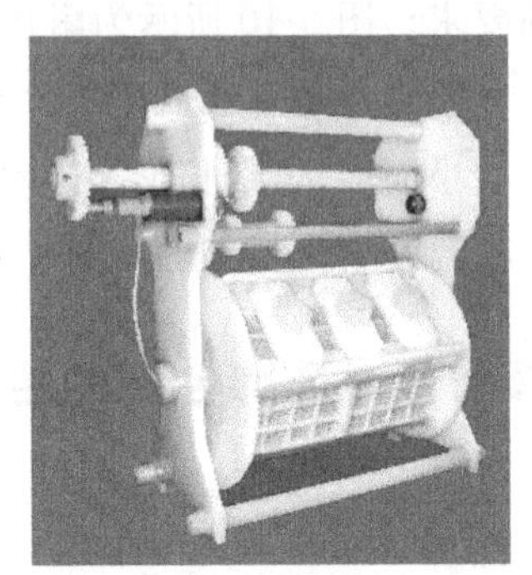

图5-13　滚筒

2. 多头机专用电气控制柜（配电柜）

每台多头机配置一台专用电气控制柜，简称配电柜。配电柜将电镀电源设备及多头机、过滤机、温控器、自动加液机等的电气控制部分集成在一起，如图5-14所示。

图5-14　多头机配电柜

多头机、配电柜及过滤机、温控器、自动加液机等其他周边设备共同组成一套完整的系统。采用这种系统生产时，虽然滚筒操作方式为手工，但设备整齐、简洁，不失档次，且可多点实现自动化控制（如控温、加液、pH值等）。可根据产量确定每个镀种所需系统的套数。每个镀种由一套或多套这样的系统组成，即单镀种生产线。多镀种生产线由多个这样的单镀种生产线组成，如预镀镍线、镀铜线、亮镍线共同组成“镍＋铜＋镍”滚镀生产线。如图5-15所示。

3. 其他辅助设备

其他辅助设备有电加热管及温控器、过滤机、自动加液机、pH值自控仪、制冷机或空气能热交换器、阳极钛篮等。图5-16所示为某规格自动加液机。

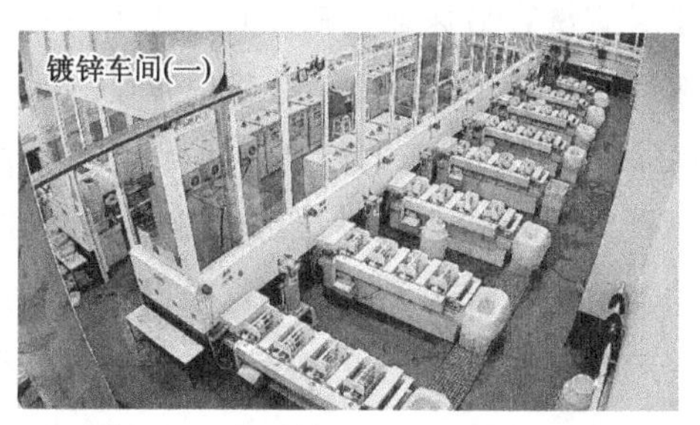

图 5-15 某钕铁硼手工滚镀生产线

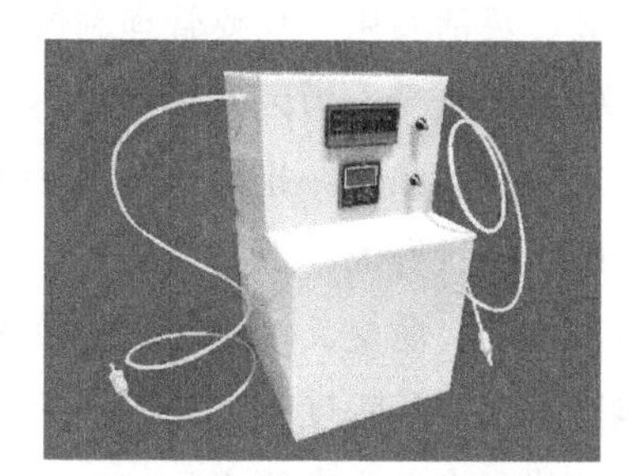

图 5-16 某规格自动加液机

钕铁硼手工生产线，除电镀工序外，其他操作（如水洗、活化等）均在滚筒外进行。且每个镀种的滚筒专用，不混用。优点是清洗彻底，不会造成各镀种溶液交叉污染，且操作灵活，生产效率高，产品质量有保障。缺点是工人劳动强度大，难以满足清洁生产要求，人为因素有时会对产品质量带来一定的影响等。

二、半自动滚镀生产线

在多头机手工滚镀生产线的基础上，由增加的辅助工位、机架、手推行车等组成，原若干个“多头机单元”不变，原单镀种滚镀生产线形式不变。优点是工人劳动强度降低，一定程度上满足了清洁生产要求。但严格来讲，这种形式应该叫手推行车滚镀生产线，而不是真正意义上的半自动生产线。图 5-17 所示为某钕铁硼手推行车滚镀生产线。

图 5-17 某钕铁硼手推行车滚镀生产线

三、自动滚镀生产线

在半自动滚镀生产线基础上增加程序控制，组成自动滚镀生产线，其他基本不变。优点是工人劳动强度大大降低，符合清洁生产要求，一定程度上解决了手工线、半自动线人为因素对产品质量带来的影响。图 5-18 所示为某钕铁硼自动滚镀生产线。

图 5-18 某钕铁硼自动滚镀生产线

钕铁硼三种滚镀生产线各有优缺点，难说优劣，应根据情况选择适合自己的形式，适合的就是最好的。手工线投资少、上马快、效率高、灵活实用，只要管理到位，镀层质量容易保证；缺点是，工人劳动强度大，镀层质量受人为因素影响大，分地区难以满足清洁生产要求。自动线大大降低了工人劳动强度，排除了人为因素对镀层质量带来的隐患，满足清洁生产要求；缺点是投资大，上马周期长，灵活性差，不适应钕铁硼品种繁多的特殊性，为清洗彻底，防交叉污染，数量较多的辅助工位限制了电镀工位的增加，生产线产能降低，某种程度上讲并不如手工生产线效率更高、更快捷。半自动线介于手工生产线和自动生产线之间。

第十一节　钕铁硼电镀电源的选择

一、直流电流

电镀是使欲镀金属离子通过直流电极得电子还原为金属镀层的过程，直流电流是重要条件，没有直流电流就无所谓电镀。电镀用的直流电流形式有多种，可简单地分为两大类：①普通直流电流；②调制电流。普通直流电流是一种电流方向不随时间改变的、连续的平稳电流，简称 DC。传统电镀所采用的电流一般为普通直流电流，常见的形式有单相半波、单相全波、三相半波、三相全波、纯直流（也称稳恒电流）等，如图 5-19 所示。

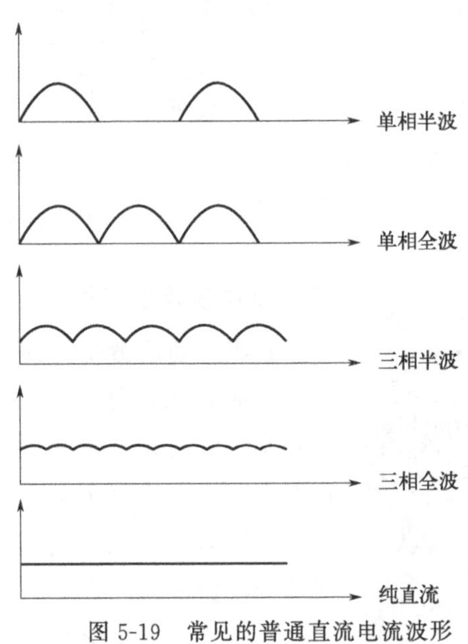

图 5-19　常见的普通直流电流波形

调制电流是经脉冲信号或其他交变信号调制以后的直流电流，可理解为一类特殊的直流电流。常见的形式有脉冲电流、不对称交流电流、交直流叠加电流、直流换向电流等。其中脉冲电流是目前应用最多且收益最大的调制电流，其实质是一种通断直流电，即一种断续的直流电流，导通时电流密度极大，关断时为零，简称 PC，如图 5-20 所示。

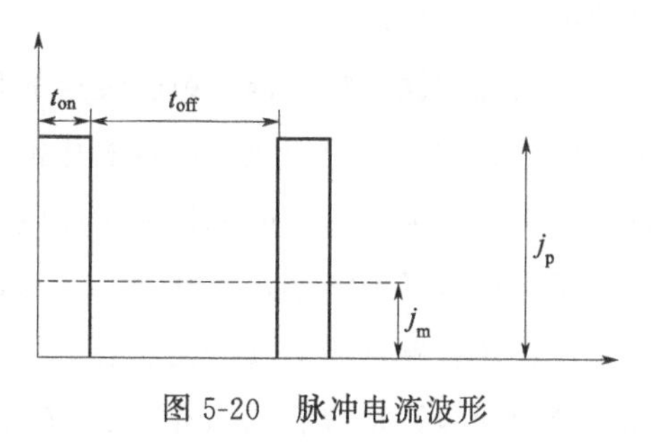

图 5-20　脉冲电流波形

二、适合钕铁硼的电流波形

1. 电流波形对电镀的影响

电流波形对镀层质量的影响是存在的，目前越来越受到人们的重视。典型的如镀铬，若使用单相半波、单相全波或纹波系数较大的电流波形，得到的镀层光亮范围窄，容易发灰、发花；而使用低纹波电流就可得到光亮、质量合格的镀层。所以，镀铬理想的电流波形应该是纯直流。其机理目前尚无确切、合理的解释，可以这样认为：镀铬若使用脉动成分较大的电流（如单相全波），当电流波动到谷底时因电流较小（或中断）造成已上镀的铬层钝化，电流正常后再镀则发灰、发花等。

而同样的电流（如单相全波）用于镀锌却可得到质量合格的镀层。据此可认为，越容易钝化的镀层（如铬镀层）越不宜使用脉动成分大的电流，而宜使用纹波系数小的电流。而不易钝化的镀层（如锌镀层）对所使用的电流基本无限制。常见的镀层金属其钝化性能从易到难的顺序是：铬→镍→锌、铜、银、金等。

若以上观点成立，根据此排列顺序，铬最容易钝化，因此镀铬必须使用纹波系数小的电流。锌、铜等不易钝化，对所使用电流的纹波系数无太高要求。镍的易钝化性位于铬与锌、铜等之间，因此镀镍对电流纹波系数的要求不会像镀铬那样高，但一般认为，镀镍应尽可能使用纹波系数小的电流。

2. 电流波形对钕铁硼电镀的影响

钕铁硼电镀常见的镀种有镀锌、镀镍、镀铜等，另有少量镀金、镀银、镀仿金等。但不应根据镀种来说明电流波形对其产生的影响，否则单这几个镀种，钕铁硼电流波形似乎没什么讲究。但其实不是的。钕铁硼电镀的特点是基体表面极易氧化，镀层与基体的结合力往往不易得到保证。基体极易氧化，就像铬极易钝化一样，在预镀或直接镀时要求使用的电流纹波系数应尽可能小，否则可能因基体氧化造成镀层结合力不良。以前曾很多次发生因电流波形造成的镀层结合力不良故障，不能掉以轻心。

钕铁硼“镍+铜+镍”组合镀层的预镀一般为预镀镍，镀锌一般为直接氯化钾镀锌，或预镀硫酸盐镀锌后再氯化钾镀锌。所以，钕铁硼预镀镍、硫酸盐预镀锌和直接氯化钾镀锌（或说凡在钕铁硼基体上直接施镀的镀种）要求使用的电流纹波系数均应尽可能小，否则镀层与基体的结合力存在隐患。

而在钕铁硼基体上预镀完成后，像普通钢件滚镀那样选择电流波形即可。比如，硫酸盐镀锌预镀后的氯化钾镀锌加厚或碱锌罩光等，对电流波形基本无要求，如图 5-19 所示的波形均可选择。预镀镍后镀焦铜（或其他碱铜）要求相同。但焦铜使用脉动成分大的电流（如单相全波）反倒利于镀层沉积，而使用脉冲电流更易得到结晶细致的铜镀层。镀焦铜后镀亮镍最好使用纹波系数小的电流。镀银、镀金、镀仿金等一般是在亮镍层的基础上施镀，其电流波形与镀焦铜要求相同。

在用于钕铁硼电镀时，脉动成分大的电流会受到限制，比如不宜用于预镀或直接镀、镀镍等；而脉动成分小的电流没有限制。为简便起见，建议不管预镀（或直接镀）还是加厚镀，镀锌还是镀铜、镀镍等，均选择脉动成分小的电流，这样不会因电流波形选择不当带来镀层结合力不良隐患。所以，适合钕铁硼电镀的电流波形实际是一种低纹波直流电流。

三、钕铁硼电镀电源

电镀电源是提供直流电流的设备，作用十分重要。如上文所述，钕铁硼电镀适合选择脉动成分小的电流，因此适合选择能输出低纹波电流的电镀电源。另外，电源应皮实、耐用、可靠性高，以适应钕铁硼电镀施镀时间长、疲劳强度大的特点。

1. 直流发电机

直流发电机称为第一代电镀电源，可输出如图 5-19 中所示的纯直流电流，是纹波系数最小的直流电流，所以从输出电流角度讲是最合适的选择。但由于多种缺陷，在电力电子技术诞生后，直流发电机就退出了历史舞台，无法作为钕铁硼的电镀电源。

2. 硅整流电源

硅整流电源称为第二代电镀电源，是由交流电源经整流而得到的。电流或多或少带有脉动的成分，而不像直流发电机的纯直流。但并非只有纯直流才能用于钕铁硼电镀（甚至镀铬），只要是脉动成分小的、与纯直流相接近的电流就可以。

硅整流电源的三相桥式整流（或六相半波整流）得到的三相全波波形（图 5-19），因脉动成分小完全可用于钕铁硼电镀。且市售的三相硅整流电源一般输出为三相全波波形，可放心选用。但单相硅整流电源若非定制一般默认输出为单相全波波形（图 5-19），这种波形在用于钕铁硼电镀时受限较多，至少不宜用于预镀或直接镀。如果一定要选用这种电源，应增加滤波装置（最好是 л 型滤波），以尽量减小输出电流的脉动成分。

三相桥式硅整流电源的电流波形连续、平稳，纹波系数小，设备可靠性高，前些年在钕铁硼行业应用较为广泛。但近些年在逐年减少。因为：①体积大、费电，逐渐不为人们所接受，也有地区因不符合清洁生产要求而强制禁用的；②无稳压功能，在一台硅整流器同时为四头机的四只滚筒提供电流时（俗称“一对四”），总电流不能随滚筒数量的增减按比例增减，有时需要频繁进行调整，增加了操作上的繁琐。

3. 可控硅电源

可控硅电源称为第三代电镀电源，同样是由交流电源经整流而得到。不管是三相还是单相输入，在负载率小于 75％时其输出电流的脉动成分均较大。而电镀电源在使用中最大负载率一般设定为 70％～80％，则可控硅电源也会像单相全波一样在钕铁硼电镀中受限较多。但在增加滤波器后，其纹波系数可达到 3％～5％，甚至更小，完全可用于钕铁硼电镀（甚至镀铬）。一般市售的可控硅电源都有带滤波与不带滤波的产品，售价有所不同，若是用于钕铁硼电镀，一定要选择带滤波的产品。

4. 开关电源

开关电源称为第四代电镀电源，同样是由交流电源经整流而得到。也有高纹波与低纹波（或滤波与不滤波）之分，显然，不滤波的高纹波开关电源是不宜用于钕铁硼电镀的，在选择时一定要分清楚，以免再走很多人走过的弯路。

开关电源的电流波形好、体积小、省电，符合清洁生产要求，具备稳压、稳流功能，所以越来越为人们所接受。但设备可靠性相对于硅整流电源差，尤其前些年故障率较高，曾给钕铁硼电镀带来不少麻烦。近些年开关电源逐渐成熟，尤其钕铁硼多配备的小功率开关电源更成熟，在设备防腐上做得比较到位，电源故障率降低，寿命也提高。所以，质量好的开关电源可以放心选用，而劣质开关电源仍应慎选。

开关电源体积小的特点使本就局促的生产线占地面积大大减少，这是其一大优势。尤其数量众多的钕铁硼小滚筒，在配备电源上越来越趋向于“一对一”，即一只滚筒配备一台电源，这使其优势进一步扩大。图 5-21 所示为某钕铁硼生产线配备的开关电源一角。

图 5-21 某钕铁硼生产线配备的开关电源一角

5. 脉冲电源

脉冲电源虽然能获得结晶细致、孔隙率低的镀层。但脉冲电流是断续的，若用于钕铁硼预镀或直接镀，在脉冲关断期内，上镀过程停止而氧化过程加快。且这样的过程周期性地进行，结果必然得到结合力不佳的镀层。压力锅试验证明，钕铁硼采用脉冲电源打底，镀层结合力明显不如普通直流电源好。若用于钕铁硼镀层加厚可得到防腐性能有所提升的镀层，但脉冲电源价格昂贵，应权衡得失。

四、电源配备方案

因滚筒数量众多，钕铁硼滚镀机总会采用“一槽多筒”的形式，即一个镀槽内有多只滚筒可同时工作的滚镀机形式，俗称多头机。其中以“一槽四筒”的滚镀机形式即四头机较为常见，尤其单滚筒装载量在 3～5kg 的小型四头机应用最广泛。如果是“单槽单筒”，配备电镀电源很简单，一只滚筒配一台电源即可。现在是“一槽多筒”，配置电源一般有两种方案：①“一对一”即一只滚筒配一台电源；②“一对多”即多只滚筒共用一台电源。现以四头机和开关电源为例介绍其优缺点，供选择时参考。

1. “一对一”

这种形式，四头机的每只滚筒配一台开关电源，四只滚筒配四台开关电源。优点如下。

① 操作、控制起来比较方便，每只滚筒的电流既能单独显示，又能单独调节，这种优势尤其在各滚筒装载量或装载零件品种、规格等不尽相同时更为明显。

② 某只滚筒因电阻变化（因导电不良或滚筒出入槽等引起）引起电流变化

时，不会对其他滚筒的电流产生影响，即各滚筒电流变化互不影响。

缺点如下。

① 费用高，“一对一”配四台小功率开关电源，比“一对四”配一台大功率开关电源可贵出几千甚至大几千元，好几十台四头机下来差价还是比较可观的。

② 占地面积大，但开关电源本来体积小，这其实算不上太大的缺点。

③ 安装、维护费用相对高一点。

2. “一对四”

这种形式，四头机的四只滚筒共用一台开关电源。优点是省钱，好几十台四头机下来省得更多。缺点如下。

① 每只滚筒的电流不能单独调节，在各滚筒装载量或装载零件品种、规格等不尽相同时多有不便，此时适合四只滚筒装载相同品种和数量的零件，电流平均分担，不单独调节也无大碍。

② 每只滚筒的电流不能单独显示，当某只滚筒导电出现问题时，无法通过电流表准确判断出是哪只。

③ 各滚筒电流变化相互影响，这种情况主要指使用硅整流电源时，硅整流电源没有稳压功能，不能保证槽电压恒定不变，因此当某只滚筒电阻发生变化时，必然引起其他滚筒电流发生变化。

比如，假设四只滚筒总电流 100A，每只滚筒 25A，一只滚筒电镀完成后出槽，此时总电阻增大，导致槽电压升高，因此并联的其他三只滚筒，每只滚筒电流增大超过 25A。再比如，某只滚筒因导电不良电流降为 10A，总电阻增大，槽电压升高，而其他三只滚筒因电阻没变，电流增大超过 25A。

针对电流不能单独显示的问题，可配备带四块电流分表和四路正负极输出的电源（硅整流或开关电源均可），俗称“一分四”电源，加以解决。这种方式在“一对四”配电源时得到了较好的应用。图 5-22 所示为配套四头机的“一分四”硅整流电源。

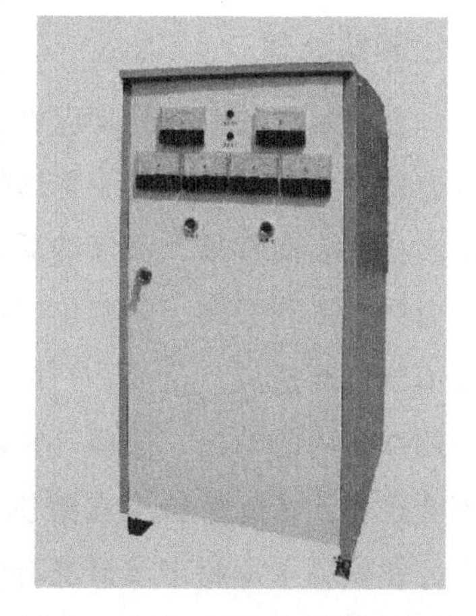

图 5-22　“一分四”硅整流电源

针对各滚筒电流相互影响的问题，只要采用具有稳压功能的开关电源即可解决。比如，假设四只滚筒总电流 100A，每只滚筒 25A，一只滚筒电镀完成后出槽，此时因槽电压不变，且其他三只滚筒电阻也不变，该三只滚筒每只电流仍为

25A（出槽滚筒空下的共用阳极的影响忽略）。再比如，某只滚筒因导电不良电流降为10A，其他三只滚筒因槽电压及电阻不变，电流仍各为25A。

所以，当“一对四”时，配备“一分四”开关电源，在每只滚筒装载相同品种和数量零件的情况下，基本可达到“一对一”电源配备方案的效果，但设备支出可大大降低，是一个不错的选择。

3. 其他情况

也有采用“一对二”形式的，即一台四头机的四只滚筒，每两只滚筒配备一台开关电源，其优缺点介于“一对一”和“一对四”之间。当使用双联滚筒时，一个双联滚筒配备一台开关电源，两个子滚筒并联，相当于“一对二”。

若是酸性锌镍合金，四头机的每只滚筒配备两台开关电源。两台电源的阴极共用，阳极各自组成一个回路，即所谓的“阳极分控”。因两个回路承担的电流不同，锌阳极回路承担80%，镍阳极回路承担20%，选用的两个回路的电源功率可不相同，这样尤其在电源数量较多时，可节省不少设备开支。四头机的所有锌阳极共用，镍阳极共用。

第十二节　影响钕铁硼镀层结合力的因素

镀层与基体的结合力差是困扰钕铁硼电镀多年的一个焦点难题。俗话说，“世上无常事，但凡有因果”，镀层结合力“差”作为“果”必有其“因”，且可能有“多因”。相对于普通钢件，钕铁硼零件表面有如下特殊的物理化学性质：①粗糙、疏松多孔（物理性质）；②化学活性极强（化学性质）。可以说，影响钕铁硼镀层结合力的诸多因素均直接与这两条性质相关。

一、镀前处理

金属制品的镀前处理应做到表面洁净、无油污、无锈蚀，否则将难以获得结合力良好的镀层。相对于普通钢件，钕铁硼镀前处理难度要大。因为其粗糙、疏松多孔的表面容易“藏污纳垢”，若不将这些“污垢”彻底清除，难免对镀层结合力产生不利影响。早些年，钕铁硼镀层结合力不良很大程度上因镀前处理不当或不到位而造成。目前，一般采用多道超声波清洗，超声波的空化效应利于使钕铁硼微孔内的油污、酸碱等物质得到彻底清除，这一点十分重要。另外，超声波清洗还利于清除钕铁硼在酸洗时表面产生的硼灰，进一步消除结合力不良的隐患。钕铁硼采用超声波清洗有以下几点注意事项。

① 清洗道数　一般至少除油和酸洗后必须各采用一道超声波水洗。活化后

若能再增加一道，零件微孔中残留的活化酸性物质就能够被彻底清除，清洗效果更有保证。除油一般不使用超声，但如果是高品位磁铁，也可以增加一道超声，以加强除油效果。

② 清洗方式 镀前处理若采用自动/半自动滚筒生产线，应注意滚筒不能太大，开孔率要高，否则效果会打折扣，影响镀层结合力。目前生产中多以手工生产线为主，虽然工人劳动强度大一点，但利于超声波空化效应的充分发挥，清洗更彻底，质量更有保证。一般用塑料网兜分装少量零件在浅槽平底的超声波清洗机内手工操作，稍大的零件可直接摆放在清洗槽底板进行清洗，效果更佳。

③ 超声波功率密度 超声波功率密度应符合一定的要求才能产生有效的空化效应，功率过小清洗能力低，效果不佳。一般机械加工行业清洗的超声波功率密度约0.5～0.8W/cm^2，体积功率密度约25W/L。而用于钕铁硼的超声波功率密度约0.6W/cm^2，体积功率密度约100W/L，低于此数值可能清洗不净，影响镀层结合力。

二、镀液

在进行了严格的镀前处理后，消除了钕铁硼表面粗糙、疏松多孔的影响。但在进入滚筒电镀时，其表面活性极强的化学性质可引起诸多因素对镀层结合力产生不同程度的影响，影响最大的是镀液。受混合周期的影响，当零件“埋”在内层时，电化学反应近乎中断，此时会受到来自镀液的置换腐蚀和电池腐蚀，难免造成镀层结合力不良。这种情况其他特殊零件滚镀也可能存在，比如黄铜件若不打铜底直接滚镀镍，受混合周期的影响，零件表面会发生置换镀而影响镀层结合力。但普通钢件不会出现此情况。所以，选择一款对钕铁硼材质腐蚀较轻的镀液是必要的。

首先，钕铁硼表面化学活性极强，在预镀或直接镀时，强酸、强碱性溶液是绝对禁用的，否则零件可能被强烈腐蚀而报废。其次，钕铁硼表面粗糙、疏松多孔，电流效率低的强络合物镀液不能获得连续、稳定的镀层而不能采用。弱络合物镀液虽然可能获得结晶好的镀层，但因电流效率低（不能快速上镀）存在置换隐患，镀层结合力难以保证。如此钕铁硼预镀或直接镀基本只有弱酸性简单盐镀液可供选择，虽然也难免产生置换腐蚀和电池腐蚀，但在采取一系列措施后，尚能获得比较不错的效果。

钕铁硼滚镀基本为滚镀锌和滚镀镍，其他滚镀锡、银、金（或仿金）等一般在滚镀镍基础上施镀，所以同属于滚镀镍的范畴，不另外列出。滚镀锌一般采用氯化钾镀锌工艺，在用于结合力要求较高的磁铁时，不能获得令人满意的效果。

可能与氯化物的电池腐蚀强度相对较大有关。此时采用硫酸盐镀锌打底，加厚仍采用氯化钾镀锌，即“硫酸盐镀锌＋氯化钾镀锌”工艺组合，可使镀层结合力得到较大程度的改善。原因可能与硫酸盐镀锌溶液对磁铁的电池腐蚀相对较轻有关。可见，预镀或直接镀采用腐蚀较轻的硫酸盐镀锌工艺是改善锌镀层结合力的关键所在。

钕铁硼滚镀镍的镀层结合力主要取决于预镀镍，目前普遍采用暗镍或半亮镍工艺。但如果能够选用沉积速度更快（等同于对磁铁的腐蚀减轻）的镀镍工艺，如氨基磺酸盐镀镍，可以获得更好的镀层结合力。

三、滚筒

钕铁硼材质化学活性极强，产品表面极易氧化，所以要求进入滚筒后应尽快上镀，以抑制基体氧化造成的镀层结合力不良。上镀越快，基体氧化程度越小，镀层结合力就越好。反之亦然。影响上镀的因素除选择镀速快、腐蚀小的镀液外，滚筒是一个至关重要的因素。滚镀使用了滚筒，在提高劳动生产效率的同时，带来两个“致命”的影响：混合周期的影响和滚筒封闭结构的影响。两者是槽外控制角度影响镀速的根本性因素，没有之一。

首先，混合周期的影响是无法避免的。当零件位于内层时电化学反应停止，氧化趁机而入，等翻到表层再镀时出现结合力“事故”。所以，钕铁硼使用的滚筒应具有尽可能短的混合周期，以使零件有更多的机会和时间出现在表层，减轻氧化，加快上镀，提高镀层结合力。

而混合周期受到滚筒尺寸、大小、装载量、转速、开孔率等多种因素的影响。早些年，钕铁硼镀层结合力不良，抛开其他因素不说，跟使用的滚筒不合理有很大的关系。可喜的是，近些年越来越多的人意识到这个问题，非常注意滚筒混合周期的影响，从而使高要求磁铁的品质有了较大程度的提升。

比如，除选用具有“细”“小”“长”“透”“多”等特点的滚筒外，一种小型曲壁滚筒（图 5-23）尤其对钕铁硼片状零件可起到较好的翻转、混合效果，混合周期的影响进一步减小，镀层质量进一步提高。并且很多时候还会选用一种倾斜一定角度的小型卧式滚筒（图 5-24）。滚筒每转一圈，零件就左右翻动一次，进一步缩短了混合周期。尤其对易“卡死”在齿轮与壁板之间的特殊零件具有积极的意义，消除了其运行死角，产品合格率大大提高。

其次，滚筒封闭结构的影响同样不可避免。主要是电流密度上限不易提高，即使混合周期短，零件快速出现在表层，因难以使用大电流及电流效率低，镀速不能加快，仍难于避免镀层结合力“事故”。所以，钕铁硼滚筒透水性一定要好，以便充分利用零件位于表层难得的机会，使用大电流，加快镀速，提高镀层结合力。

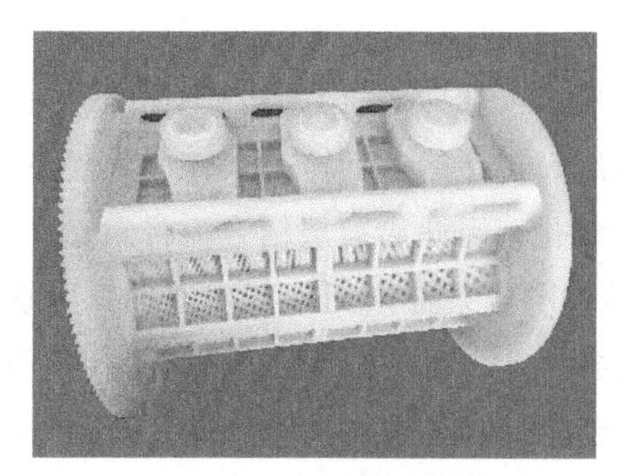
图 5-23 小型曲壁滚筒

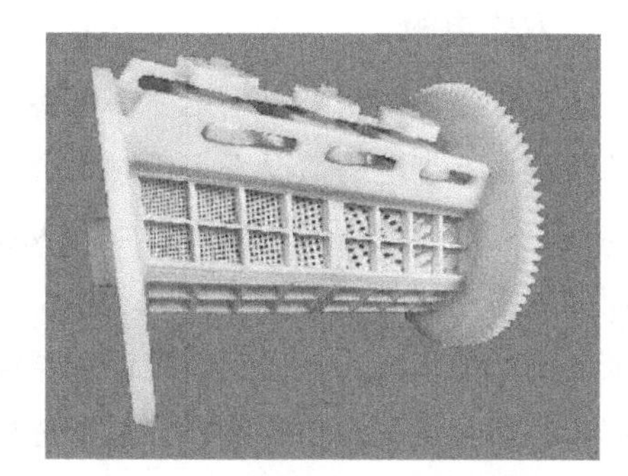
图 5-24 倾斜一定角度的滚筒

近些年，钕铁硼行业越来越多地采用透水性极好的网孔滚筒，是不自觉地遵循了这个规律，不仅镀层结合力提高，生产效率也提高，镀层均匀性等也得到改善。另外，上镀快不仅可防止基体氧化，也可因沉积了氢过电位大的金属镀层而减少磁铁表面的微孔吸氢，从这个角度讲也利于提高镀层结合力。

四、电流波形

电流波形对钕铁硼镀层结合力的影响主要表现在预镀或直接镀时。因钕铁硼材质化学活性极强，在预镀或直接镀时，如果电流脉动成分太大，可能在电流间歇表面发生氧化，给镀层结合力带来隐患。这点和镀铬很相似，因铬的钝化性极强，镀铬的电流脉动成分太大，同样得不到合格的镀层。所以，钕铁硼预镀或直接镀宜选用纹波系数小的电镀电源。

早些年，曾多次发生因电流波形造成的镀层结合力事故。比如，滚镀底镍出槽镀层即大面积“起泡”，前处理、镀液等翻了个“底朝天”也无济于事，更换纹波系数小的电源后故障立马解除。此等教训不可谓不深刻，甚至这种事情仍时有发生，应引起足够的重视。而预镀后像普通钢件滚镀那样选用电流波形即可。

五、上镀前诸多操作

因钕铁硼材质化学活性极强，零件表面会在前处理后与上镀前这段时间（因接触空气中的氧或镀液）发生氧化，所以诸多操作要求与普通钢件有所不同。

① 前处理后与入槽电镀前的操作速度要快，即所谓的“入料快”，慢的话氧化程度大，镀层结合力差。

② 滚筒（尽可能）带电入槽，可使零件尽快上镀，以减轻滚筒内零件在骤

入镀液时产生的表面氧化，从而提高镀层结合力。

③ 使用大的冲击电流（与滚筒带电入槽道理类似）。

六、双性电极

钕铁硼滚镀生产多采用“一槽多筒”的形式（如四头机），当某只装载零件的滚筒在不带电的情况下入槽时，会因其他滚筒正在运行而产生双性电极现象。零件上有电流流出的一面因发生阳极反应而氧化，因此给镀层结合力带来隐患。而如果采用“单槽单筒”形式生产，因不具备形成条件则无法产生双性电极现象。类似的情况在普通钢件滚镀双层镍时也会发生，现象为两层镍间结合力差而起皮。这种情况因较隐蔽，容易被忽视，希望能引起注意。

七、吸附氢的影响

钕铁硼材质组织疏松，在镀前处理的酸洗和施镀过程中，不可避免地会有一定的吸附氢（在析氢反应时产生）进入基体表面的微孔内，过后可能造成镀层起泡、开裂等。为此有以下几点注意事项。

① 有诸如密度小、失重大、粉粒不均匀、表面裂纹等材料缺陷的产品（基体易吸氢），不宜施镀，否则电镀加工做得再完美，镀层结合力也不易保证。

② 倒角务使零件表面平整、光滑，无锐边锐角，且边角达到规定的圆润度，否则粗糙的表面易吸氢。

③ 若使用电解除油，切忌阴极除油，防止阴极反应造成吸氢。

④ 酸洗时应尽可能使用缓蚀剂，或使用具有缓蚀作用的酸洗液，防止零件过腐蚀吸氢。

⑤ 预镀或直接镀尽可能选用电流效率高的镀液，以减少吸氢。

⑥ 选择合理的滚筒尺寸、大小、开孔率等，入槽大电流冲击，尽快沉上氢过电位大的金属镀层，以减少吸氢。

影响钕铁硼镀层结合力的因素很多，仅列出目前来看相对重要及常见的几项，其他因素也一定还有，比如磁体与镀层的热胀冷缩关系、硼灰的影响等，此外不再多述。

参考文献

［1］ 沈品华主编．现代电镀手册（上册）［M］．北京：机械工业出版社，2010.

［2］ 张允诚，胡如南，向荣，等．电镀手册（第4版）［M］．北京：国防工业出版社，2011.

［3］ 侯进．滚镀工艺技术与应用［M］．北京：化学工业出版社，2010.

［4］ 王洪奎．辐条电镀滚具的设计及实践［J］．电镀与精饰，2006，28（1）：38-40.

［5］ 张传正，许世泉．缝衣针镀镍设备的改进［J］．电镀与环保，2002，22（5）：39-40.

［6］ B. H. 赖依聂尔，H. T. 库特莱夫采夫．电镀原理（第二册）［M］．张馥兰，陈克忠，张铭勋，等译．北京：中国工业出版社，1963.

［7］ 郑瑞庭．电镀实践900例［M］．北京：化学工业出版社，2007.

［8］ 姜贵田．细小零件网篮镀铬［J］．电镀与精饰，2000，22（4）：20.

［9］ 袁诗璞．电镀知识三十讲［M］．北京：化学工业出版社，2009.

［10］ 刘仁志．现代电镀手册［M］．北京：化学工业出版社，2010.

［11］ 上海轻工业专科学校编．电镀原理与工艺［M］．上海：上海科学技术出版社，1978.

［12］ 吴双成．滚镀中某些理论问题的探讨［J］．电镀与环保，2006，26（4）：11-13.

［13］ 侯进．滚镀电流密度的定量控制［J］．材料保护，2022，5（11）：128-130.

［14］ 吴双成．滚镀导电面积计算公式的修正及应用［J］．电镀与精饰，2000，22（5）：35-37.

［15］ 覃奇贤，郭鹤桐，刘淑兰，等．电镀原理与工艺［M］．天津：天津科学技术出版社，1993.

［16］ 刘仁志，杨雨萌．量子电化学与电镀技术［M］．北京：中国建材工业出版社，2021.

［17］ 宋全军，王琴，沈涪．影响接插件电镀金层分布的主要因素［J］．电镀与涂饰，2008，27（6）：23-26.

［18］ 沈涪．提高小孔、深孔接触件电镀中孔内镀层质量的方法［J］．电镀与涂饰，2007，26（3）：29-33.

［19］ 沈涪．接插件电镀［M］．北京：国防工业出版社，2007.

［20］ 陈天初，原顺德．喷射液流技术在滚镀生产线上应用［J］．电镀与环保，2000，20（3）：39-40.

［21］ 刘伟，侯进．钕铁硼电镀技术生产现状与展望［J］．电镀与精饰，2012，34（4）：25-30.

［22］ 熊刚，孙昊博．水溶性光亮剂氯化钾镀锌工艺［J］．电镀与精饰，2018，40（5）：30-33.

［23］ 储荣邦，王宗雄．Nd-Fe-B永磁体材料上的电镀［J］．材料保护，2016，49（5）：8，57-64.

［24］ 储荣邦，王宗雄．Nd-Fe-B永磁体材料上的电镀［J］．材料保护，2016，49（6）：7，54-61，67.

［25］ 储荣邦，王宗雄．Nd-Fe-B永磁体材料上的电镀［J］．材料保护，2016，49（7）：8，71-78.

［26］ 刘仁志．电镀层退除技术［M］．北京：化学工业出版社，2007.

［27］ 刘伟．钕铁硼镀镍热减磁问题的解决方法及工艺过程［C］．第十七届中国电子电镀学术年会摘要集，2015.

［28］ 庞登亮．TY-213Cu在钕铁硼直接镀铜技术中的应用［C］．第二十一届中国电子电镀学术年会摘要集，2019.

附录

滚镀知识小测验（附试题分析和答案）

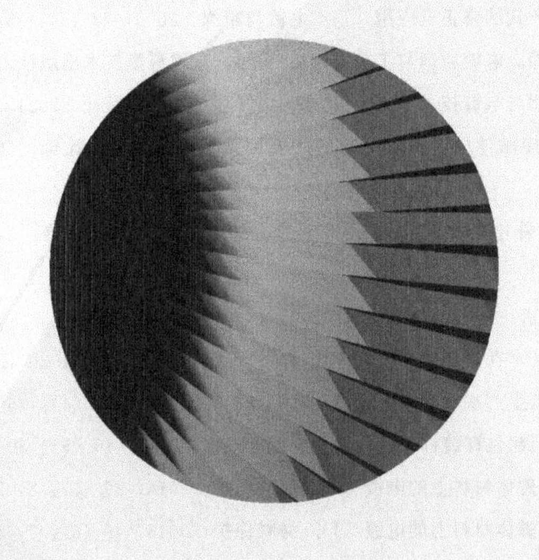

本测验涵盖了滚镀的基本知识和基础理论等内容，共 15 道单选题，每题 8 分，满分 120 分，72 分及格，不限时。

1. 以下属于滚镀基本特征的叙述有（ ）。①滚镀需要使用专用滚筒；②滚镀是在滚动状态下进行的；③滚镀属于间接导电方式；④滚镀是为了获得具有一定防护、装饰或功能性的金属或合金镀层。

A. ①②③　　B. ①②④　　C. ②③④

试题分析：滚镀的基本特征是相对于小零件挂镀而言的，题中①滚镀是需要使用专用滚筒的，否则无法将一定数量的、分散的小零件集中在一起电镀，而小零件挂镀是使用挂具的，两者承载零件的装置有明显的不同，故使用滚筒是滚镀的特征之一；②滚镀时只有表层零件受镀，内层零件几乎是不受镀的，为能有机会受镀，内层零件需要翻出变为表层零件，而表层零件受镀一定时间后，又会被其他内层零件推动重新变回内层零件，如此周而复始，所以滚镀需要不停地滚动，以促使内外层零件交换、变位，才能保证任务的顺利完成，而小零件挂镀很多时候需要的是阴极移动或空气搅拌，两者有明显的不同，故“在滚动状态下进行”是滚镀的特征之一；③小零件挂镀的每个零件都有挂点，挂具的电流直接传输给每个零件，而滚镀滚筒内的阴极首先将电流传输给与自身接触的零件，然后再由这些零件传输给其他零件，并在其他零件之间一个一个地传输下去，此为滚镀的间接导电方式，间接导电方式是滚镀的特征之一；④小零件挂镀无疑也是为了获得具有一定防护、装饰或功能性的金属或合金镀层，因此该项算不上滚镀的特征。

故本题正确答案：A。

2. 以下（ ）是能否采用滚镀的必要条件。①变位；②不“贴片”；③离合。

A. ①②　　B. ①③　　C. ②③

试题分析：如题 1 分析，滚镀时内层零件和表层零件需要不断地变换位置，以使每个零件都有均匀受镀的机会，此为滚镀的“变位”。同时零件与零件之间还需要时分时合，以使零件“变位”到表层时能不受影响地受镀，此为滚镀的“离合”。“变位”与“离合”是能否采用滚镀需要重点考虑的因素，是滚镀的必要条件。若滚镀不能很好地“变位”与“离合”，则无法获得合格的镀层。

“贴片”指滚镀片状零件时，零件与零件之间或零件与滚筒壁之间容易粘贴在一起，从而造成镀层（局部）发花、不均、粘连以及“滚筒眼子印”等多种弊病，是个令人头疼的问题。但“贴片”问题可以通过采取多种措施得到解决或改善，如“提高滚筒转速”“采用细长形滚筒”“使用陪镀”“滚筒壁采取防粘贴措施”“采用振动电镀”等，因此不“贴片”不能作为能否采用滚镀的必要条件。

故本题正确答案：B。

3. 以下（　　）采用的是间接导电方式。①挂镀；②滚镀；③振动电镀。

A. ①②　　　　B. ①③　　　　C. ②③

试题分析：如题 1 中分析，挂镀不是间接导电方式，滚镀是间接导电方式。

什么是振动电镀？振动电镀是将分散的小零件集中在振筛内，在振动状态下绕传振轴自转和公转过程中以间接导电方式受镀的一种电镀方式，振动电镀的本质还是滚镀，它只不过是一种改良的滚镀，或至少是一种广义的滚镀，因此振动电镀仍然是间接导电方式。

故本题正确答案：C。

4. 根据以下（　　）的不同，将生产中常见的滚镀方式划分为卧式滚镀、倾斜式滚镀和振动电镀三大类。①滚筒形状和滚筒轴向；②滚筒尺寸和滚筒大小；③滚筒转速和滚筒开孔。

A. ①　　　　B. ②　　　　C. ③

试题分析：滚镀与小零件挂镀最大的不同在于使用了滚筒，滚筒是整个滚镀设备的核心部件，所以科学地划分滚镀的种类，应以滚镀所使用的滚筒为主要依据。而最能反映滚筒特征的要素是滚筒形状和滚筒轴向。滚筒形状指滚筒的外形类似于何种器物，滚筒轴向指滚筒旋转时转动轴方向与水平面呈何种关系。卧式滚镀的滚筒形状为“竹筒”状，滚筒轴向为水平方向，因此也叫水平卧式滚镀；倾斜式滚镀的滚筒形状为“钟”形，滚筒轴向与水平面呈 40°～45°角；振动电镀的滚筒称作振筛，为“圆筛”状，振筛振动的轴向与水平面垂直。可见，只有滚筒形状和滚筒轴向才最能反映不同类型滚筒的特征，并因此科学地划分滚镀的种类，其他如滚筒尺寸、滚筒大小、滚筒转速、滚筒开孔等并不能起到此作用。

故本题正确答案：A。

5. 以下（　　）属于卧式滚筒的范畴。①六角形滚筒；②钟形滚筒；③圆形滚筒；④振筛。

A. ①②　　　　B. ①③　　　　C. ①④

试题分析：可参考题 4 分析。①六角形滚筒为“竹筒”状，轴向为水平方向，是生产中应用最广泛、最典型的卧式滚筒；②钟形滚筒为“钟”形，滚筒轴向与水平面呈 40°～45°角，属于倾斜式滚筒；③圆形滚筒只是滚筒横截面形状与六角形滚筒不同，但仍属于卧式滚筒，当外形尺寸相同时，圆形滚筒比六角形滚筒装载量多21%，其缺点是对零件的翻动作用弱，镀层厚度波动性和表面质量均比六角形滚筒差，故多用在某些特定场合，如镀铬滚筒、怕磕碰零件的滚筒等；④振筛与卧式滚筒差别较大，妥妥地不属于卧式滚筒的范畴。

故本题正确答案：B。

6. 以下（　　）是影响滚镀施镀时间（相对于挂镀）较长的主要原因。①受混合周期的影响，滚镀不能满效工作；②槽电压较高；③电流开不大，镀层沉积速度慢。

A. ①②　　　　B. ①③　　　　C. ②③

试题分析：滚镀相对于挂镀施镀时间较长，这既有混合周期的影响，也有滚筒封闭结构的影响。

（1）混合周期的影响

混合周期指滚镀时零件从内层翻到表层，然后又从表层翻回内层所需要的时间。挂镀不存在零件的混合周期，施镀时间即零件的受镀时间。滚镀受混合周期的影响，其施镀时间的一部分用在零件位于表层时的受镀上，而另一部分则消耗在零件位于内层时，即“施镀时间≠受镀时间”。这就好比电流通过镀槽时，阴极反应除沉积金属外，还伴有析出氢气等副反应，则阴极电流效率不会达到百分之百。滚镀不能满效工作，这是导致其相对于挂镀施镀时间较长的重要原因之一，也是滚镀的重要缺陷之一——混合周期造成的缺陷。

（2）滚筒封闭结构的影响

挂镀的零件与阳极之间无任何阻挡，因此溶液中物料的传送不受任何影响。但滚镀由于滚筒的封闭结构，零件与阳极之间比挂镀多了一道阻挡物——滚筒壁板，则物料的传送比挂镀受到的阻力大，因此允许使用的电流密度上限不易提高，则镀层沉积速度难以加快，这是滚镀相对于挂镀施镀时间较长的另一个重要原因，也是滚筒封闭结构造成的缺陷之一。

而槽电压较高虽然也是滚筒封闭结构造成的缺陷之一，但产生的影响为能耗增加、溶液温升加快等，与镀层沉积速度没有关系，因此槽电压较高不是造成滚镀相对于挂镀施镀时间较长的原因。

故本题正确答案：B。

7. 以下（　　）是造成滚镀槽电压较高的主要原因。①极化电阻$R_{极化}$较大；②由于使用了滚筒，增大了溶液的电阻$R_{电液}$；③间接导电方式导致了金属电极的电阻$R_{电极}$较大，不能像挂镀一样被忽略。

A. ①②　　　　B. ①③　　　　C. ②③

试题分析：当电流通过镀槽时，会遇到主要来自极化电阻 $R_{极化}$、溶液电阻 $R_{电液}$ 及金属电极的电阻 $R_{电极}$ 三方面的阻力。因为这些电阻是串联的，所以其总电阻 R 可表示为：$R=R_{极化}+R_{电液}+R_{电极}$。

当电流通过滚镀槽时同样会遇到来自这三方面的阻力。但由于滚镀使用的装备及零件导电方式等与挂镀相比发生了较大的变化，所以当电流通过滚镀槽时遇到的总电阻也会发生较大的变化，其主要表现为：①由于滚筒的封闭结构，滚镀时零件与阳极之间电流的导通需要通过面积有限的小孔才能实现，这无疑使 $R_{电液}$ 增大；②由于滚镀的间接导电方式，零件的接触电阻较大，即 $R_{电极}$ 较大，则此时 $R_{电极}$ 不能像挂镀时一样忽略不计。$R_{电液}$ 和 $R_{电极}$ 增大，R 即增大，则为达到所需要的电流密度，就需要增加对滚镀过程的推动力，即施加较高的电压。因此，滚镀相对于挂镀槽电压较高，其主要原因是溶液的电阻 $R_{电液}$ 和金属电极的电阻 $R_{电极}$ 增大。

故本题正确答案：C。

8. 常见的滚镀电流密度控制方法有：①按筒计；②按全部零件面积计；③按有效受镀面积计。其中既属于定量控制又比较科学的方法是（　　）。

A. ①　　　　B. ②　　　　C. ③

试题分析：常见的滚镀电流密度控制方法如下。

① 按筒计，指针对镀种按滚筒大小给电流。优点是避开了确定滚镀零件面积和电流密度的难点。缺点是：①根据经验给电流缺乏科学依据；②情况变化（如滚筒大小、开孔、装载量、镀件规格或品种等变化）后，需要重新摸索经验，不能方便、快捷地确定需要给定的电流。

② 按全部零件面积计，指以滚筒内全部零件面积乘以一定的电流密度，即生产时该滚筒需要施加的电流。优点是：①至少从形式上实现了像挂镀一样通过数学计算，方便、快捷地获得确切数据或调整电流，比较符合人们的习惯；②避开了获得零件有效受镀面积的困难，因为获得全部零件面积要相对容易些。缺点是：①滚镀只有表层零件受镀，内层零件几乎不受镀，将不受镀的内层零件也计入面积是不科学的；②电流密度非科学实验获得，难以令人信服。

③ 按有效受镀面积计，指以滚筒内实际受镀面积（即有效受镀面积）乘以给定的电流密度，即生产时该滚筒需要施加的电流。优点是按有效受镀面积计及使用霍尔槽试验确定的电流密度是科学的、合理的，真正实现了滚镀电流密度的定量控制。缺点是有效受镀面积公式中的复杂系数 a 尚不能通过精确计算获得，如何使 a 更准确，是这种方法完善与否的关键所在。

故本题正确答案：C。

9. 以下受零件混合周期影响的因素有（　　）。①滚镀的施镀时间；②镀层厚度波动性；③瞬时电流密度；④镀层厚度均匀性。

A. ①②　　　　　　B. ①③　　　　　　C. ①④

试题分析：滚镀时内层零件受表层零件的屏蔽、遮挡等影响几乎是不能受镀的，所以为了能有机会受镀，内层零件需要翻出变为表层零件，并且内、表层零件不断地变化、转换，这就产生了一个重要概念——混合周期。混合周期指滚镀时零件从内层翻到表层，然后又从表层翻回内层所需要的时间。混合周期关系表达式如下：

$$\theta_{\mathrm{m}} \propto \theta CV$$

式中　θ_{m}——零件的混合周期；

θ——滚镀的施镀时间；

CV——厚度变异系数。

从试中可以看出，零件的混合周期与滚镀的施镀时间和厚度变异系数均成正比关系。其中，厚度变异系数反映镀层厚度波动性的大小。可见零件的混合周期对滚镀的施镀时间和镀层厚度波动性产生影响。而滚镀的瞬时电流密度和镀层厚度均匀性主要受滚筒封闭结构的影响，与零件的混合周期没有关系。

故本题正确答案：A。

10. 以下（　　）属于减小零件混合周期影响的措施。①选择合理的滚筒尺寸；②选择合适的滚筒装载量；③采用振动电镀；④向滚筒内循环喷流。

A. ①②③　　　　　　B. ①②④　　　　　　C. ②③④

试题分析：零件的混合周期对滚镀的施镀时间和镀层厚度波动性产生重要的影响，生产中必须采取措施减小零件混合周期的影响，以缩短滚镀的施镀时间，减小镀层厚度波动性，提高滚镀生产效率和产品质量。减小零件混合周期的影响，即缩短滚镀时零件的混合周期，其措施有：选择合理的滚筒尺寸、选择合适的滚筒大小、选择合适的滚筒装载量、提高滚筒开孔率、选择合适的滚筒转速、选择合适的滚筒横截面形状、采用振动电镀等。因此，题中①、②、③是正确的。④向滚筒内循环喷流，是改善滚筒封闭结构以改善滚镀结构缺陷的有效措施，与混合周期没有关系，故是错误选项。

故本题正确答案：A。

11. 全浸式滚筒浸没在镀液中比较合适的深度为滚筒内切圆直径的（　　）。①≥100%；②约 77%；③约 90%。

A. ① B. ② C. ③

试题分析：目前电镀生产中使用的卧式滚筒一般为全浸式，但全浸式并非把滚筒“全部浸没”在液面以下，而是要让滚筒露出液面一（少）部分。电镀时阴极表面除有金属镀层还原沉积（可称之为主反应）外，还伴有副反应的发生，如氢气的析出。这个析出的氢气，需要及时、尽快地排出滚筒外，否则可能会以气泡的形式聚堵在滚筒内壁的孔眼处，从而影响滚筒外主金属离子和其他导电离子的补充，造成滚镀“生命体”新陈代谢功能的紊乱。这样的话，如果让滚筒露出液面一部分，析出的氢气泡会先逸出液面，散发在滚筒内露出液面的区域内。因逸出的氢气泡到这个区域后是呈弥散状态的，随后便会很轻松地从上部的滚筒孔内排出。这时，滚筒外的主金属离子和其他导电离子在液面下区域向滚筒内补充时，因没有（或少有）了滚筒内壁孔眼处气泡的聚堵，其进筒的阻力大大减小，从而保证了滚筒内溶液更新的顺利进行。但如果把滚筒“全部浸没”在液面以下，析出的氢气泡在溶液内从滚筒孔排出的难度是比较大的，氢气泡排出受阻便可能聚堵在滚筒内壁的孔眼处，而这些孔眼也正是滚筒外主金属离子和其他导电离子进筒的通道，两者“狭路相逢”，结果不言而喻。

滚镀过程中，滚筒露出液面部分的体积是周期性变化的（圆形滚筒除外），受这个体积变化的影响，这部分区域内氢气排出作用的强弱也呈现规律性的变化。以生产中常见的六角形滚筒为例，根据推导当滚筒浸没在镀液中的深度约为滚筒内切圆直径的77%时，氢气排出滚筒作用的强弱呈现最规律的变化。因此，全浸式滚筒浸没在镀液中比较合适的深度约为滚筒内切圆直径的77%。

但77%并非一成不变。当使用电流效率高的镀液（如酸性镀锌）和透水性较好的滚筒（如网孔滚筒）时，因为阴极表面析出的氢气相对较少且容易排出，可将滚筒浸没在液面以下更多一些。滚筒浸没在镀液中的部分多，滚筒内的溶液多，溶液稳定性好，电流效率高，且装载的零件数量也多，生产效率高。当镀液电流效率低（如碱性镀锌）和滚筒透水性差（如圆孔滚筒）时，滚筒浸没在液面以下应该更少一些（即滚筒应露出液面更多一些）。否则可能造成滚镀的“新陈代谢”不畅，严重时还可能因滚筒内饱和氢气急剧膨胀而发生爆炸，引发事故。

故本题正确答案：B。

12. 以下（　　）属于滚筒封闭结构造成的缺陷。①镀层厚度波动性大；②镀层厚度均匀性差；③槽电压较高；④镀层沉积速度慢。

A. ①②③ B. ①②④ C. ②③④

试题分析：滚镀由于使用了滚筒，使分散的小零件能够集中起来电镀，提高了劳动生产效率。但同时也会产生一些问题，比如滚筒封闭结构造成的缺陷。普通滚筒的结构是封闭的，一般只在滚筒壁板上布满许多小孔，用于电流导通、滚筒内溶液更新和气体排出等。这样的话，与挂镀相比，零件与阳极之间多了一道障碍物——滚筒壁板，使物料传送受到的阻力增大。阻力增大后，为达到小零件受镀所需要的电流，必须施加较高的电压，产生溶液温升快、能耗增加等问题。更要命的是，导电离子在紧贴滚筒内壁的表层零件（即表内零件）孔眼处大量聚集，使从孔眼处进入滚筒的电流增大，当巨大的电流施加在零件上紧挨孔眼部位的狭小表面时，极易造成该部位镀层烧焦产生"滚筒眼子印"。受此限制，滚镀给定的电流不易加大，镀速受到影响。并且滚筒内导电离子浓度也下降，镀液分散能力和深镀能力下降，镀层厚度均匀性变差。将由滚筒封闭结构带来的镀层沉积速度慢、镀层厚度均匀性差、槽电压较高等缺陷，称作滚镀的结构缺陷。

可见，题中②、③、④是正确的，①受零件混合周期的影响，与滚镀的结构缺陷没有关系，是错误选项。

故本题正确答案：C。

13. 以下（　　）属于改善滚筒结构缺陷的措施。①提高滚筒转速；②向滚筒内循环喷流；③采用振动电镀；④改进筒壁开孔。

A. ①②③　　　　B. ①②④　　　　C. ②③④

试题分析：生产中滚镀的结构缺陷同样影响生产效率和产品质量的提高，应采取措施加以解决或改善。具体措施有改进筒壁开孔、向滚筒内循环喷流、采用振动电镀等。改进筒壁开孔重点是改善滚筒的透水性，其中包含两方面的内容：一是滚筒开孔率，二是滚筒壁板厚度。原则是，在不产生其他影响的前提下，滚筒开孔率越高越好，滚筒壁板越薄越好，以最大限度地改善滚筒的透水性。向滚筒内循环喷流从侧面角度将滚筒外新鲜溶液强制打入滚筒内，可使滚镀过程中消耗的有效成分得到及时补充，滚镀的结构缺陷得到一定程度的改善。振动电镀打破了传统滚筒的封闭结构，消除了滚筒内外的离子浓度差，其导电条件、电力线分布、溶液浓度变化等均与挂镀相近，使滚镀的结构缺陷得到根本性改善。

可见，题中②、③、④是正确的。①是减小零件混合周期影响的措施，与改善滚镀的结构缺陷没有关系，是错误选项。

故本题正确答案：C。

14. 根据开孔方式的先后变革，滚筒的发展经历了三代，其由先到后的次序为（　　）。①圆孔滚筒；②方孔滚筒；③网孔滚筒。

A. ①②③　　　　B. ①③②　　　　C. ②①③

试题分析：滚筒开孔的作用是保证零件与阳极之间电流导通、滚筒内溶液更新和气体排出，这些开孔是滚镀的“咽喉”，是“生命线”，作用至关重要。传统的圆孔滚筒最大的缺点是透水性差，这会使滚镀的物料传送阻力较大，滚镀的结构缺陷较为严重。方孔滚筒相对于圆孔滚筒，滚筒开孔率提高，滚筒壁板也有一定程度的减薄，因此滚筒透水性改善，滚镀的结构缺陷得到改善。网孔滚筒是对圆孔滚筒改进最彻底的一种滚筒，其网壁极薄，开孔率极高，因此透水性极好，堪称最新一代的滚筒。三代滚筒发展的先后次序为：圆孔滚筒→方孔滚筒→网孔滚筒。

故本题正确答案：A。

15. 以下符合普通滚镀不宜采用稳流功能的叙述有（　　）。①（采用多角形滚筒）滚镀时，零件的实际受镀面积不断在变化，故稳流功能只能稳定总电流，并不能稳定电流密度；②滚镀时，滚筒内溶液温度、浓度等与滚筒外差异较大，稳流功能并不能稳定因滚筒内溶液温度、浓度等变化而造成的电流变化；③当滚筒内阴极导电不良造成电流波动较大时，采用稳流功能不易从表头反映出来，故不易察觉可能由电流因素引起的镀层故障。

A. ①②　　B. ①③　　C. ②③

试题分析：不管滚镀还是挂镀，采用稳流功能的目的其实是稳定电流密度，以使镀层能够连续、平稳地沉积，从而获得稳定的镀层质量。所以如果不能稳定电流密度，只稳总电流是没有意义的，有时甚至是有害的。以生产中广泛使用的六角形滚筒为例，滚镀过程中零件的实际受镀面积是“最小→最大→最小”不断变化的。此时采用稳流功能只会使电流密度“最大→最小→最大”不断变化，不仅没有意义，当使用极限或近极限电流且零件运行至实际受镀面积最小位置时，还可能承担镀层烧焦产生“滚筒眼子印”的风险。所以首先从镀件面积不断变化的角度讲，普通滚镀是不宜采用稳流功能的。故①是正确的。

其实，普通滚镀不宜采用稳流功能更主要的原因来自于阴极导电不良造成的较大的故障风险。普通滚镀滚筒内轻微的阴极导电不良，会造成电流小幅波动，此属正常现象。但当滚筒内导电出现较大的异常（如导电钉翘起与零件完全脱离或阴极线折断等）时，电流会出现剧烈的变化。此时若使用非稳流功能，从电流表上可观察到电流大幅度波动或电流相对于正常值偏小等。则操作工人可通过观察电流表中的变化，了解滚筒内的导电异常情况，并采取措施及时处理，从而防止因导电不良造成的质量事故。但此时若使用稳流功能，从电流表上无法观察到因导电异常产生的电流的剧烈变化，则无法及时处理并防止较大的故障风险，并且在故障发生后不易察觉可能由电流因素引起。当然，此时也可从电压表上的变化来判断滚筒内电流的波动情况，但这样的话，一不直观，不符合一般习惯，二可能需要一定的经验才能做出正确判断。故③是正确的。

另外，稳流功能是可以稳定滚筒内溶液温度、浓度等变化造成的电流变化的，并且跟滚镀时滚筒内外溶液温度、浓度等差异较大没有关系，故②是错误的。

故本题正确答案：B。